本书为国家社会科学基金课题"生态文明建设的基本伦理问题研究"（项目号：13XKS014）、长安大学中央高校基本科研业务费专项资金（CHD3100102160609）、教育部高校"双带头人"教师党支部书记工作室建设课题成果

国家社科基金丛书
GUOJIA SHEKE JIJIN CONGSHU

生态文明建设的
基本伦理问题研究

Study on the Basic Ethical Problems of
Ecological Civilization Construction

樊小贤　著

人民出版社

目　　录

导　论　由"理性的傻瓜"
　　　　到文明的审思

以色列学者尤瓦尔·赫拉利(Yuval Noah Harari)在《人类简史:从动物到上帝》中对人类命运表达了这样的担忧:"我们人类究竟想要什么?"①也就是说,什么样的生活才是好的生活? 人到底应该如何选择才能获得真正的幸福? 如此"赫拉利之问"深刻地昭示了人的生存意义,即人该如何选择生存方式的问题。生态环境的优劣关系人类福祉,关乎子孙未来,需要全人类共同关注和友好相待。如果人类不改变以往"霸主"的恣意妄为,面临的将是"毁天灭地"的危险处境。产业革命以来,人类创造的物质文明与日俱增,而整体的生存环境却愈发"野蛮",环境问题成为现时代人类面临的重大问题。生存的尴尬境遇促使人类重新审视以往的"文明"行为,呼唤新型文明的兴起。文明的"生态化"与生态的"文明化"是对"毁天灭地"危境之"野蛮"的矫正与对治。生态文明作为人类反思生态环境问题并探寻化解之道中催生的新兴文明形态,是涉及政治、经济、技术、文化等诸多领域的复合型文明,生态伦理是生态文明的价值引导和文化根脉。从伦理角度寻求生态文明建设的学理支撑和价值启导既是理论研究者的职责使命,也是学术研究服务于现实需要的应然选择。

---

① ［以色列］尤瓦尔·赫拉利:《人类简史:从动物到上帝》,林俊宏译,中信出版集团2017年版,推荐序 X。

生态文明建设中的伦理问题研究既涉及道德哲学上的慎思明辨,也包含应用伦理的生活引导。关于生态文明建设中基本伦理问题的研究,以生态文明的理念诠释为话语开端,致力于对其蕴含的伦理观念进行剖析,以便确立生态文明建设中的道德价值目标和行为规范,帮助人们树立生态伦理观,促使公众形成符合生态文明要求的自觉行为,实现"为了人而对人的本质的真正占有"①,享受合乎人本性的幸福生活。

一、"理性的傻瓜"

"人是多么了不起的一件作品!理想是多么高贵!力量是多么无穷,仪表和举止是多么端庄,多么出色。论行动,多么像天使,论了解,多么像天神!宇宙的精华!万物的灵长!"②莎士比亚对人类(尤其是人类理性)的颂扬代表了人作为宇宙特殊存在者的骄傲与荣光。自文艺复兴以来,在西方领衔的价值观念摆脱了上帝的笼罩而"发现了人"之后,人类便渐渐进入理性高扬的时代。意识到理性伟力的人们,遵循"资本"的逻辑,动用"知识"的力量,开创了"制造"的新纪元。在这个新纪元里,大城市快速崛起、人口急速增长、交通迅猛发展、能源体系越来越庞大、科学技术日新月异,带来了生产力的空前提高、物质财富的空前增长和地球面貌的急剧改观……理性的力量真是伟大啊!但是,在它不断发力的过程中,"危机"却悄无声息地降临了。危机的降临乃是由于人自以为是的以"理性"的狡黠处理人与人、人与自然之间的关系,用阿玛蒂亚·森(Amartya Sen)的话来说,这叫"理性的傻瓜"③。

---

① 马克思:《1844 年经济学哲学手稿》,人民出版社 2000 年版,第 81 页。
② 参见张志伟:《西方哲学史》,中国人民大学出版社 2014 年版,第 215 页。
③ 诺贝尔经济学奖获得者,印度经济学家、哲学家阿玛蒂亚·森认为,西方主流经济学理论认定的从自身利益出发作出的选择才是理性选择的看法是站不住脚的,个体理性是有限的,个体理性加在一起导致的很可能是非理性。他将之称为"理性的傻瓜"。参见姜奇平:《新文明概略》,商务印书馆 2012 年版,第 15 页。

（一）"生态"出了"问题"

从原初意义上说,生态就是存在物的本有状态,是一种自然而然的样貌和关系,不存在什么矛盾和冲突。但当人类对自然的干预力量无限扩大之后,原有的关系难以为继,"问题"随之显现并不断恶化。对生态问题的了解,需要从"生态"本身着眼。

1. 何为"生态"

生态一词最早可追溯至古希腊文"oikos",其原意是住处、房子或家务。从生命的总体处境上看,一切生物都面临生存或毁灭两种生命结果。生的冲动和力量常常令人深思和感动:悬崖峭壁上生长的树木,水泥墙缝里长出的野草,虽被断肢却努力自救自生的小虫……生的权利是多么地天经地义! 生就得有适合生存的地方,要有自己的栖息地。

生态概念的提出是生态学形成和发展的必然结果。生态学(ecology)源自希腊文"oikos"和"logos"①的结合,从字面意思上说,指研究生物住处的科学。德国动物学家黑克尔(Haeckel)是提出生态学概念的第一人,1866 年,他首次给生态学所下的定义是:研究生物与其环境相互关系的科学。最初这是一个生物学名词,指生物群落的生存状态,包括一个生物群落与其他生物群落的关系及其总体状况,后来其内涵及研究范围有所扩展。有人认为生态学是研究有机体与其生活之地相互关系的科学,有人认为生态学是研究生态系统的结构和功能的科学,有人则从更宽泛的意义上认为生态学是研究生物与环境、人与环境之间的相互关系,探究自然生态系统与人类生态系统结构和功能的一门学问。② 美国当代著名学者、历史学家唐纳德·沃斯特(Donald

---

①　"oikos"意为房子、住所或家务,"logos"意为学科或讨论,"ecology"的原始含义是指研究生物住所的科学。

②　参见尚玉昌:《生态学概论》,北京大学出版社 2003 年版,第1—9 页。

Worster)通过对生态学的历史考察得出了这样的结论:"生态学所描绘的是一个相互依存的以及有着错综复杂联系的世界。它提出了一种新的道德观:人类是其周围世界的一部分,既不优越于其他物种,也不能不受大自然的制约。""按照这种观点,生态学就已经不仅仅是一种客观的科学;它使我们有理由把协作的伦理观扩大到整个生态系统。"①由此可见,关于生态学的诸多理解,其宗旨始终围绕存在物与其相关环境,特别是人与自然的关系问题展开。

其实,顾名思义,"生态"即为生命的样态,可以引申为所有存在物的"生存状态"。从这样的意义出发,"生态"可包括以下几层含义:第一,生态指个体生命的生存状态。个体生命的存续状态由其自身和周围环境决定,良好的条件将使其生命处于旺盛或保全状况下,恶劣的处境则将导致其生命的萎靡或毁灭。第二,生态是指符合生命本性的状态。在生命演化的过程中,作为种或类的生命逐渐形成了它自身的特点和习性,对其本性的尊重或关照意味着对存在物美好状态的选择。第三,生态特别强调人的生活状态。人的生活状态包括了体态、心态和神态三个方面,体态指人作为有机体的身体状况,心态是指人的情绪、心理情况,神态指向的是人的精神追求、审美需要、道德理想等,这三个方面相互影响、相互作用,构成人总体性的生活状态。第四,生态指人与外在环境之间的关系状态。人作为一种特殊的生命体,首先是自然界的一分子,有其自然属性;同时又是社会的存在物,人的生存需要通过社会实践的方式来维持,从而形成自身与外在对象对立统一的矛盾关系,人在特定环境下的生命样态是生态一词的重要内涵。第五,生态涵盖与人相关的整个世界。以生态学的视角来看,生态是由紧密相关的诸多要素构成的有机系统,系统中的每一因子都会对其他因子或整体产生影响。生态学意义上的生态针对的是生命体,但当我们从更高远的站位俯视人类生存的地球时,无论是有机物还是无机物,是微观菌类还是宏观天体,事实上都处于普遍联系之中,构成了一种

---

① [美]唐纳德·沃斯特:《自然的经济体系:生态思想史》,侯文蕙译,商务印书馆 2007 年版,第 10 页。

广泛意义上的生态整体。因此,无论从空间横向还是从时间纵向上看,生态都呈现为一种包容性极大、复杂性极强的总括性存在。①

　　总而言之,生态并非仅指人与自然之间的关系,它还涉及人与人、人与社会、自然与社会等诸多因素。如今,生态科学被广泛地运用到人类生态系统之中,人们用"生态"来定义许多美好的事物,自然的、没有污染的、健康的、美丽的、和谐的事物都可冠以"生态"之美名。从发展趋势上看,生态概念已经从生物学、人类学领域向人类精神领域广泛地渗透与普适地生长。生态是一种关系,指涉包括人在内的生物与周围环境间的一种相互作用关系。对生态的认识成果可以形成一门学问,既是哲学(人们认识自然、改造自然的世界观和方法论),也是科学(包括人在内的生物与环境之间关系的系统科学)、工程学(模拟自然、生态结构、功能、机理来建设人类社会和改造自然的工程学或工艺学),还是美学(是人类品味自然、享受自然的审美观);生态观念用于人类社会还表示一种文化,是人和环境在长期磨合过程中形成的一种文脉、肌理、组织和秩序,是人与自然关系的文化。从生态一词的价值导向上讲,它是尊重自然、顺应自然、亲近自然、保护和节约资源、与万物融洽相处的表征。

2. 环境与生态

　　与生态常常关联的还有一个重要概念——环境。按照《中华人民共和国环境保护法》的解释,环境是指影响人类生存和发展的各种天然的、经过人工改造的自然因素的总体,涵盖大气、水、海洋、土地、森林、草原、湿地、野生生

---

①　美国生态思想家托马斯·柏励(Thomas Berry 1914—　　)在《生态纪元》一文中,从历时性角度描述了生态的演进。他从地球的地质——生物系统演变的历史中提出了"生态纪"这个新概念。"生态纪"是地球的生物系统经历了古生代(22000 万年前结束,90%的物种遭到灭绝)、中生代(6500 万年前结束,地球上有了树,哺乳动物以原初的形式存在)和新生代(地球生命繁茂、充满生机)之后的第四个生命纪元。他认为地球的地质—生物系统的新生代纪元已经终结,灭绝正在整个生命系统中发生,生态纪(Ecozoic Era)是新纪元的开始。在这一时期,生命共同体形成整体性的合力,促进生命系统相互适应、相互增强、相互提升。参见[美]托马斯·柏励:《生态纪元》,李世雁译,《自然辩证法研究》2003 年第 11 期。

物、矿藏、自然遗迹、人文遗迹、自然保护区、风景名胜区、城市和乡村等众多对象。法律意义上的环境主要指物化性的对象。相对于不同的主体而言，环境的指向是不同的。对人类社会而言，环境包括自然环境和人工环境，自然环境涵盖生物圈、大气圈、水圈和岩石圈及其运动，人工环境指人类活动形成的物质、能量、信息、文明成果、各种社会关系及其影响等。按照环境涉及的空间范围的不同，环境可分为全球环境、区域环境和聚落环境，全球环境指地球生态系统，区域环境是差异性的地区表现，聚落环境是人创造出来用于聚居和活动的场所与条件。也有学者按部门不同，把环境分为工业环境、农业环境、旅游环境、乡村环境等。① 从哲学角度看，环境一词的使用有其立场和着眼点：那就是人，是指与人的生活、生产相关的各种外部条件。这里的人可以是个人、群体，也可指整个人类；这里的环境，包括非生物环境（土壤、水分、空气、光照、温度等），也包括生物环境（昆虫、动物、物种间的竞争、捕食与被捕食等）；环境可以是自然界及其构成因子，也可以是人类社会整体或其构成部分，可以是宏观的，也可以是微观的。广义的环境是指与人类的生存和发展相关的所有条件的总和，这些条件对人类的影响可以是直接的，也可以是间接的，包括人类存续所需的自然条件，也包括社会发展需要的自然资源；狭义的环境是指人类生活的"家园"，是人这种动物维系生命所需要的必要条件。平时我们所说的环境，通常是狭义上的。

生态与环境尽管常常被视为同一对象，但其实反映着不同的角度、方法和立场。吉林大学刘福森曾对二者作过分析，他认为，用生态的眼光看待人同自然的关系，人只是一种普通的自然物，是一个虽有特殊性但与其他要素没有根本性区别的生态因子，而环境一词是"主""客"殊分的产物，人是主体，环境是客体，人与自然的关系是一种外在性的关系；生态方法以自然整体为尺度来认识人与自然的关系，环境方法则立足于人来理解人与自然物的关系。如果我

———————————

① 参见盛连喜：《现代环境科学导论》，化学工业出版社2003年版。

们依据的是生态学的方法,那就不会有环境概念,因为人本身就是生态系统的一部分,从逻辑上讲,不可以把整体的自然系统作为人自己的独有环境。作为人类生存条件的自然界只是人类自己划定的、以我为中心的、局部的自然界,而非整体的、全部的自然界。实际上,人们通常所说的人与自然的关系只是人同外部局部自然界的关系而已,因此,只有把人作为主体,外部自然界才成为人的环境。① 尽管如此,人类还是要充分认识环境本身对于人的重要意义,它是生态平衡的基础,是人类生存的必要条件,为社会发展提供资源,也蕴含着文化的、艺术的、道德的价值。

环境概念与生态概念有区别,但也是有紧密、内在联系的,甚至在不少人那里,这两个概念是没有什么区别的同一概念,只是用词不同罢了。人作为高级动物,就是一个生物体,人类的生存环境本身就是一个生态系统,必须服从生态规律。当今人类面临的生存危机主要是由于生态系统遭遇人类活动的破坏导致的,环境问题的解决必须以生态问题为背景。当然,从表现形式看,许多环境问题与生态问题是交织在一起的,所以人们也就常常用生态环境问题统而称之了。

3. 生态问题

"20 世纪后半叶以来,一个幽灵在地球上四处漫游。这个幽灵就是生态危机。""几十年过去了,这个幽灵不仅没有被赶走,反而像一个吃饱喝足了的吸血鬼,变得越来越庞大,越来越难于对付。"②这是杨通进对生态问题给出的总体看法。这里讨论的生态问题可以分为两类,一类是生态本身出现的问题,可称为显性生态问题;另一类是指与生态相关的其他社会问题,可称之为隐性生态问题。美国学者德尼·古莱(Denis Goulet)将"生态"的意义定义为两个层面:"(1)生物学,涉及生物体与它们环境之间的关系;(2)社会学,有关人们

---

① 参见刘福森、曲红梅:《"环境哲学"的五个问题》,《自然辩证法研究》2003 年第 11 期。

② [美]尤金·哈格洛夫:《环境伦理学基础》,杨通进等译,重庆出版社 2007 年版,第 1 页。

和机构的间隔以及导致的相互依存。"他认为在当代社会里，"生命的维护和社会的质量都同样处于危险状况"①。广义的环境问题实际上是全球性问题，"是生态问题、社会问题、国际问题和人自身的问题综合发挥作用而产生的大问题"，具有范围上的广阔性、性质上的深刻性和相互作用上的关切性。② "生态问题"可以从生态本身和与生态问题相关的社会问题两个视角来认识，我们把它概括为"显性的生态问题"和"隐性的生态问题"。

（1）显性的生态问题。显性的生态问题已引起当代人的高度重视，并将其归类缕分。这种生态问题是指由自然的或人为的原因引起生态系统破坏，直接或间接影响人类生存和发展的一切现实或潜在的自然因素出现的问题。人类遭遇的第一次生态危机出现在 20 世纪上半叶，主要表现为大气污染、水污染、土壤污染、固体废弃物污染、有毒化学品污染以及噪声电磁波等物理性污染，著名的世界八大公害事件③便是例证，其后的泄油、泄核、污染事件令人担忧不已。这里特别谈谈洛杉矶雾霾事件。两位生活于"烟雾之都"、深受空气污染之害的洛杉矶人，奇普·雅各布斯和威廉·凯莉共同撰写了一部《洛杉矶雾霾启示录》，记录了该城 60 多年空气污染治理的历史。这部著作开篇便对当年的烟雾污染状况作了这样的描述："拂晓时分，如同无形的野兽，毒气开始扩散，狡猾而沉寂，悄无声息，无所不至。灰色的烟雾袭击了洛杉矶，吞噬了矗立的高楼与街边的汽车，太阳也变得模糊不清，让人们失去了对于方向的所有感知，除了脸上烧灼般的刺痛！……全城的人都得默默忍受烟雾带来的折磨。吸入的污染物威胁人们的健康，无论他们是否有过过敏史，都产生急

---

① ［美］德尼·古莱：《残酷的选择：发展理念与伦理价值》，高铦、高戈译，社会科学文献出版社 2008 年版，第 261 页。

② 张云飞：《唯物史观视野中的生态文明》，中国人民大学出版社 2014 年版，第 22—23 页。

③ 1932 年 12 月比利时发生的马斯河谷烟雾事件；1943 年 5 月至 10 月美国洛杉矶的光化学烟雾事件，1948 年 10 月发生在美国的多诺拉烟雾事件；1952 年 12 月 5—8 日英国伦敦的烟雾事件；1955 年日本四日市的哮喘事件，1953 年日本的水污染水俣病事件，1955 年日本的土壤重金属污染事件和 1968 年日本的农药污染米糠油事件。

性过敏反应——眼睛红肿、喉咙嘶哑。""人们试图从有毒烟雾中逃出的画面构成了触目惊心的一幕。视线不清的司机紧张地左右避让着,妈妈抓起受惊的孩子躲进路边的大厅避难……"①"数十万人因此丧生,大多数是因为慢性病而亡,这个数字与当地因战争、车祸及黑帮火拼的伤亡人数相当"②,这些形象的描写再现了雾霾给当地居民带来的痛苦和伤害。第二次生态危机出现于 20 世纪七八十年代,危机涉及的范围不断扩大,既有发达国家,也有发展中国家,表现形态也趋于多样化,出现了森林锐减、土地退化、淡水匮乏、生物多样性减少、酸雨和温室效应加剧、海洋资源破坏、自然灾难增加、臭氧层破坏、资源短缺、人口剧增、能源危机等多种症状。第二次危机后的几十年来,生态问题并未缓解,甚至有加剧的迹象。当今世界,人类仍面临十个方面的生态问题:森林锐减;生物多样性减少;淡水资源危机;土地荒漠化;大气污染;臭氧层破坏;全球变暖;海洋生态危机;人口增长过快;资源能源危机。③ 如今,生态危机已成为全球性的、威胁整个人类的重大问题。上述生态问题是明面上的、可以感知的问题,人们已有所觉察并日益重视这些暴露出的问题。

（2）隐性的生态问题。隐性的生态问题是指可能对生态环境带来负面影响的各种人为因素。如果我们把"生态"理解为人这种特殊生命体与其生存环境的关系,从人的"生"活状"态"、人的生命状态、人的生存方式去理解的话,这种"生态"出现的问题就与人类的经济发展模式、政治制度、科技观念、消费方式、伦理道德等看起来不是生态要素的诸环节有了内在的联系,我们可以称之为经济不生态、政治不生态、科技不生态、消费不生态、道德不生态现

---

① ［美］奇普·雅各布斯、威廉·凯莉:《洛杉矶雾霾启示录》,曹军骥等译,上海科学技术出版社 2014 年版,第 3 页。

② ［美］奇普·雅各布斯、威廉·凯莉:《洛杉矶雾霾启示录》,曹军骥等译,上海科学技术出版社 2014 年版,第 2 页。

③ 参见杜向民、樊小贤、曹爱琴:《当代中国马克思主义生态观》,中国社会科学出版社 2012 年版,第 5—8 页。

象。这里的"不生态"是指不利于维护生态平衡和生态保护的现象和行为。

经济不生态是就经济发展模式来说的，工业文明的运行机制决定了生态危机不可避免。工业文明下的工业生产是"制造"式生产。制造的基本运行机制是从自然整体中分割出对人有用的材料，然后按照人的目的加工组装，最后生产出自然界不存在的产品。被人制造出来的产品已经失去了同生态系统的内在关联。工业文明的基本特征是通过对科学技术的运用，使人类获得新的支配自然的强大力量，蒸汽机、内燃机、电动机等无数的技术发明和创造，改变了人类只能用手工劳动获取生活资料的传统，采用大机器生产的方式，机器生产以石油、煤炭等非再生能源为主要动力，燃烧排放的废气造成了温室效应和一系列自然灾害，也使地球的能量储备急速减少，带来资源的紧张。工业文明的经济形式是商品经济或市场经济，遵循的是"资本的逻辑"，在利润最大化和资本最快增值的驱使下，人类的活动突破了地球表层，延伸至地球深部与更远的外层空间，以占有、征服、统治自然为幸事，形成了大量消耗—大量生产—大量浪费的运转机制，对生态造成的损害有目共睹！

政治不生态是指制度建构不当导致的生态环境问题，它与政治生态有关，但更主要的指向是生态政治的不健全。政治生态是运用生态学的方法，将政治活动视为一个系统，注重政治体系内部各要素之间以及政治系统与其他社会系统之间的相互作用、相互影响、相互制约，描述的是政治活动的整体状况。政治生态的好坏对生态环境肯定会产生影响，但是这种影响是混沌的、一般是间接性的。生态政治是"因"生态而产生的政治，旨在用政治手段解决生态问题，涉及的是政治生态体系与人化自然的关系，是围绕生态利益展开的政治活动，包括生态利益与经济利益冲突带来政治矛盾，为解决纷争形成的党团政治、政策法规、政治理想等，针对的是全局性的生态问题。政治不生态表现为制度设计有利于少数富有阶层而忽视广大民众的生命权益，政治绩效的评估不考虑对环境的负面效应，唯 GDP 论，以人类沙文主义、民族主义、地方主义为政策导向而引致对生态的损害，运用国家的强大力量、为了统治阶级的利益将资金用于破坏性活动和浪费性消费等。

科技不生态表现为科学技术研究、应用过程中带来的生态问题。汉斯·尤纳斯在《责任律令——寻求技术时代的伦理》一书中指出:"普罗米修斯终于摆脱了锁链:科学使她具有了前所未有的力量,经济赋予它永不停息的推动力。解放了的普罗米修斯正在呼唤一种能够通过自愿节制而使其权力不会导致人类灾难的伦理。现代技术所带来的福音已经走向其反面,已经成为灾难。"①科技不生态问题主要表现为以下几个方面:一是科技观误区。近代以来对科学技术的崇拜,对"知识就是力量"的片面理解②,使人们形成了这样的信仰:改造自然理所应当,无论怎样对待自然都可以不受惩罚。科技发展成为可以不受任何限制、毫无顾忌的事情,传统的科技价值观遵循有能力做的就是应该做的基本原则,在这一原则的护佑下,一些不该使用的技术被研究、被使用了,结果给自然系统的正常运行和人类社会的正常秩序带来了干扰和破坏(如有些克隆技术的使用)。二是科技对有限资源利用的加快。经济学中的"杰文斯悖论"③告诉我们:自然资源的利用效率提高只会增加而不是减少对此种资源的需求,因为先进技术的使用必定会提高生产效率,而效率的提升将导致生产规模的进一步扩大,由技术带来的劳动生产率的提高将导致该原料价格的降低,从而刺激市场对这一原料的需求和使用,带动开采规模和力度的加大,因而某种特定资源的消耗和枯竭速度会随着利用这种资源之技术的改进而加快。④ 三是对

---

① 参见刘家俊、余莉:《另一种反思:走出建设中国特色社会主义生态文明的两难境地》,《河南社会科学》2013 年第 12 期。

② 人们通常仅仅从知识能够转变为技术,增强人改造自然能力的角度理解这一论断。其实对培根这句名言的领会,既要有对时代背景的尊重,对特定时期知识、科技力量的肯定,也应有对"知识"和"力量"的更宽泛的理解。这里的"知识"应该也包括对人、人类社会、人与自然关系的认识成果,"力量"也不仅仅是改造自然的力量,还蕴含着在科学认识基础上克服人类困境的能力。

③ 威廉·斯坦利·文杰斯(William Stanley Jevons),19 世纪英国著名经济学家,他对科技发展与资源利用关系的研究结论以他本人的名字命名。

④ 〔美〕尤金·哈格洛夫:《环境伦理学基础》,杨通进、江娅、郭辉译,重庆出版社 2007 年版,第 3 页。

科技成果使用的长期后果缺乏科学预测。有些科技成果的推广和使用,从短期看满足了人的需要,似乎对生态环境也无明显副作用,但假以时日或从生态整体性角度看则会产生破坏性影响,如杀虫剂、洗涤剂、防腐剂、塑料等诸多产品的使用,要么导致生物多样性的减少,要么产生的废弃物在自然界中很难降解或无法降解,不能参与自然系统的物质循环过程,从而成为生态系统中的有害物。在科技成果的使用过程中有一个生态临界点的"底线"需要守护,生态临界点具有复杂、不确定、不可逆、风险聚集、认识滞后等特点,技术生态风险防控必须在临界点范围内进行。① 四是不当的科学实验对生物的伤害。我们不一概反对为了科学研究的目的用动物作实验,但这一过程中对动物生命的轻视或残害却是在文明社会里不该发生的。

消费方式上的不生态表现为消费观念与消费行为的异化。所有的生命都需要消费,生物需要从外部取得自身机体所需要的生存养料。但同是生物机体的人类,其满足自我需要的途径却很特别,与他物有明显的不同。动物的消费是天生的、本能的、有限的,而人的消费欲求却是后天的(当然有基本的生物性需要)、社会化的、无限的。在人类社会早期,消费要解决的主要问题是怎样存活下来,消费欲望是单纯的,消费内容是贫乏的,处于被迫消费不足的境况。随着人类文明的推进,人们消费的数量和品种大大增加,开始出现部分奢侈性消费。工业文明的兴起,带来了人类主体性的张扬,欲望日益膨胀,消费的形式和内容都大大不同于从前,逐渐呈现出异化倾向。异化意味手段与目的的背离,意味着事物本性的消解。在很多人那里,消费不再考虑本来需求而变为受某种外在力量诱使的行为。消费的意义也从生命需要变为"意义"追求,成为展现社会关系、显示社会地位、传达自我身份的窗口。这种消费主义的文化氛围,使人们把生活意义的很多方面都赋予到物品之上,使得虚假的、浮夸的、浪费的、象征性的文化功能越演越烈,甚至演变为纯粹表演性的惯

---

① 林慧岳、陈万球:《论技术使用的生态临界:临界模式、时空维度及态势转化》,《自然辩证法研究》2019 年第 5 期。

常行为或猎奇嗜好,有人喜食珍稀动物,有人热衷于"面子工程"。这种异化消费必然是铺张的、奢侈的、浪费的,势必造成对生态的破坏和资源的浪费。

道德不生态是指生态伦理观念尚未完全建立,环境道德行为未成风尚,从而使人们的行为选择有损于环境。这种道德不生态现象表现在人们日常生活和社会生活的方方面面,如平时生活的铺张浪费、对破坏生态环境行为的无视、对生态公益活动的冷漠、对家畜的虐待以及在制定环保法规、确立环境规划、进行环境管理等活动中出现的失当现象等。道德不生态对生态环境的影响是广泛的、深远的,关乎能否从根本上化解人与自然的冲突,解决生态问题。

(二)局部精明,整体迷失

人的理性是人最引以为豪的特点和能力。古希腊哲学家认为,唯有人具有理性灵魂,这种理性灵魂使人赋有了创造性和主宰性。普罗泰戈拉提出"人是万物的尺度",苏格拉底提出"人的灵魂(理性)是至善",柏拉图则把人的理性灵魂神秘化、独立化,突出了人的理性在万物中的优越地位,亚里士多德在批判继承柏拉图理念论的基础上进一步分析和肯定了灵魂的能动性和创造性。中世纪的哲学家们从现实世界分离出精神和灵魂,并将其塑造成超个体、超自然的上帝,用神性代替了理性。近代西方哲学把中世纪异化给上帝的人性重新返还给人类,肯定和宣扬人的价值,重视人的心灵实体。笛卡尔把思维和理智看作人区别于动物的唯一可靠标志,提出了"我思故我在"的著名论断。德国古典哲学的开山鼻祖康德尤其强调人理性的优越性,认为人是一个积极能动的主体,是具有理性、自律又自由的存在着,明确提出:"人是目的。"①黑格尔认为人的真正的本质是理性,"人类自身具有目的,就是因为它自身具有神圣的东西——那便是我们开始就称作'理性'的东西"②。马克思认为人的本质只能表现在实现自己本质的活动中,从而用实践的观点揭示了

---

① 参见李泽厚:《批判哲学的批判——康德述评》,人民出版社 1984 年版,第 288 页。
② 参见高清海:《马克思主义哲学基础》(下),北京师范大学出版社 2012 年版,第 60 页。

人的本质,肯定了人活动的现实性和创造性。理性是人类特有的一种能力。

1. 经济理性

经济理性是西方学者对人的行为动机剖析而成的基本观念,在他们那里,所谓的理性是从自身利益出发的一种心理活动或行为选择。经济理性的实践动机在于它是满足自利的必经途径和有效手段。

英国 18 世纪伟大的思想家亚当·斯密(Adam Smith),在《国民财富的性质和原因的研究》(以下简称《国富论》)中对人的理性进行了分析,提出了"经济人"假说。"经济人"也称理性经济人,其行为选择遵循的是经济理性。他试图建立一种"经济人"的人格,这种人格以自我利益为唯一的兴趣点,并以个体利益作为自己行动的取向。斯密将此人格行为选择当作考量所有经济活动中人与人关系的基础。他认为,经济理性是一种更接近于人的本性的理性,这种理性决定了人在作出决定时会以个人利益为支点,在社会经济活动中追求经济利益的最大化。他认为人的本性是自利的,就像每个生命体最根本的任务是保存自己的生命一样,个体的人是照顾和保护自己最合适的人选,这种自利的本性在经济领域中表现为通过交换产品以获得自己的利益。交换双方各自对利益的追逐,使得交换得以完成并由此提高了各自的生活福利,更好地维持了自己的生存,实现了双方自利的目的。在他看来,经济活动的动因就在于实现个体人的自我利益,人的理性是一种经济理性,现实中的人是"经济人"。这种"经济人"的理性不再是农业文明时期"知足常乐""够了即可"的有限目标追求,而是将"越多越好"作为行为准则。经济理性的主体是自私自利的个人,这种主体只看重自身的需要,将他人及其活动视为满足自己需要的工具。当然,在斯密看来,自利是全员的,互利也是全员的,人人如此。正因为有了自利的内在动机,人们便会去生产、交换、消费,由此带来了市场的繁荣和经济的发展。社会之所以会不断进步,是因为人的自利心总是不能被完全满足或由于经济发展带来了更大的不满足,从而驱动人们扩大生产规模,提高生产效率,这一过程既实现了个人利益,又促进了社会的进步。①

　　作为满足生命基本生存条件的内在动机,自保自利是必须且合宜的,但人的理性往往会纵容这种利己心,过分的自利便转为自私。自私会使人的心理和行为出现扭曲,在面临自身利益与他人利益冲突时,以损害他人利益为代价来满足自我利益。所以在经济活动中必然会出现行为不道德现象。斯密也意识到了这一问题,于是对人的伦理行为也进行了研究,出版了《道德情操论》。《道德情操论》从同情、想象、公正、赞美和谴责等心理机制着眼,说明了道德伦理确立的基础。但是,早在 19 世纪,一些学者就指出斯密的经济学出发点和伦理学支点是相互矛盾的,《国富论》把人的经济行为归结为利己或自私,《道德情操论》把人的道德行为归因于同情或利他,在对人的认识上,二者之间存在相当大的对立或不一致,这就是学界所称的"斯密问题"。至于斯密问题是否存在及如何解决的问题这里暂且不论,但其中折射出的矛盾不应忽视:一是自利理性如果顺着人的意愿延伸的话必然导致自私;二是人的经济行为(包括其他领域的行为)需要伦理约束,德性与财富的获取并非始终一致。张文喜认为,亚当·斯密首先保护的是个人主义的私人财产权,而个人主义式的自私自利与公共利益之间的矛盾是显而易见的,它实际上是由所有制问题导致的。经济规律同道德之间存在着这样的关系:在道德规范对个人利益有助时,个人的选择可能是有德性的,而作为整体的社会,个体以私利为中心的离散行为则可能产生不合乎道德的意想不到的结果。②

2. 膨胀的贪欲

　　经济理性在商品经济、市场经济的历史背景下必然形成财富贪欲的膨胀。

---

　　①　参见[英]亚当·斯密:《国民财富的性质和起因的研究》(上),郭大力、王亚楠译,商务印书馆 2012 年版。
　　②　参见张文喜:《所有制与所有权正义:马克思与"亚当·斯密问题"》,《哲学研究》2014年第 4 期。

有人说市场经济是推动社会经济发展的最好的经济形式,因为它既有内在的动力,也有外在压力;内在的动力就是不断追求尽可能多的社会财富,外在压力就是竞争的存在,优胜劣汰,这两方面的因素决定了商品生产者和经营者一定要通过外延式或内涵式的扩大再生产增加市场占有份额,通过市场优势获取更多资本,而资本量的增加又使资本占有者能够有机会改进技术、提高劳动生产率、处于更有利的竞争地位,获取越来越大的回报。这种资本运行规则刺激了资本拥有者更大的贪婪欲望,使生产出现无限扩大的趋势。在工业文明的时代里,人类生产活动的侧重点开始由生活资料的生产转向生产资料的生产;开发范围由地球表层资源不断扩延至地球深处;能源利用由分散型的可再生资源转为集中而不可再生的化石燃料能源;从种植和养殖有生命的繁殖更多地转向无生命的采掘和加工;从自然经济转向了彻底的商品经济。为了占领市场,获取更多的资本收入,商品生产者和消费者殚精竭虑地促使人们扩大消费,使人被大量的消费品所物化,成为孜孜于物品更换、求新、求异的商品的奴隶,"缔造了一种虚假的生活构境"①,同时也使这种对物品的无尽追求蜕变为习以为常的生活方式。铺天盖地的商品广告不断刺激、诱导、扩大着这种脱离生命本真需要的消费,使得对物品的占有成为一种心理习惯,商品成为人的灵魂。在不断满足"商品欲"的境遇中,人的身心会疲惫不堪,而"如果人类已经筋疲力尽,他们的破坏力就会变得越来越大,进而进行一次彻底的扫荡。人们要么相互摧残,使自己粉身碎骨,要么把地球上的所有动物和植物一扫而光"②。无止境的物欲,必然带来对自然资源的过度开发和利用。

生产耗费和生活消费本无可厚非,但当通过生产占有更多财富的欲望和对物品的贪恋极度膨胀时,意想不到的后果就可能发生。正如马克思所言:

---

① [法]让·鲍德里亚:《消费社会》,刘成富、全志钢译,南京大学出版社 2014 年版,第18 页。

② [德]霍克海默·阿多诺:《启蒙辩证法:哲学断片》,梁敬东等译,上海人民出版社 2006 年版,第 213—214 页。

"就其一般目的仅仅在于增加财富,即增加能够支配他人劳动的私有财产而言",那它"是有害的、招致灾难的"。①

3."看不见的脚"②

亚当·斯密相信"看不见的手"(市场、竞争)可以通过供求关系和价格机制自动调节生产资料和劳动力在社会各个领域的分配,可以利用每个人的自利为社会谋取福利。"看不见的手"相信经济理性的法则。按照斯密的自利原理,每个经济主体在经济关系中都想追求利益的最大化。利益最大化的实现是通过占有更多的自然资源和不断扩大生产规模、减少支付成本完成的。这一过程遵循的是"资本的逻辑":以最少的投入获取最大的利润,争取"越来越多"的利益是永恒的追求。每个利益主体在按照这种逻辑行动时,目标是清晰的,方法是合理的,策略是深思熟虑的,符合"理性"原理。但是个体理性碰撞的结果却在很大程度上可能带来不理性(违背人的意愿)的结果,这时,"看不见的脚"便露出来了。"看不见的脚"与"公地的悲剧"蕴含的道理异曲同工。

"公地的悲剧"讲述了这样一个现代寓言:有一片向所有人开放的辽阔草原,一群勤奋而聪明的牧人世代生活在这里,他们近年不断地扩大畜牧业的规模以便获取更多的收入。随着畜群数量的扩大,这片草原越来越难负其重,每多增加一头牛羊,就会给整个草原的存续带来挑战。但是,以这片草原为生的

---

① 《马克思恩格斯全集》第 3 卷,人民出版社 2002 年版,第 348、231 页。

② 这是美国生态经济学家赫尔曼·E.戴利(Herman E.Daly)对私人自利不自觉地损毁公共利益的形象说法。在《珍惜地球》一书中他指出:(对于生态系统)"经济学和生态学可以理想地定义这种考虑,但实际中的选择取决于伦理上的判断。""所有人都希望免费试用空气和水,结果产生竞争性的、肆意浪费的开发——生物学家加勒特·哈丁称之为'公地效应',福利经济学家称之为'外部不经济',而我想称之为'看不见的脚'。亚当·斯密看不见的手使得私人的自利在不自觉地为公共利益服务。看不见的脚则导致私人的自利不自觉地把公共利益踢成碎片。"——参见[美]赫尔曼·E.戴利、肯尼思·N.汤森:《珍惜地球:经济学　生态学　伦理学》,马杰等译,商务印书馆 2001 年版,第 43 页。

每个牧民却有自己内心的算计:"如果我再悄悄地增加一头牛羊,由此带来的收益全部归我自己,而由此造成的损失则由全体牧人分担。对我来说,这是划得来的。"于是,大家不谋而合,继续繁殖各自的畜群。在持续的过度放牧下,杂草逐渐取代了优良牧草,土壤被侵蚀而退化,水土流失,甚至连杂草也不能存活。终于有一天,这片草原毁灭了,田园牧歌也不复存在。这个寓言故事是美国著名生态经济学家加勒特·哈丁(Garret Hardin)1968年12月在《科学》杂志上讲到的,他把这种现象称为"公地的悲剧"(the tragedy of the commons)。① 公地就是公共的土地和资源,它的拥有者众多,使用权属于每个成员,大家都可以自由使用,无人有权阻止他人使用,公地成为有人用没人疼的"无主"之地,结果过度使用带来的枯竭和毁灭不期而来。其实公地上的当事人是能预料到这一结果的,但大家普遍怀着"捞一把是一把"的心态,而且认为自己无力阻止事态的恶化,事情就在人们日复一日的麻木中发生了。"公地的悲剧"的发生似乎可以做这样的解读:辛勤劳作的人们为了自家的生计而谋划,在有了漠视长远利益的盘算之后,选择为了当下的利益"杀鸡取卵",其间没有规则约束,没有产权归属,没有强力限制,结果是:公共财产——那个人类赖以生存的家园被毁了。这种"公地"的悲剧在现代社会已经屡见不鲜:被过度砍伐的热带雨林、过度捕捞的渔业资源、任意污染的空气河流……悲剧的发生,从制度机制上考察,乃是由于公共物品因产权不易界定而被无限制、竞争性地过度使用或侵占导致。生态环境作为公共物品,具有非竞争性、非排斥性和溢出效应不可分的特点,因而容易被滥用和破坏。按照美国生态经济学家的看法:真正的公地悲剧发生于个人以自己的方式处置公共资源之时。更准确地说,"公地的悲剧"是无节制、开放式资源利用的灾难性后果。就人类对生态环境的污染而言,由于治污需要成本投入,因而私人便会千方百计地把企业成本外部化,将废弃物排入公共领域。这就是赫尔曼·E.戴利所称的

---

① 参见[美]赫尔曼·E.戴利、肯尼思·N.汤森:《珍惜地球:经济学 生态学 伦理学》,马杰等译,商务印书馆2001年版,第151—154页。

"看不见的脚"。"看不见的脚"以"理性"的名义争抢免费的午餐,不惜践踏人类共有且必需的公共资源,结果带来的是意想不到的灾难。"文明是一个对抗的过程,这个过程以其至今为止的形式使土地贫瘠,使森林荒芜,使土壤不能产生其最初的产品,并使气候恶化"①,因此,"我们不要过分陶醉于我们人类对自然界的胜利。对于每一次这样的胜利,自然界都进行报复。每一次胜利,起初确实取得了我们预期的结果,但是往后或再往后却发生完全不同的出乎预料的影响,常常把最初的结果又消除了"②。历史经验提醒我们:人类需要适时检省自己的行为,"不管我们是否选择向过去学习,过去却是我们现实中最值得信赖的导师。……只有通过认识经常变化的过去——人类与自然总是一个统一整体的过去——我们才能在并不完善的人类理性帮助下,发现哪些是我们认为有价值的,而哪些又是我们该防备的"③。

二、文明的审思

狭隘理性带来的灾难促使人们对过往行为和选择进行反思。生态问题说到底是人的问题,是人对自己的生活、生命没有正确认识和适当对待的结果。早在 20 世纪 70 年代,对生态环境问题的世界性争论便已出现,尽管言论众多,观点各异,但达成了一个共识:如果人类社会以传统的方式走下去,不可避免地会加快更严重的生态危机的到来,现代文明将面临崩溃的厄运。危机逼人反思,危机催人觉醒,人类遭遇的生态困境呼唤新的文明形态的到来。

(一)文明的生态化

文明的生态导向是对文明悖逆和僭越生态规则的一种反省与调整。"文

---

① 恩格斯:《自然辩证法》,人民出版社 1984 年版,第 311 页。
② 恩格斯:《自然辩证法》,人民出版社 1984 年版,第 305 页。
③ [美]唐纳德·沃斯特:《自然的经济体系:生态思想史》,侯文蕙译,商务印书馆 2007 年版,第 499 页。

明"一词最早出现在古籍《周易》里："见龙在田，天下文明。"唐代孔颖达注疏《尚书》时将"文明"释解为："经天纬地""照临四方"。如果说"经天纬地"是对文明的一种自然向度的理解，那么"照临四方"则可以看作对文明的一种人文精神的界定。在西方，文明肇始于古希腊城邦的兴起，指人们在改造自然、改造自我、改造社会活动中取得的物质成果、精神成果、制度成果的总和。就一般意义而言，文明表征着一个国家或民族的经济、社会和文化的发展水平与整体面貌。"文明"指涉社会进步和人的开化状态，是一个"属人"的概念。"文明"意味着"人化"，意味着对生态环境的改造，是"非生态"的。"生态"指生物与其周围环境的关系，关注的是生命体的存在状态，实际上是一个关系概念。从这个意义上说，"文明"与"生态"属于不同的集合，或者说，二者存在一种悖反的逻辑关系。① 人类"文明"是以利用、克服、战胜自然为前提的，是驯服"生态"的战利品。在人类历史的进程中，"文明"肩负的重要职责就是保护人类不受外在生态环境的威胁和伤害，而"文明"这种力量的增强得益于启蒙理性的引导。"文明"是针对"蒙昧""野蛮"而言的，启蒙理性教化人们脱离自然，树立权威，"人为自然立法"。随着人类理性的觉醒，人们以"文明"带来的先进技术急切地利用和控制自然资源，将其视为人类进步的标志。倘若人类文明在生态自然面前无能为力，"文明"便黯然失色。既然"文明"有人类理性的强大创造力，征服自然的力量在不断增强，"生态"怎么会成为"文明"的"问题"呢？

　　事物之间的关系就是如此奇妙，统一物的对立面就隐藏在自身之中。关于"生态问题"形成的原因，前面所及"理性的傻瓜""贪欲的膨胀"和"看不见的脚"已有所论述。在传统文化中，"文明"与"理性"是结伴而行的，理性企图以超越必然性和规律性构建自然秩序和社会秩序，甚至将理性扩大为"自由意志"，拥有神一样的威力，统治一切。但是，理性对自然和社会秩序的认识

---

① 参见余莉：《马克思恩格斯生态观研究——基于实践批判理论的审视》，博士学位论文，华中科技大学，2013 年。

是肤浅的、短视的、不全面的,因此出现了与自然秩序错位、甚或相悖的现象。在生态系统中,各种生态因子相互联系、相互制约,服从必然的生态自然秩序,形成了自我保护和修复的内在机制,构成了动态耦合的整体系统。生态环境并非完全被动地受制于人,而是有其反作用能力的。当生态系统中的某个因子遭受到难以承受的伤害时,系统中的相关因子便会作出反应,系统整体也可能因此发生大的变化,使同样生活于其中的人类的生存受到威胁。人类忽视生态秩序与文明秩序之间的互尊和融洽关系,希望通过"文明"规制"生态",甚至用人类的"文明"秩序替代"自然"秩序,用"文明"选择代替"自然"规律,结果事与愿违,"自然"在压抑长久后伸出了复仇的拳头,给人类以迎头痛击,致使人类跟跄欲倒。

存续既成问题,"文明"何以为继?

但是,人毕竟是人! 理性可能犯错,也可以纠错。在饱尝了生态危机的磨难后,人们开始反思自己过往对待生态环境的态度,决定改变原有"文明"的偏狭,使文明"生态化"。文明的"生态化"是面对理性无限膨胀带来的生态环境危机而作出的明智调整,它强调文明不能只顾及人类自身利益,要充分认识生态环境对于人和人类社会的重要作用,使社会发展过程中的经济、政治、科技、文化等政策的制定和策略的实施不危害生态利益,并以尊重、维护生态的持续稳定为理性决策的基本前提。文明的生态化是通过"人化自然"实现的,在这一过程中,人类要以"文明"的姿态做好两件事情:一是向自然学习,汲取生态智慧,丰富文明内涵;二是顺应生态规律,维护生态稳定,追求人与自然共生共荣。文明的"生态化"是对人类文明外延的扩展,它要求对人类文明的理解要输入生态意识,给文明赋予生态意蕴。詹姆斯·奥康纳博士曾以美国加利福尼亚北部与南部交界地——圣塔·克鲁斯县的地理位置和资源状况为例,说明自然对于文明的影响,他认为了解一个地方的历史文化,必须首先了解该地区的地理环境和自然资源状况,圣塔·克鲁斯的地形、气候以及由此带来的对生活的理解特别强烈地保留在这一地区人们的头脑中。事实上,人类活动的方式及其生活内容深受周围环境的影响,"在圣塔·克鲁斯西部的克里夫路上,每当冬季的暴风雨季节,猛烈的风和雨会迫使人们联想到人类离控制自然界还有很长一段距离;自然界正以不受我们所控制的其他方式存在着"①。因此,人类不可狂妄地以为:人类对自然界拥有统治权!文明的生态化强调人类文明要将人如何处理与自然环境的关系视为文明的重要内容,改变人对待大自然及其他存在物的粗暴态度,使"文明"在"生态"中得以充分体现。

(二)生态的文明化

原本意义上的生态似乎与文明不相干。但若从社会历史的角度、从现实生活的角度着眼,生态也有其理想的、美好的、文明的状态。人类的过度干预带了生态的"野蛮"和衰落,生态的文明化致力于生态的维护、修复和呵护。生态的文明化既涉及人对他物的友好态度与适当行为问题,也包括人这个"类"的生存环境和幸福生活问题,是从积极的、主动的意义上对人类文明提出的更高要求。它强调对待生命、对待他物、对待生态环境要"以礼相待",使万物各归其位,各合其性,各得其所,也使人的生命样态健康、舒适、美好。这是一个对"自然"像"人化"一样的过程。按照马克思的致思路径,生态不是孤悬于社会历史之外的天然之物,而是纳入人的活动范围、作为对象性存在被社会实践中介过的,抛开呈现在我们面前的现实自然界,追问人类诞生之前的无机界是没有意义的。马克思反对唯心主义抽象的自然观和旧唯物主义感性直观的自然观,他关注社会历史意义上的现实的自然界,从人的实践活动与无机界的交互作用中关照人与自然的关系。② 虽然我们谈的是"生态"问题,谈的是"生态"的文明化,但现实生活中的生态依然离不开人的世界,离不开社会

---

① [美]詹姆斯·奥康纳:《自然的理由——生态学马克思主义研究》,唐正东、臧佩洪译,南京大学出版社 2003 年版,第 125 页。
② 参见樊小贤:《马克思实践维度下的自然观及其对生态文明建设的导引》,《思想理论教育导刊》2014 年第 11 期。

历史,离不开人的活动,也就离不开文明。在追求与践行生态文明的时代里,与生态相关的文明成果不断涌现,生态政治学、生态经济学、生态社会学、生态美学、生态伦理学、生态工程学等,人类已经开始了"生态"文明化的探索与实践。

生态的文明化意在实现"生态"的美好,它要回答这样几个宏观性问题:什么样的生态是美好的生态? 怎样才能使生态美好? 生态的美好与人的美好是何关系? 也要考虑微观的、具体性的现实问题,诸如应该"以鸟养鸟"还是"以人养鸟"? 转基因技术符合生态规律还是违背生态规律? "安乐死"应该禁止还是值得提倡? 养育孩子是不是越精致、越讲究越好? 树木移植是否符合生态伦理? "原生态"一定好吗? 等等。生态的文明化在于立足"生态位",体察人的认识和行为是否与生命本性、生态规律、自然物之间的应有关系相符合,是人通过对"天""天道""物道"的认知与领悟来规范自我行为的过程。生态的"文明化"实际上指涉的是感性生命(及整个自然界)与社会文明之间相融洽的问题,在这一关系中,人是"主人",他物是"客人","主人"要像对待邀约的"客人"那样体会、领悟、满足"客人"的要求,使他们有"宾至如归"之感。所以,这里的生态"文明化"主要是指尊重自然、顺应自然、保护自然,以文明的方式对待自然,让生态在人的关照下处于美好状态。

(三)生态文明

"文明的生态化"与"生态的文明化"之融合即是生态文明。如果说"文明的生态化"是人类文明范围的扩展,那么"生态的文明化"则侧重于人类文明程度的加深。"文明的生态化"强调依托良好的生态环境实现"人的美好","生态的文明化"意在希望人类友善地对待自然以实现"生态美好",那么"生态文明"就是"人的美好"与"生态美好"的"互利双赢"。可以说,"文明的生态化"与"生态的文明化"是一个事物的两个方面,价值目标是完全一致的,都指向一种新型文明——生态文明。

从理论渊源上说,生态文明(Ecological Civilization)这一概念最早是由美国作家罗伊·莫里森 1995 年在其《生态民主》一书中提出的,并将其作为工业文明后的一种新型文明形态。① 如今生态文明已经成为具有普世意义的价值理念和文明范式,对这一概念的理解可以从多个层面展开:

1. 从人与生态的关系来看,生态文明是人类领悟生态精神的理性体现。人类生态学研究表明,生态系统演进中形成的规律和自然法则,是人类生存必须遵循的,同时也对人类社会发展有重要启示。"生态"就是"生命的样态",其他生命的历程、关系、遭遇、渴望对同样拥有生命的人会产生直接的影响和间接的启迪。生态系统运行中呈现出的内在联系和整体取向是人调整自己行为的客观根据。生态系统蕴含的共生(生物之间相依为命的一种互利关系)、循环(不同功能类群的相互依赖和能量转化过程)、平衡(系统通过能量和物质的移动与转化达到成熟稳定的状态)、演进(生态系统不断改变、不断进化的趋势)、整体效能最大化(生态系统通过各生物成分和非生物成分的物质循环和能量流动构成自己的特有、超越构成因子效能的功能)等规律,对人类文明有重要启示。

人类是自然生命之网上的一个纽节,须遵从自然的生成、发育、成熟、收藏的规律,遵循自然之物移动、转化、演进的规律。生态原本反映的是自然界事物之间的关系,是自在的、由因果律支配的;当我们把生态引入文明视域,它所关涉的就不仅仅限于自然界,而主要考量的是人与自然,进而是人与社会、人与人的关系了。生态文明的提出,既是对人与自然关系认识的升华,又是人的自我认识的飞跃。生态文明需以高度的"生态自觉"为基础。所谓生态自觉,其要义固然包括对生态的认识和反省,但更重要的是对人在世界(包括自然界)中的地位、人的行为的合理性的反省。生态科学揭示给我们的共生、平衡、循环、演进、整体效能最大化等生态法则,是大自然奉献给人类的精妙智

① 参见徐春:《生态文明在人类文明中的地位》,《中国人民大学学报》2010 年第 2 期。

慧,是人类处理与他物关系的精神财富,也应该成为生态文明理念树立和行为选择可资借鉴的重要依据。

2. 从人类文明演进的历史来看,生态文明是后工业文明。人与自然之间的关系经历了原始文明、农业文明、工业文明几个不同的发展阶段。在人类早期的原始文明时期,人类对外界及自我的感知处于模糊和朦胧状态,对外在对象的干预能力极其有限,只好顺从自然,适应生态环境,人类就像其他动物那样消融在大自然之中并紧紧依附于自然,自然界在人们心目中具有崇高神秘的地位。随着人类历史的发展,人类的体能、智力,尤其是改造自然的能力不断增强,新的劳动方式开始出现,依托土地进行耕种的农业文明出现了。这一时期,人类求得生存的方式由采集食物变为生产食物,对待外部生态自然的态度也随之由依赖顺从转为利用改造。这时的生产可称为"生物型"生产,虽有因自然灾害、人口增长带来的开荒毁林等行为,但其对整个生态环境的影响甚微。农业生产的劳动成果主要靠人力和土地自然状况决定,因而尊重自然是人们处理与生态环境的基本态度。到了18世纪中叶,工业革命不期而遇,它以科技之神力驾驭和改造自然,以机器大生产取代手工劳动,人在面对自然时有了充足的信心和巨大的力量,促成了生产力水平快速、大幅的提高。在这个人的力量和欲望急速膨胀的时代里,人所欲求的财富大量涌现,生活越来越富足便利,人们信奉战胜自然、控制自然理所应当、荣光尊贵的理念,形成了征服和主宰地球的基本态度。

工业文明使人类的生态足迹遍布全球,主体性特征得到充分彰显,同时也使自己生存其上的地球样貌发生了巨大变化,带来了资源的急剧消耗和环境的不断恶化,出现了全球性生态环境危机。在这样的背景下,以克服工业文明弊端,缓解和消融人与自然危机为宗旨的生态文明逐渐被人们所推崇。位于工业文明之后、作为工业文明反思成果的一种文明形态,生态文明致力于对工业文明经济发展模式、科技发展方式、消费行为习惯、伦理道德观念等的全面革新,探寻和追求人与自然和谐相处的新型文明。

3. 从文明的内容来看,生态文明是综合性的高级文明。广义的生态文明包括体制文明、认知文明、物态文明和心态文明等诸多方面,包括对天人关系的认知(哲学、科学、教育、医疗、卫生)、对生产经营方式的组织(产品的纵向、横向和区域组织方式)、对社会经济关系的调控(制度、法规、机构、组织)、对人类行为方式的规范(道德、伦理、信仰、消费行为、价值观),以及关于人与自然关系的物态和心态产品(建筑、景观、产品、文学、艺术、声象)等,涉及人类在改造自然、适应生态环境的活动中创造的人与自然和谐共荣的物质生产方式、生活消费方式、社会组织形式、管理体制机制、伦理道德风尚,以及资源开发方式、环境治理方式等的总和。从综合指标来看,生态文明坚持经济指标、人文指标、社会指标、环境指标相一致,包括生态制度体系、生态产业体系、生态科技体系、生态文化体系、生态管理体系等诸多内容。① 生态文明是人与人、人与自然,以及人与自己和谐的高级文明形态,"是人类文明的最高准则,是社会进步的最高象征"②。

4. 从与人类整体文明的关系来看,生态文明是文明系统的有机组成部分。文明表征的是社会进步和开化的状态,反映人类经济、政治、社会、文化、道德等整体状况,体现的是社会发展水平的提升。文明是一个大系统,生态文明是其中的一个构成部分,同时又与其他文明交织、融合在一起。现代文明涵盖物质文明、精神文明、政治文明、社会文明和生态文明等社会生活的各个方面,体现了人类文明的不同成果和理想追求。物质文明是人类在改造自然界的过程中所取得的物质成果的总和,是生产力发展状况的现实表现;精神文明是人类在改造客观世界的同时改造主观世界的精神思想成果的总和,是人类精神生产的发展水平及其积极成果的体现;制度文明是人类社会发展过程中形成的规范化成果,通过各种规则和制度规范人们的政治活动、经济活动和文化活

---

① 参见杜向民、樊小贤、曹爱琴:《当代中国马克思主义生态观》,中国社会科学出版社2012年版,第3—10页。

② 王春益:《生态文明与美丽中国梦》,社会科学文献出版社2014年版,第10页。

动,使社会走向合理、公平、平等、和谐的文明状态;社会文明是指社会生活中公众性、公益性事业的文明状况,包括教育、医疗卫生、就业、居住状况与环境等涉及人们日常生活的进步成果;生态文明是指人们在处理人与自然关系过程中取得的积极成果。以上五大文明互为导向、密切关联,既彼此制约又相辅相成,共同构成人类文明的整体。生态文明虽然是后发文明,但在人类文明体系中具有基础性、前提性、保障性的地位,它推动物质文明向生态化方向发展,把人与自然和谐提升为精神文明的重要内容,推动政治文明扩大视野,拓宽社会文明途径,也带动社会风尚向环保、低碳、绿色、健康方向转变。

5. 生态文明可以从初级、高级不同层次上来理解。就初级层次来说,生态文明是指在工业文明的基础上用更文明的态度对待自然,不野蛮开发自然,不粗暴对待生态环境,改善和优化人与自然的关系,努力保护和经济建设生态良好的生存环境。作为一种现实的行为导向,生态文明不是停步不前,回归原始的、田园牧歌式的生活方式,而是调整已有的产业结构、增长模式和消费方式,从征服型、污染型、破坏型向恢复型、和谐型、持续型发展方向转变。中国特色社会主义生态文明也主要是在这个意义上使用的。中国共产党第十七次全国代表大会的报告在译为英文时将"生态文明"翻译为"conservation culture",没有使用国际学术界通用的"ecological civilization"一词,其着力点首先在保护自然资源,具有初级阶段的特点。① 可以说,初级阶段的生态文明,就是人们通常所理解的保护环境,主要表现为"地方"的生态环境治理。中国共产党第十九次全国人民代表大会报告指出:"生态文明建设功在当代、利在千秋。我们要牢固树立社会主义生态文明观,推动形成人与自然和谐发展现代化建设新格局,为保护生态环境作出我们这代人的努力!"②新时期的生态文明已经提升为涉及政治、经济、文化、科技、道德等诸多方面的整体性文明。从高级层次来说,生态文明是人类文明发展的新境界,是对以往文明形态的全面革新。

---

① 参见徐春:《生态文明在人类文明中的地位》,《中国人民大学学报》2010 年第 2 期。
② 《中国共产党第十九次全国代表大会文件汇编》,人民出版社 2017 年版。

作为生态文明的社会应该具有这样几个特征:第一,生态意识在全社会普遍树立。尊重自然、爱护环境、低碳生活成为公民的日常行为习惯。第二,走生态经济高质量发展之路。经济增长由量上外延式的扩展,向高质量、可持续、绿色环保方向发展。第三,更加公正合理的社会制度。通过制度的完善和机制的革新,使生产发展、生活富裕、生态良好,实现财富的共享和社会的整体进步。第四,人与自然和谐相处。生态文明肯定人是自然界的相对主体,人类的社会经济必须向前发展,同时认识到自然界的客观规律必须遵循,自然资源的储备是有限的,必须利用现代科学技术和现代生产力的发展努力做到与自然友好共处、让社会更加和谐。高级层面的生态文明是面向全人类、面向全球的。

总而言之,生态文明是人类体悟生态智慧,在尊重、顺应、利用和改造自然界的同时,不断克服人类活动的负面效应,积极改善和优化人与自然、人与人、人与社会关系所取得的积极成果,是人类文明历史发展的必然趋势,是综合性的高级文明形态。生态文明体现着人类处理自身活动与自然界关系的进步程度,是人与社会进步的重要标志。

三、生态文明的伦理期待

生态文明建设是庞大的系统工程,涉及文明理念、价值导向、发展模式、生产方式、生活习惯等诸多精神层面和现实领域的工作,需要全社会的热心参与,更需要从制度、技术、文化等各个方面进行建设,从长远的角度看,尤其要从人们的价值观念、伦理道德的革新入手。以伦理的方式理解和对待生态,是生态文明的题中之义和基本要求。康德在他的《实践理性批判》结语中宣称:"位我上者灿烂星空,道德律令在我心中。"①镌刻于这位伟大哲学家墓碑上的

---

① 李泽厚:《批判哲学的批判——康德述评》,人民出版社 1984 年版,第 320 页。

这句名言,恰似生态伦理的道德宣言!生态伦理具有普遍渗透性和持久作用的效力,是生态文明建设不可或缺的重要内容和价值目标。

（一）生态文明呼唤人们"内心的革命性变革"

文明行为是建立在人们觉悟提高和认识转变基础上的,生态文明的推行也要以观念的变革为前提。在谈及如何化解人类遭遇的生态危机时,日本文化界著名人士池田大左提出了这样的看法,他说:"作为解决问题的前提,市民不应该去责难客观,而应当改变自身的生活方式。我们每一个人都需要回顾一下自己的生活,尽力消除个人生活中有害环境的部分。……我们应该铭记这样一个深刻事实:我们自己的日常行为长此下去,积重难返,就剥夺了子孙后代的生存权。我认为,只有加深这种认识,人类才能在现代社会中自觉地确立自己的生活方式。"英国著名历史学家、思想家阿诺德·约瑟夫·汤因比（Arnold Joseph Toynbee）进一步指出:"要消除（生态危机）对于人类的威胁,只有通过每一个人的内心的革命性变革"①才能实现。汤因比认为,"内心的革命性变革",最根本的就是要树立生态道德观,以人类长远的、整体的利益为重,以友善的态度处理人与自然的关系,将人与自然的共生共荣作为道德的最高境界。生态文明是人类应对生态危机和生存危机的产物。面对生态环境问题,人们慢慢学会不但审视自己在解决生态环境问题过程中的成功失败,而且审视自己在开发利用自然环境中的经验教训。在此过程中,人们对导致生态危机的思想根源和认识根源进行了反思和深究,以期找出生态问题的根本性症结,从而化解危机。人与自然之间的矛盾的冲突迫使人思考这样一些问题:为什么勤劳与奋斗的结果会事与愿违?为什么"发展"带来的是危机?什么样的生活才算是善好的生活?人类到底应该如何对待自然?自然物有没有自身固有的价值?人是否应该把道德关怀的范围延伸到动物、植物、生态系统

---

① 　[英]阿·汤因比、[日]池田大左:《展望二十一世纪——汤因比与池田大左的对话录》,荀春生等译,国际文化出版公司1985年版,第55、59页。

乃至整个自然界？现实引发的这些关于"应该"的追问和思考,促使了一门新的道德哲学、新的伦理学——生态伦理学的兴起和发展。美国历史学家林恩·怀特(Lynn White)在 1967 年发表于《科学》杂志的论文——《我们生态危机的历史根源》一文中指出,基督教对生态环境恶化负有深重的罪责。他认为,基督教把人作为上帝的最高产物,在人和自然之间建立了一种二元对立,而且认为人为了自己的目的对自然的剥削是上帝的旨意,这便带来了人对自然的冷漠和无情。① 正是对人类行为的反思,使人们认识到在开发利用生态自然来满足自己需要的过程中,没有善待生态环境,漠视自然的价值和意义才最终导致了人类生存环境的恶化。生态伦理是在人与生态关系恶化的背景下道德哲学和应用伦理学发展的时代产物,它与生态文明理念同步而行,是生态文明在道德伦理领域的体现。

（二）生态文明建设亟待生态伦理护航

道德理性和科学理性是人之理性的两翼。科学理性是生态文明建设的重要力量,但希望仅以更高级的科学技术对生态问题进行"快速修复"(或利用环保政策及法律手段强制治理)是肤浅和不够的。生态环境呈现出的开放性、边界不清晰性、外部性、综合性、反应的迟滞性与累积性、巨大性等特点,也决定了问题的解决不是一些部门、一些技术、一些制度能够完成的。没有整体利益、没有责任感、没有行为规范,生态文明建设只能是表面"灿烂辉煌",实则不着就里,难以持久和全面实现。在生态文明建设的实践中,人们还会遭遇人类利益与生态利益的冲突问题,在此境况下,就需要有维护生态利益的观念与规范支持。动物权利(解放)、生物中心论、生态中心论等理论成果,为人们的行为选择铺垫了伦理基础,也使生态伦理观念逐步树立,在此基础上建立和完善的生态道德规范,将使生态文明建设沿着人

① 参见何怀宏:《生态伦理——精神资源与哲学基础》,河北大学出版社 2002 年版,第 152—156 页。

与自然友好共生的愿景向前推进。但就现实情况而言,生态伦理观念的树立与行为的普及与生态文明建设的实际需要尚存在较大差距,亟待提升认识水平和加大工作力度。

生态文明建设需要唤醒人们内心的生态意识和道德觉悟,制定和推行符合生态文明理念的行为规范并使其入心化行,才可能使生态文明建设落到实处。道德行为虽然以自觉自愿为特征,但道德"应该"也具有它特有的、外表柔弱的强制性。人是理性的存在物,能够意识到人有理性地思考自己行为的后果以及为自己的选择承担责任的本分,这种"本分"一经个体选择也就要承担相应的道德责任。现实生活告诉我们,个体如果游离于道德规范之外,他的行为将为社会所不容,他自己将被社会所排斥。担当了社会上的某一"角",就要按照此"角"的"本分"行事。人际共生(人物共生)对个体而言是一种外在的必然性要求,无论是为了群体利益还是为了自身利益,都需要保持一种友善与同情。生态伦理强调将传统的"为人"的道德向其他非人类存在物扩展,认为当代人有"本分"向未来世代人、动植物、生态系和地球生态圈承担义务①,维护人与自然的和谐共生是道德的最高境界。如若这样的伦理信念树立起来,危害生态之行为定不会重现。

(三)生态文明建设需要生态伦理助力

生态问题是当今人类面对的全球性重大问题,对它的言说已从一般性的现象描述转为理论探讨和技术实践,从局部整治发展到全面谋划。生态问题的解决、生态文明的推行,需要技术革新和经济增长方式的转型,更需要人的价值观的转变。日本著名环境哲学家岩佐茂曾引用前联合国环境计划(UNEP)事务局局长 M.K.T 图卢巴的话说,"环境管理'并不是管理环境,而是管理影响环境的人的活动'","人为了自身的生存,必须自觉地认识到人是自

---

① 参见樊小贤:《自由意志与道德"应该"的界限》,《人文杂志》2008 年第 4 期。

然界的一部分和自然生态系的一员,应该使自然与生态系处于良好的状态下。人们完全可以根据这一认识提出伦理规范。"①经过几十年的发展,生态伦理着重在以下几个方面重新定位自然对于人的意义:一是反思西方传统文明对待自然的态度;二是倡导将道德关怀的对象由人延及动物(乃至无机物);三是重新审察人、人类对他物(包括生态系统)的义务;四是关注由生态环境问题带来的其他社会问题。生态伦理的价值指向在于通过伦理观念的调整,促进人与自然关系的和解与重塑。

在生态文明建设中,思想道德上的推动是必不可少的环节和重要的社会力量。《中共中央国务院关于加快推进生态文明建设的意见》要求,生态文明的主流价值观要在全社会得到推行,"要增强全民节约意识、环保意识、生态意识、培育生态道德和行为准则,开展全民绿色行动,动员全社会都以实际行动减少能源资源消耗和污染排放,为生态环境保护作出贡献"。"要倡导简约适度、绿色低碳的生活方式,反对奢侈浪费和不合理消费。"②使公众认识到生态文明建设同每个人息息相关、密切相连,人人都应该做践行者、推动者。

生态意识的普及与生态保护觉悟的提高需要加强生态道德建设和生态道德宣传。生态伦理涉及对人与其他生命形态之间乃至与自然界之间的哲学认识,它不是一般地影响人类的生存状态,而是首要地影响人类的精神状态,影响人在处理与自然关系时的价值观。生态伦理强调生态伦理的承担者是不断觉悟的人,生态伦理的关怀对象是与人的生存和发展密切相关的多种生命形态,人需要时时提醒自己莫把"能为"当"应为",以整体性的眼光关照自然,在美好的生境中追求人的全面发展。生态伦理是生态文明建设的价值向导和行动指南,是生态文明建设中制度革新、经济发展、技术应用、文化发展的精神轴心,良好的生态道德氛围必将对生态文明建设和整个人类社会的进步起到长久的助推作用。

---

① [日]岩佐茂:《环境的思想——环境保护与马克思主义的结合处》,韩立新等译,中央编译局出版社 2006 年版,第 76、93 页。

② 习近平:《推动我国生态文明建设迈上新台阶》,《求是》2019 年第 3 期。

第一章　由现实之"是"
到道德"应该"

伦理学是关于"应该"的学问。"应该"由何而来？"应该"成立的依据是什么？道德"应该"与人类生活有何关系？这些问题是伦理学中必究的基本问题，也是以伦理角度审视生态文明需要认真思考的现实问题。200多年前英国哲学家大卫·休谟（David Hume）提出的由"是"到"应该"的"休谟问题"，在生态危机日益严峻的今天，依然是人们伦理地处理与他物关系时需要审问和解答的一个问题。

一、"休谟问题"及其消解之道

"休谟问题"是哲学史上颇具争议的理论难题，"是元伦理学的根本问题，是伦理学能否成为科学的关键，因而也是全部伦理学的最重要的问题"①。元伦理学家的开山鼻祖乔治·爱德华·摩尔（G.E.Moor）称之为"自然主义的谬误"②。

---

① 王海明：《伦理学原理》，北京大学出版社2006年版，第63页。
② 自然主义谬误意指以事实定义价值，用"善的东西"来定义"善"。在自然特质中去寻找"善"，将伦理等同于自然，将事实等同于应该，就是犯了"自然主义的谬误"。摩尔在《伦理学原理》中试图为休谟的事实与价值二分提供论证，他指出："许许多多的哲学家认为，当他们说出这些别的性质时，他们实际就是给'善'定义，并且认为这些性质事实上并不真正是'别的'，而是跟善性绝对完全相同的东西。我打算把这种见解叫作自然主义的谬误"。他认为不能用自然属性或对象分析和定义"好的"，"好的"是一个非自然的属性。"自然主义的谬误"就在于试图定义"好的"。参见［英］摩尔：《伦理学原理》，长河译，上海人民出版社2003年版，第19页。

"休谟问题"到底是怎样一个问题？它对我们理解道德的形成与本质有什么影响呢？我们来看看"休谟问题"。

（一）"休谟问题"

休谟在其名著《人性论》中发现了这样一个"非常重要"的问题："某个体系的建立者总是在一定时期内以平常的推理方式进行阐述，然后得出上帝存在的结论，或者对人类的事情展开一番评论；然后，突然地，我发现，他的命题中充斥着'应该'或'不应该'，而不是通常的那些'是'或'不是'。这一变化发生于不知不觉之间，但确是至关重要的。因为，既然这种'应该'或'不应该'表达的是某种新的关系或肯定，我们就必须对其进行阐述与解释；而同时，我们是如何根据另外一些完全不同的关系将这一新的关系推断出来，关于这件看似完全难以想象的事情，也需要给出一个理由；但是，那一体系的建立者往往不会那么细致，因此我在此处向读者建议要注意此类缺陷；而且，我相信这一点小小的注意就足以将前面他所提出的那一套通俗的道德体系推翻。"①这就是学界聚讼不已的"休谟问题"。

近年来，这一问题引起了我国伦理学界的关注和深入探究，有人认为它是归纳推理的有效性问题，有人认为是因果推理的有效性问题，有人认为是"因果问题+归纳问题"；有人从道德哲学出发将其释读为事实判断和价值判断的关系以及价值学说何以可能的问题，有人则以认识论或逻辑学的视域把它解析为科学知识何以可能的问题，也有人在知识论维度中把"休谟问题"视作知识的接受问题。②"休谟问题"到底是一个什么意义上的问题？如果从休谟论及此问题的具体语境上来看，应该说它是一个道德哲学问题，是关于如何从经验事实"是"过渡到道德判断"应该"问题的质问。《人性论》第三卷的内容是"论道德"，在第一章第一节"道德区分并非来自理性"的末尾部分，休谟指出：

---

① ［英］大卫·休谟：《人性论》，贺江译，台海出版社 2016 年版，第 514—515 页。
② 王刚：《休谟问题研究述评》，《自然辩证法研究》2008 年第 3 期。

"有必要在上面的推理中加上一点观察,我们可以看到,这点观察或许是非常重要的。到现在为止,我所遇到的所有道德上的哲学体系中"存在"是"与"应该"被不经意混淆的问题。① 休谟认为道德关系的成立需要满足两个条件:一是它在精神和生理领域上都有相关性,二是存在着与意志的确定关联且这种关联是因果的、必然的;没有关系能够满足这种条件,道德不是由事实陈述所构成的,人们无法给出这种联系以必然性的证明,道德不是一个由人的知性发现的事实性认识,认为道德"应该"可以从"是"推导出来在逻辑上是不可思议的。人们用"应该"或"不应该"这样的联系词将我们称赞或责备的判断联系起来,而这种判断是以明智的观察者恰当的观点为依据的。明智的观察者的判断是基于对某个事实问题的思考而传导一种赞赏或责难的情感,但是并不存在一种把"应该"或"不应该"表示的情感与客观事实联系起来的法则或证明,道德"应该"不是由"是"推论出来的。在休谟看来,道德"应该"是人性使然,它源于人类同情的心理机制。②

"休谟问题"直接指向的是:从以"是"或"不是"为联系词的事实性判断中,可否推导出以"应该"或"不应该"为联系词的道德判断或价值性判断,简单地说就是由"是"能否推导出"应该"的问题,或者说要回答道德规范怎么来的问题;如果答案是肯定的,那么此推理的根据是什么。"是"指代事物的存在状态,说明事物存在的"事实"如何,事实固有的客观属性怎样,事物存在和发展的客观规律如何;"应该"是具有价值论的概念,具有伦理属性,表达的是伦理规范和行为选择的意义。休谟认为,在事实与价值之间没有对接的逻辑桥梁,不能从仅有"是"或"不是"的陈述中推导出含有"应该"或"不应该"的陈述。从逻辑上说,这种认识是正确的,但如果仅限于此,休谟只是言中了一个逻辑真理,对于我们理解道德规范的形成并无助益。实际上,在《人性论》

---

① [英]大卫·休谟:《人性论》,贺江译,台海出版社 2016 年版,第 514—515 页。

② [美]约翰·罗尔斯:《道德哲学史讲义》,顾肃、刘雪梅译,中国社会科学出版社 2012 年版,第 75—80 页。

中,休谟特别提醒人们要对由"是"到"应该"的变化作出说明,他注意到这样的情形:道德学家们作通常的推理→作出关于人类事务的断言→断言的命题使用了常用的"是"或"不是"→作者们突然将联系词转变为"应该"或"不应该"→陈述的是一种新关系→这种变化应该得到说明。休谟本人从他的道德自然主义立场出发,将理性与情感对立起来,求助情感释解道德的起源。在他看来,事实与价值之间有一条无法逾越的鸿沟。① 从逻辑角度看,"是"要成为行为选择的理由,必须以某种价值判断为前提,"事实"陈述的立场是"中立"的,它本身无所谓好或坏,不能成为行为应该怎样的理由;"应该"或"不应该"的道德判断与行为选择作为一种价值意向,如果没有价值层面的论据支撑,单从事实的存在属性找不到道德立论的根据。

(二)"休谟问题"的化解思路

面对"休谟问题",伦理学研究者们以各自独有的视角进行解析并提出了不同的解决方案:情感主义伦理学认为"应该"存在于主体的情感之中,不可能从事实中推导出来;自然主义搁置主体的情感、欲望、目的,以为从事实自身便可直接产生和推出行为选择上的应该,将事实与应该等同起来;直觉主义则认为只有通过直觉的中介,才能由事实产生应该;还有人认为"休谟问题"本身是不存在的或逻辑上无解的伪命题。② 总之,对于"休谟问题",依然呈现出聚讼不已、莫衷一是的多元化释解局面。

究竟应该如何看待"休谟问题"? 如何解决才是比较合理与可能的呢? 这里提出以下思路:

立足于实践之上,对主客体关系的现实确认可能是唯一的通道。

---

① 朱志方:《价值还原为事实:无谬误的自然主义》,《哲学研究》2013 年第 8 期。
② 徐有渔先生认为,价值判断中就算有描述性因素,但最具特色的行为既不是经验的,也不是逻辑的,从事实判断推导不出价值判断。参见徐有渔:《"哥白尼式"的革命》,上海三联书店1994 年版,第 382 页。

美国当代著名哲学家马克斯·布莱克（Max Black）指出："事实如何的前提与应该如何的结论之间有一断裂，连接这一断裂的桥梁只能是当事人从事相关活动或实践的意愿。"①"应该如何"是通过主体的需要、目的、愿望而从事实如何中产生和推导出来的，是依循客体事实→主体需要（目的、愿望等）→主体应该的路径实现的。

"应该"一词有两种含义：一种是"事实陈述"上的应该——指对象按自己规律变化的一定前景，一种是"价值陈述"上的应该——指人或主体应该怎样。前一种陈述通常表达的是对某对象事实的合理推知，是客体无论是否与主体需要有关都具有的客观事实属性，是从总体性事实推导具体"是"的过程，本质上依然属于对"是"的描述，比如可以说，根据哈雷彗星的运动周期，它应该在 2045 年年底在我们视野中出现；后一种情形是价值学、道德哲学探究的问题，即如何从"是什么"推导出"应该怎样"？李德顺认为化解这一问题，首先要做逻辑上的填充，从过度抽象的"是"与"应该"转化为"什么是"与"谁应该"，然后通过逻辑上的排比分析发现真正需要考察的问题。他认为将"从是到应该"问题转移为"从客体是什么推出主体应该怎样"的做法是对"休谟问题"的狭隘僵化处理，需要从人的现实关系出发突破这种思维定势。从价值论的角度看，人们能够在实践和科学的基础上对"客体是什么"和"主体是什么"作出明判，从而通过经验归纳出的事实得出主客之间的关系如何，通过这种事实关系来判断一定情形下主体在其中的"应该"应是怎样的。李德顺举例说：

"人类依靠与大自然的物质交换来维持生存和发展，一旦这种交换出现障碍，人的生存发展就会受挫或中断；

目前这种物质交换出现了障碍迹象；

人类要继续生存发展，就应该设法避免和消除障碍。

---

① 转引自王海明：《伦理学原理》，北京大学出版社 2006 年版，第 63 页。

进一步可扩展为：

当某一事物引起人无私的亲近感和愉悦感时，人把这一事物叫作美的；

Y 并不能引起人们这样的感受；

所以，人不应该说 Y 是美的。"①

这种推论之所以可能，是因为"是什么"中始终包含着"主体是什么"的预设，主体的规定性是推理过程决定性的环节与重要因素。作为主体的人，在实践经验中学会了怎样加入和进行这种推理，实践使"应该"不仅成为主体自己的事，而且赋予了主体对客体变化的预见能力。当具有实践经验的人把客体"是什么"与自己"是什么"进行联系和对照时，他的现实需要就会提示他"应该怎样"。因此，由"是"到"应该"在实践中通过现实的主客体关系能够实现合理的过渡。②

王海明认为，"是"与"应该"都具有客体的属性，"是"是客体的事实属性，是不依赖主体需要就具有的属性；"应该"则是客体的价值关系属性，它依赖主体需要而存在，是"是"对主体的需要、目的、愿望、要求的效用。事实属性是价值属性的源泉和基础，价值属性是从事实属性推论出来的。但是仅有"是"是推不出"应该"的，只有事实属性与主体需要发生关系时，才能实现由"是"到"应该"的转化。"应该"意味着事实与主体目的、欲望、需要相符合，"不应该"说明事实与主体愿望目的之不相符合。沿用王海明的例证作以说明：

张三杀人了（事实怎样）

道德目的是保障社会存在发展（主体目的怎样）

张三杀人不符合道德目的（事实与主体目的关系如何）

张三杀人是不应该的（应该如何）

---

① 李德顺：《价值论：一种主体性的研究》，中国人民大学出版社 2013 年版，第 248 页。

② 李德顺：《价值论：一种主体性的研究》，中国人民大学出版社 2013 年版，第 245—249 页。

将此例证升级为普遍过程就是:客体(行为事实)→主体(道德目的)→主客体关系(行为事实是否符合道德目的)→结论(行为应该或不应该如何)。①

如果离开主客体关系,离开人的社会实践,离开对人类活动目的的关注,就不会从"是"推出"应该",也意味着"是"与"应该"是毫无关联的。从生态伦理的视域看,只有人承认了生态规律的不可抗拒性,才能发现生态完好对人类存续的重要价值,才能得出"应该保护生态环境"的道德论断。这即是说,从人类生存的利益着眼对生态之"是"的价值评价,是把生态"事实"与生态伦理"要保护生态环境"的"应该"统一起来的价值论基础。

由此可说,道德应该是通过道德目的从伦理行为事实中产生和推论出来的。人类社会生活的实践本性和人所具有的主体性特征,使得人在现实生活中能够并需要对"应该怎样"作出选择。

二、"自由意志"与道德"应该"

前面我们所论之"是",主要是指客体的事实性存在状况,是对客体的"事实陈述"。其实,在论及"是"与"应该"的关系问题时,还应该注意另一种"是"的存在,即作为人之禀赋、道德基础的"自由意志"。

"自由意志"与"应该"的关系问题是一个根本性的伦理学问题。在哲学和伦理学发展史上,自由意志被视为道德意识和道德评价的前提和基础,正因为道德主体拥有依托自由意志的选择能力,因而就要承担道德责任的重担并藉此昭示行为主体的人格尊严。但是,道德主体对道德行为的选择不能完全以自由意志为根据。什么事情是应该做的? 什么事情是不应该做的? 为什么应该对这件事履行道德义务? 为什么不应该对那件事承担道德责任? 这些"应该"既离不开人的自由意志(否则就会得出万事由不可抗拒的必然性决

---

① 王海明:《伦理学原理》,北京大学出版社 2006 年版,第 67 页。

定,那样的话就无所谓道德可言),也不能归因于某个外在境遇和理由(那样会使道德责任沦为脱离人主观意愿的异己力量而使道德主体的自由意志被架空)。自由意志与道德"应该"之间的界限如何划分？对它的回答触及道德活动的逻辑起点,隐含于道德认知与道德实践的始终,也深刻影响着诸如"善"与"恶"、个人与群体、利己与利他等伦理问题的解决,是道德哲学从而也是生态伦理学的基础性问题。

（一）"自由意志"的存在性意义

从原初意义上说,"自由意志"是人的一种存在性,"是一个有关'本体'(noumenon)的先验幻象,而并不与人和世界的经验即现象界相关,现象界是因果律支配一切,即一切现象均有因果,包括人的任何意志也脱离不了因果律的支配。只有在迥然不同于现象界的本体中,人才有自由"①。"自由意志"是人与生俱来拥有的一种冲动或能力,是人之为人的基本特征。

1. 自由与自由意志。从自由和意志两个视域来讨论自由意志是逻辑上的内在要求。自由是个古老而争议不断的话题,有史以来便有着复杂和多层的含义,这里仅沿用胡适对这一概念的释解。胡适指出:"'自由'在中国古文的意思是:'由于自己',就是不由于外力,是'自己作主'。在欧洲文字里,'自由'含有'解放'之意,是从外力制裁之下解放出来,才能'自己作主'。在中国古代思想里,'自由'就等于自然,'自然'是'自己如此','自由'是'由于自己',都有不由于外力拘束的意思。陶渊明的诗:'久在樊笼中,复得返自然'。这里'自然'二字可以说是完全同'自由'一样。"②胡适从"自由"的词源出发对自由的含义进行阐释,自由既是"由于自己"又是"解放",既是"不由于外力拘束"或"自己作主",又是"从外力裁制之下解放"或"不受外力拘束压迫或

---

① 李泽厚:《伦理学新说述要》,世界图书出版有限公司北京分公司 2019 年版,第 45 页。
② 《胡适文集》第 12 卷,北京大学出版社 1998 年版,第 805—806 页。

限制束缚的权力"①。由胡适的这一识见,可简约地将自由解释为:无外在障碍而能照自己意志进行的行为。何谓意志呢? 按照心理学的理解,是指人有意识地确立目标、依据目标调节和支配行动、克服困难以实现既定目标的心理活动过程;哲学层面上的意志,强调的是人的内在欲求,表现的是生命的冲动与渴望。自由意志被赋予生存欲望生成的能力之意,是人作为人的类本质。当我们说一个人拥有自由意志时,就意味着他拥有了这样的权能:可以把自己意愿什么和自己不意愿什么全部置于自己的意志控制之下,只需根据自己的意愿和决断去选择和行动,不必以任何其他的原因(包括上帝的指令)为作出决定的根据。

2. 自由意志的不断觉醒。在人类思想史上,苏格拉底以"认识你自己"为导引,通过心灵的觉醒来推知外在于人的世界;柏拉图则对灵魂中理性、激情和欲望组成的理念王国进行了区分,为自由意志的诞生准备了出口;亚里士多德以"更爱真理"的执着将个别事物的存在视为"第一实体",使个体的独立身份被确认,将此观点引用到人的活动上,便使自由意志的形成有了哲学依据。约公元前四至三世纪,在伊壁鸠鲁学派的思想中"自由意志"的概念基本形成。伊壁鸠鲁的原子论认为,现实世界有太多的缺陷和丑恶,不可能是神力创造的结果,它是原子偶然的、散乱的、在运动中碰巧达成的组合,原子的运动会脱离直线出现偏斜,而偏斜恰好体现了原子更本原的性质。原子偏斜的说法否定了世界秩序源于某个至善目的被制造的理念。自由的根据进入到原子的运动当中,自由意志永远在自然因果律之外且永远不进入因果律,是构成万物的第一因,由此确立了其本体论地位。伊壁鸠鲁曾以机智、悖论的方式对至善至能的上帝提出了质疑:"上帝或者希望消除所有的恶事而不能,或者他能而不愿意;或者,他既不愿意又不能;或者他既愿意也能。如果上帝愿意而不能

① 其实胡适更强调"从外力裁制之下解放"的自由,他认为回归自己内心的自由不是真正的自由,而是一种隐遁的生活或梦想神仙的生活,是"不担干系"的尚待解决的假自由。参见石元镐:《胡适自由观的特征与演变》,《中国哲学史》2004 年第 4 期。

的话,他是软弱——这与上帝的品格不符;如果上帝能而不愿意的话,他是恶毒——这同样与自由的品格相冲突;如果上帝既不愿意又不能的话,他就既恶毒也软弱,因此就不是上帝;如果上帝既愿意又能——这唯一符合上帝,那么,恶事到底从何而来? 或者说,他为什么不拿开这些恶事?"①伊壁鸠鲁的这个悖论成为中世纪的奥古斯丁毕其一生想要解答的问题。

在《论自由意志》中,奥古斯丁对《圣经·创世纪》里的"原罪说"加以分析和阐释,为对一切罪进行道德或法律上的惩罚和谴责确定了根据。"原罪"看起来像是个富有生活气息的简单故事,实则揭示了人性的本质与特点。人类祖先亚当与夏娃原本受上帝的庇护,在伊甸园里过着无忧无虑的日子。有一天,一条蛇从夏娃身边经过,指着园子里"智慧树"上的果子说,那棵树上的果子香甜可口,你没吃过吧? 夏娃说,主人(上帝)吩咐园子里所有的东西我们都可享用,唯独那颗树上的果子不能动。蛇便诱使到:主人说的话就一定得听吗? 结果夏娃平静的、满足的心被"想吃"的念头动摇了,偷偷摘了善恶树上的果子吃了,并拿给自己的丈夫亚当享用。万能的上帝当然会知道此事,亚当与夏娃违反了天条,被主人降罪,逐出了伊甸园,从此开始了艰辛的人间生活。人类最早的祖先违背上帝的指令是人的"第一罪",也就是人类共有的"原罪"。夏娃之所以会被蛇所引诱而犯罪,乃是由于上帝在造人时赐予了人自由意志的能力。人原本是按照必须听从上帝的旨意而造的,但同时又被赋予了自由意志。上帝知道具有意志自由的人会受诱惑,但由于人有自由意志的能力,他便有可能经受住诱惑,用"不"阻挡不该做的事情。自由意志赋予人的能力既可对不当之事说"不",也可能选择接受诱惑而致行为不当。人食"禁果"蕴含着如下人性启示:一是人可以藉由自己的意志挑战上帝的权威,人具有不受权威约束的基因;二是人觊觎上帝至高无上的地位,也想成为像上帝一样的存在者;三是人"欲壑难填",伊甸园里天上飞的、地上有的人尽可享

---

① 转引自赵林:《"罪恶与自由意志"——奥古斯丁"原罪"理论辨析》,《世界哲学》2006 年第 3 期。

用,但人还是想占有更多,想拥有包括"禁果"在内的一切;四是人的思想和心理是变化的,也是容易被诱惑的,"恶"(蛇是其象征)本来就在,人会受"恶"的影响而致错。由于上帝在创造万物之灵的人时虽要求必须服从旨意,但同时又把自主选择的权利给了人,故而人是否愿意服从上帝的权利就在人自己的手里。这样一来,上帝对人的不当行为定罪并加以惩罚就是有道理的、正义的。

关于"原罪"的信仰和理解蕴含着对人自由意志的觉悟,这实际上涉及人的深度存在问题。奥古斯丁认为至善的上帝所造之物都是善的,包括可能使人犯错的自由意志;上帝赐予人自由意志的目的是为了让人成为更好的存在者,如若没有这一特性和能力,人就不能够正当地生活,就无法超越一般自然物而成为万物之灵长。自由意志是人之为人的根本,如此才有了好坏善恶的评价与奖惩。尽管罪恶缘于自我意识和自由意志,但它却使人在宇宙中有了特别的意义,因此,奥古斯丁说:一匹迷途之马也要比一块不会自己运动的石头更好一些,一个有罪的灵魂要胜过没有自由意志的有形之物千百倍。酒是值得称道的东西,醉汉是令人厌恶的,但是一个酩酊大醉的醉汉要远远地高于任何好酒,因为他的本性远比酒尊贵。"所以,灵魂总好于有形之物。"①自由体现的是人的存在特性,而意志却表现为对自由的督查和祈望。人类祖先因有自由意志而犯罪的故事表征着人挑战上帝、告别动物界而成为人本身的内在动因。奥古斯丁关于自由意志的审思,为从哲学的角度理解人打开了新维度,也为伦理学对道德责任的理解奠定了新基础。

康德对自由意志及其与道德的关系问题有深刻思考,其见地对后世产生了深远影响。在康德的思想中,他由牛顿转向卢梭,由对自然科学及其哲学意义的探求转向对人的精神世界的追寻。他把牛顿所总结的自然界的根本大法:"大自然绝不做徒劳无功的事"引入人类社会,得出了"大自然把理性和以

---

① 转引自赵林:《"罪恶与自由意志"——奥古斯丁"原罪"理论辨析》,《世界哲学》2006 年第 3 期。

理性为基础的自由意志赐给了人类"的结论。① 受卢梭启发，康德认为不受他人意志束缚的自由属于每个人，那是人成其为人唯一的原始权利，是人内在本质的体现。在康德那里，自由包含两个层面的含义："有意选择行为的自由，在于它不受感官冲动或刺激的决定。这就形成自由意志的消极方面的概念。自由的积极方面的概念，则来自这样的事实：这种意志是纯粹理性实现自己的能力。但是，这只有当各种行为的准则服从一个能够付诸实现的普遍法则的条件下才有可能。"②也就是说，康德所理解的自由分为对欲望控制的理性选择的自由和自觉遵从自己所立普遍法则的积极的自由。康德认为道德须坚守三条基本准则：即"普遍立法"——"要这样行动，使得你的意志的准则任何时候都能同时被看作一个普遍立法的原则"③，道德只能按照你意愿它成为普遍律令的那个准则去做，该准则适用于所有人；"人是目的"——不能把人当作手段或工具，每个人都像你一样是有自尊、价值和人格地位的，要在任何情况下都把人当作目的；"意志自律"——是说每个理性存在者的意志应当作为普通立法的意志，人为自己立法。④ 实际上，这三条道德律令的价值指向是相同的，那就是意志上的"自由"。道德律令是道德作为普遍必然的行为准则的外在形式，是免于不公的一种方法，它要求大家都按其行事，从而使彼此的意志不至于相互冲突，因而其本质是自由的；第二条律令强调人不是工具是目的，反映的是道德律令的内容，要求将他人与自己视为同样有目的、有愿望的存在者，充分尊重他人的愿望和选择的权利，道德规范和行为应促使这些目的的实现，而不能把他人仅当作利用的工具；意志自律是自由的直接表现和高级形式，体现了人不同于他物的本质，是人的真正的存在，成为道德评价、道德责任

① 何兆武：《历史理性的重建》，北京大学出版社 2005 年版，第 5 页。
② ［德］康德：《法的形而上学原理——权利的科学》，沈叔平译，商务印书馆 1991 年版，第 13 页。
③ ［德］康德：《实践理性批判》，邓晓芒译，人民出版社 2013 年版，第 39 页。
④ 李泽厚：《批判哲学的批判——康德述评》，人民出版社 1984 年版，第 280—290 页。

的内在根据。康德在《实践理性批判》中,抛开了道德领域的经验欲望、感观刺激,将自由作为人的存在本性和道德律令的先验性基础。不过,在人的生活世界里,自由并不只是跟人无涉的先验理性,它就实实在在地展示于日常的道德活动中,彰显着自身的无比尊严。一方面,自由作为绝对命令的根源和依据,它是道德的基础和前提;另一方面,道德律令又是人的自由的外在体现,离开了道德选择和道德行为,自由便不能被人感受到。因此,在康德那里,自由是道德法则的存在理由,而道德法则是自由的认识理由。道德律令意义上的自由,体现的是它超出自然因素的先验性质;个体行为意义上的自由,强调的是行为者主动决定的特点。故而作为道德律令的自由是实践理性本身具有的本性和绝对形式,与感性经验无关;而个体行为的自由,与行为者的实践能动性相关,它与现实的感性经验相连。先验性的普遍原则落实到感性的、经验个体的行为当中,才会出现真正的"意志自律"。因此,道德律令的实质并非是对人的自由的限制,而恰恰是对人的自由的一种拯救。

3. 自由意志的人性价值。对自由意志的追问与深思反射出人对自身的尊严、权利与责任的自觉确认与自觉承担。人高于他物的地方就在于追问自身存在的意义,因而拥有对自身绝对尊严的觉悟。古希腊戴勒菲阿波罗神庙前殿镌刻的"认识你自己"与"凡是不可过分"的箴言,表达了苏格拉底时期人类认识自我的强烈愿望和对自身命运的深切关怀;伊壁鸠鲁的原子偏斜理论为自由意志确立了本体论地位;奥古斯丁对罪责根源的追问揭示出自由意志的超验本性,为伦理学提供了全新的基础;笛卡尔"我思故我在"的主客关系阐释直指自由意志与人的本有关系;康德则将以自由为前提的道德律令视为贯穿人类历史的根本大法,是不同于自然规律的另一种规律。自由意志规定了人作为人的生存方式和行为特点,成为一个具有道德性的特殊存在者。卡西尔指出:"人被宣称为应当是不断探究他自身的存在物——一个在他生存的每时每刻都必须查问和审视他的生存状况的存在物。人类生活的真正价值,恰恰就在这种审视中,存在于这种对人类生活的批判态度中。正是依靠这种基本的能力——对自己和他人作出回答(response)的能力,人成为一个'有责任的'(responsible)存在物,成为道德主体。"①关于"自由意志"的诸多观点与讨论,实际上隐含着主体的人与外部客体的深刻矛盾,一方面,人以及由人构成的社会具有主体性、能动性;另一方面,人彼此之间、人与社会之间又处于客体的地位,而主客体之间始终存在着对立统一的矛盾关系。作为客体,人和人类社会将摆脱不了因果律的制约,但同时人是有意识有目的的能动性存在,对具体境遇的对待方式有选择的能力和自由,既可以选择抗拒某种行为,也可以选择服从或实施某种行为。在这一过程中,人类整体会超越个体的"理性"而服从道德律令,从而成就人特有的历史。正是基于人所特有的理性和自由,才使人类历史不断进步,人的高贵和尊严才因此得以维护。

(二)"自由意志"与道德"应该"的冲突与调和

近代西方伦理学家将自由意志作为道德行为和道德评价的前提与基础,认为道德律令是由人按照自己的意志自愿制定的,同时人又依据自己的自由意志加以自觉实行。法则由自己制定为遵守和践行法则找到了内在依据,因己而来,是己化身,反对无理。那么,根据什么评判道德上的"应该"是对的、是应该的或不应该的? 道德"应该"的评判标准如何确定?

1. "自由意志"是道德"应该"的基础与前提。前述观点表明:道德"应该"须以行为主体"自由"决定与自愿选择为基础。诺曼·丹尼尔先生是哈佛大学公共卫生学院伦理哲学教授,关于成年子女是否孝养父母的问题就有他自己不同于别人的看法,立论的基点在于子女与父母关系的确立是否以自由意志为前提。他认为:一个人的"自由意志"不可能对是否愿意出生或让谁做自己的父母进行选择,出生后的成长过程,也不是按照他(她)的要求让父母做这做那、操心费神,父母养儿抚女的行为是他们自己作出的选择,作为子女

---

① [德]恩斯特·卡西尔:《人论》,甘阳译,西苑出版社 2004 年版,第 9—10 页。

"不应该"因父母的抚养就必须以孝报答。丹尼尔先生认为,为人父母对自己未成年子女的抚养义务与成年子女对自己年老父母的孝养之间"有着一种根本性的不对称"。对父母而言,抚养幼年子女是他们"自我赋予的",因而就有道德上的约束力;但对成年子女来说,把孝养父母作为道德义务加给子女,其性质是"非自我赋予的",故而不该有道义上的约束力。在他看来,行为主体的"自由意志"是评判道德"应该"或"不应该"的绝对性标准。①

应该看到,以"自由意志"作为道德"应该"的前提和基础从伦理本性上说是合理的,正如梯利所说:"我们不把一次地震或一次飓风称作正当的或不正当的,⋯⋯一般说来,今天我们是把道德判断限定在有意识的人的行动上的,我们希望这种行动有一种精神的或心理的基础,只有当行动是一个有意识的人的表现时,我们才对它进行道德判断。如果我们得知行动者不能控制自己的行动,这行动并非出自他的意志,或者作出这一行动时他不能用健全的方式推理、感觉和判断,那我们就不对此进行评判。"②由此可见,意志上的自由是确认道德主体的基础性特征。但是,"自由意志"作为道德"应该"的标准是唯一的吗? 只要是"非自我赋予的"义务都不应该具有道德上的约束力吗? 道德"应该"的判断标准是绝对的吗?

从伦理思想发展的历程看,无论是原罪说所隐喻的自由意志,还是康德提出的"法则由自己制定",当论及"自由意志"时,其实并非以个体的意愿和欲望为基准,而主要是指向人"类"的共同意志。康德在《实践理性批判》中反复辩驳以个体性的自然天性和经验性的主观感受作为道德的基础,反对幸福主义的感觉论。如果以个体天性和感官快感为道德基础,则会因为每个主体的经历与经验不同,无法形成具有普遍必然性的道德标准,从而使道德流于主观

---

① 王庆节:《解释学·海德格尔与儒道今释》,中国人民大学出版社 2004 年版,第 132—135 页。

② [美]弗兰克·梯利:《伦理学导论》,何意译,广西师范大学出版社 2002 年版,第 6—7 页。

随意的爱好，失去应有的社会作用。康德把道德基础由外在经验转向内在先验的主体意志，被称为伦理学的"哥白尼革命"，为后世把握人的道德本性提供了厚重的思想资源。当论及道德"义务"时，康德认为，所谓"义务"，就是做所当做，就是履行道德法则，为"义务"而为的意志即是善的意志。"义务"与个人的意愿、爱好、希望无关，质而言之，"义务"正是在与个体喜好的矛盾与冲突中才彰显出作为道德的崇高本质。在康德看来，人的幸福、爱憎等人性欲望不是道德的根源，相反，道德之为道德，就在于它能够以惯常的方式自觉自愿地牺牲自我的幸福、生命、利益，能够摆脱自然欲求和个体愿望的控制，不把求生本能或享乐自足当作人生目标，而是以损失个体利益维护他者的利益，服从和落实所"应当"遵从的道德律令。康德伦理学"是在唯心主义形态里展示了道德本是作为总体的人类社会的存在对个体的要求、规范和命令"①。站在康德的立场上看，当人可以自觉地进行自我控制，能够"有所不为"时，体现出的便是善的意志。地上的动物缺乏这种自由的意志，天上的神仙不需要这种意志，唯有人的行动使这种自由的意志凸显出来了。在现实生活中，当他者境遇与自我利益出现冲突时，选择道德上的善行并非人人皆能为，但是，越是自觉作出这种选择的"人"，越是能够彰显自身摆脱仅为"物"的他律地位，显示作为"人"的尊严与价值：他人做不到的我做了，我成为比他人更好的自己，我是道德的人。拥有自律的意志正是人类道德法则得以建立的基础。

2. "自由意志"与道德"应该"的悖反处境。如果进一步深究"自由意志"与道德上"应该"之间关系的话，二者之间似乎处于一种"二律背反"的尴尬处境。按照康德式思维，可以对两者之间的关系做如下分析：

正题：道德上的"应该"须以"自由意志"作前提

反题：道德上的"应该"应克服人的"自由意志"

关于正题，可做这样的申论：就肯定意义而言，自由意志乃人之为人的本

① 李泽厚：《批判哲学的批判——康德述评》，人民出版社1984年版，第309页。

质,是作为道德主体的人具有的根本属性和天赋能力,同时亦为道德法令(人为自己立法)能够存在的内在根据。以自然存在物身份存在的人,受到具有必然性的自然法则限制而无法实现真正意义上的自由,作为理性存在物的人,具有超越自然、超越感性的意志支配能力,能够在社会生活中为自己立法并自行遵守,因而是自由的。人的本质不是由物性或神性决定的,而是体现在人超自然属性的理性与意志独立上的,体现在自己为自己立法昭示的道德崇高感上。以自由意志为基础,道德上的"应该"才可能成为范导性原则,才可能有"应该"的出台,因而在逻辑上成为道德"应该"的存在性理由。从否定方面来看,人若没有"自由意志"作前提,一切由必然性决定,那就无所谓对错,无所谓善恶,无所谓"应该"或"不应该",也谈不上高尚或无德,也就没有进行道德评价的基础和必要。倘若没有自由意志奠基,那道德的形成势必从人之外去寻找,将使道德上的"应该"具有了外在的条件性,从而丧失普遍约束的内在机理,导致道德的不可能。基于以上分析,我们形成这样的看法:道德上的"应该"须以"自由意志"为前提。

关于反题,不妨作如此推论:从肯定立场着眼,道德"应该"常常体现为道德的规范性和普遍性,而规范和普遍则意味着对个体性的忽略和制服,意味着对自由意志的限制。以道德"应该"呈现出的道德规范是调整人与人、人与社会、人与物关系的准则,要求行为人要"克己服礼"。虽然道德上的"应该"规范不像法律条文那样强硬和有力,但通过褒扬或责斥也会使社会性的人形成很大的心理不适和精神紧张,产生强制性影响,道德具有制服个人自由意志的企图。当行为人感悟到自身有对道德法则的悖逆时,道德上的"应该"就会站在"应该"一方制止自由意志的这种对抗。从普遍性上说,道德上的"应该"面向的不是具体的、个性的某个人,而是向所有人提出的、普遍适用的道德律令,每个共同体中的成员都毫无例外地要以"应该"为准则去做。这样一来,人自由独立的个性必受削弱,个体的自由意志也会意识到应该约束自我、限制自我。人给自己戴上道德的"紧箍咒"后,自由意志的本性使得人又总是想挣脱头上的这一束缚,此时,"应该"看似虚设却尤"如来之掌"意欲将自由意志控制手中。在否定层面,如果人以类似"我是流氓我怕谁"的姿态面世,道德上的"应该"的确只好掩面遁世。但是,就人类整体而言,当"流氓"不是人想要的生存样态,意味着人不是作为真正的人而存在的,处于"使人成为人"的考虑与追求,人需要道德上"应该"的范导。道德上的"应该"提醒人们不该使自己的自由意志"为所欲为",克服个体欲望与任意行为以应和或符合道德"应该"是人的本分。个人的自由意志要被道德限制和克服,人类的整体的意志当然也必受牵制。再者,如若"自由意志"以道德上的"应该"为前提,由"自由"而来的道德评价便有可能陷入"公说公有理,婆说婆有理"的相对主义漩涡,人人皆以自己的意志选择为道德标准,一旦出现自我利益与他人利益或社会利益的冲突,受本能驱使的自我利益维护势必践踏道德"应该"的普遍法则,道德尊严从何谈起? 所以,道德上的"应该"一定要对"自由意志"进行控制。

3. "自由意志"与道德"应该"的互制融通。由前述可知,人的"自由意志"在道德上的运用带来的是"非自由"的意志,道德上的"应该"需要以人的"自由意志"为平台,但"应该"的本性是"非自由"的,它看起来好像有悖道德的自律特性,而如果没有"非自由"的道德约束,"自由"带来的道德"应该"就难以存在。卢梭说,人生而自由,但无往不在枷锁之中。从一定意义上说,道德"应该"也是人的"枷锁",而这种枷锁又是使人真正自由的条件之一。有了这种自由,人就有了道德义务的责任担当,于是又陷入"非自由"状态。①

人对自我的认识与对外部世界的认识构成了人之智慧的两重内容,道德上的"应该"与人的"自由意志"的依赖与冲突,实际反映了人之个体与社会整体的矛盾处境。个体之人以自己的特质展开对自身生命意义的追求,而人的本质的现实性却是由人构成的社会关系的总和。以否定的方式看,人意识到

---

① 樊小贤:《自由意志与道德"应该"的界限》,《人文杂志》2008 年第 7 期。

自身生命的有限性,意识到自我绝对性的虚无本质,因为有了对有限性的觉识,故而向往无限的可能。在这一历程中,寻求自我的有限与绝对存在的无限、个体小我与外在大我的结合之道,成为人的重要使命。那么,二者的融合可能吗?《历史理性的重建》提出了这样的见解:"一部世界历史就是人类自由的发展史——这就是大自然的计划。人之异于禽兽,乃是由于人类自身的自由的发展——包括理性第一次运用自由时,就要犯错误(即恶的起源)——之不可避免地所要产生的对抗性,而在逐步实现大自然的计划的。人间的争执与不和,乃是历史发展的动力;恰好是人性的恶德,促成了人性的美好的发展,历史就是一幕人性的自我分裂和二律背反:一方面是人的社会性,一方面是人的非社会性。"[1]人的自由本性导致人第一次运用自由意志时就犯错,错误会带来自由的障碍,因而迟早会被自由的意志所制止。所以说,自由意志本身具备的聪慧和能力有可能且最终将服从道德上的"应该"。在思想深处,人的追求始终伴随着个体与整体、现实与理想的矛盾。林语堂总结说:中国每一个人的社会理想都是儒家,而每一个人的自然人格理想都是道家。人自身的完善与社会的文明正是在这种矛盾磨合中实现的。

三、道德"应该"的现实性境遇

道德上的"应该"的确需要以道德主体的"自由意志"为基础。但是,这一前提并非绝对的。日常生活中的道德"应该"具有其现实性,即很大程度上会受到偶然性情景和存在性事实的诸多影响。

(一)"是"之情景对道德"应该"的影响

为了说明这一问题,我们设定这样一个故事:高先生是某公司职员,身强

---

① 何兆武:《历史理性的重建》,北京大学出版社2005年版,第14页。

力壮,一天深夜回家,路过一条偏僻的小巷,忽然听到有人在低声哭泣,仔细一看,原来是一个身体瘦弱的歹徒正用匕首顶着一位女士索逼钱物。高先生跟女士素不相识,不可能许诺这位女士或她的家人当她遇到危险时出手相救。面对此情此景,高先生有"应该"救人还是没有"应该"救人的义务?按照常理,答案当然是前者。不曾许诺或同意不应作为高先生开脱救人义务和责任的道德理由。但是,如果以前述关于道德应然性的基础来看,就有如此问题需要解答:为什么高先生"应该"救人?他的"应该"并不是建立在自己的"自由意志"之上的,那对他的道德要求来自哪里呢?让我们分析一下此情此景中的存在性事实:其一,高先生与该女士同为人类的一员,将心比心,同类相惜,他觉得"应该"出手;其二,高先生身体强壮,又有机会找到其他攻击工具(棍子或砖块),倘若他身弱力薄,又无防御工具,而对方人高马大又手持凶器,他无法靠近,那他的"应该"就会减弱(当然还可以寻求其他的方法);其三,现场没有警察,如果有警察在场,高先生救人的"应该"就会被抵消。这即是说,高先生与这位女士遭遇的偶然情景和存在性事实而非道德主体(高先生)的自由意志赋予他以行为上"应该"的道德呼唤和要求。

当然,道德上的"应该"不能直接从客观事实中推出,但事实对"应该"的影响却是毋庸置疑的。事实性存在对道德"应该"的影响不单存在于道德原则确立后的行为选择,如当事人对处境的把控和对事件发展趋势的预测这样的情形。事实上,抛开道德天赋或神秘主义的极端道德论,思想史上的大多数伦理派别皆认同"世界图景"对道德"应该"的重大影响。人不是单纯绝对的道德义务者,不是道德法则的被动执行者,而是生活在特定图景中的、复杂的社会存在者。在本原意义上,人有自由选择自我生活的权利和能力,但个人对社会的依赖关系是确定不移的,它反映着这样的真实关系:个人若抛开普遍的道德规范,其行为将受到社会的谴责,其个人将遭到社会的排斥和疏离。在人类当下的生活中,对于生态环境的保护义务,对于节约资源的道德责任,对于病患免于传染他人的道义,在祖国遇到外敌侵略时成年公民保家卫国的道德责任,年轻力壮者礼让老弱病残的行为习惯,等等,皆可归于存在性事实带来的"应该"。社会普遍认同的道德责任和道德义务表明,有些道德要求和道德评价的设定并不是由道德主体主观性的"自由意志"决定的,而会引入存在性情景和现实处境的考量。

如果我们从自由意志的否定意义上来理解,纯粹的自由意志与道德应该并无必然的联系。"自由"的本义,从肯定意义上说就是"由自己";从否定意义上说,是"摆脱束缚",指意志没有受到障碍的精神状态,就行为而言,是说行为人能够按照自己的意志行动而不存在强制力量或其他障碍。如果有障碍,这种障碍通常可以分为两种类型:外在性障碍和内在性障碍。外在性障碍一般来自法律、舆论、他人和社会压力等;内在性障碍包括知识欠缺、心智不够健全、身体不佳等。倘使某人不能以自己的意志进行,障碍或强制限制源自自身,那就对自由构成了内在限制,但他仍然拥有他的自由意志,只不过缺乏利用自由意志的能力。唯有当某人无法以自己的意志进行决定,行动的障碍来自身外时,即存在外在性限制时,所谓的意志不自由才会存在。① 比如某大学生得了重病无钱医治,他的同学向全校师生发出捐款倡议,一个人不能按照自己的意志捐献,不是存在于自身之外,不是因为国家、学校或其他人不许他捐,而是存在于他自身,是因为自己没钱或没爱心,那么我们就不能说他没有按自己意志捐钱的自由,只能说他没有按自己意志捐献的能力或觉悟。因此,有自由意志未必一定采取道德上"应该"的行为,只有道德主体具备按自己的意志行为的能力时,自由意志与道德"应该"才有内在联系。道德能力也是一种"是",会影响道德"应该"的选择与实施。

(二)道德"本分"对道德"应该"的牵引

为进一步说明道德"应该"的本性,我们可以从语义上作一番分析。在道

---

① 王海明:《论自由概念》(上),《华侨大学学报》(哲学社会科学版)2006年第5期。

德判断上,人们常常把"应该""应当""道德责任""道德义务"不加区别地混同使用,但其实是有分别的。如"人应该信守"与"子女应该赡养父母",其中的"应该"往往被视为同义,实际上两句包含的意思并不完全相同。在"人应该信守"中,"应该"是基于道德当事人的自由意志,指有责任能力的道德当事人经过自主选择,应该兑现其自由意志选择的承诺,承担相应的道德责任。假如他没有使用自己的自由意志作出承诺,那他的行为就不必受此"应该"的束缚,这里的"应该"属于道德责任。在"子女应该赡养父母"中,"应该"的道德诉求是不同的,做不做父母的子女不是子女自己能决定的,但你"是"子女,那就应该照顾好年老体弱的父母,它与是否情愿的自由意志无涉,而是由当事人以及被施与人的现实境况、行为者应当扮演的社会角色决定的。这后一种"应该"是在道德"本分"的意义上使用的,是一种道德义务。每一角色都有符合自身要求的道德"本分",如"教师应该诲人不倦""军人应该服从命令""医生应该救死扶伤"等。

道德行为的存在性前提是道德"本分"的存在,担当了社会上的某一"角",就要按照此"角"的"本分"行事。然而,以什么样的角色在社会生活中出场却不是完全由我们自己的意志自由决定的,如同是否以人的身份出现在自然界不是我们自己选择的一样。而一旦有了人的身份,就要遵从人的"本分",不管是哪个民族,都有诸如不说谎、不偷盗、不淫乱等为"人"的基本行为规则。人作为自然界中不同于他物的特殊族类,有着最基本和相同的人性特点,有在生存活动中形成的共同利益。对共同利益的情感反应逐渐模塑出人际之间的相互依存与关爱,形成人的道德感情与对道德本分的认同。"共生"问题近年来受到人们的特别关注,动物学家们发现,越是动物云集的地方,动物的生命力就越旺盛。共生是宇宙的一种普遍现象,也成为人类社会不可或缺的基本理论。此外,人是社会性的存在者,往往以正式或非正式社会组织的形式开展活动,这种集团性、社会性的实践行为需要成员体现相互尊重、相互帮助、相互关爱的道德本分。对人类这个自然界中的特殊种群来说,人际共生具有特别重要的意义,它要求人们既保持彼此间的适度竞争,又将所有成员视为人类共同体中的一分子相爱互助。从个体的角度看,这是来自外部的必然性要求,但个体又是其中的组成部分。无论是对群体利益的维护,还是对自我利益受损的顾及,都需要共同体成员之间保持友善与同情的道德关系。就普遍性的人之特性来看,人是理性存在物,在追求自己意志的自由,进行行为决断之时,能够觉悟到自己有对行为后果承担责任的本分,一旦个体选择了与该本分对应的行为或角色,就应承担相关的道德责任。作为智能动物的人类,在进化的过程中渐渐省悟出人之为人的道德本分,也慢慢意识到了怎样的境遇应有怎样的道德响应。道德本分的形成是无数自由意志相互作用的结果,而特定道德本分的确定与行为人的现实遭遇和社会角色有密切联系。一个成年人尽管事先没有"同意"某人为自己的生身父亲或母亲,但在他们需要照料时"应该"履行儿女的赡养义务,这是为人子女的本分。在现实生活中,我们选择做某事并非因为事先"同意"才觉得"应该"去做,而往往是因"应该"而选择"同意"去做。可见,道德行为的实施并非总是以"自由意志"的选择为前提。

(三)道德发展阶段对道德"应该"的限制

在现实生活中,道德"应该"的确立往往与个人的道德发展阶段相联系。一项实质性的研究表明,道德发展存在三个水平:前惯例水平、惯例水平和原则水平。前惯例水平阶段,个人遵守道德规范的目的是为了避免物质惩罚或获得奖赏,道德行为的选择仅受个人利益的影响;惯例水平阶段,选择道德行为是受他人期望的影响,做周围人所期望的事情,通过履行自己所赞同的准则来维护传统秩序;原则水平阶段,形成了稳固的个人道德原则,行为的选择受自己认为什么是正确的道德原则的指导,这种原则可能与社会准则和法律一致,也可能不一致。在每一个相继的阶段上,个人道德的判断与选择越来越不依赖外界的影响。通常而言,一个人达到的阶段越高,他就越倾向于采取符合道德的行为。① 西方道德哲学奠基于自由主义反映的只是道德特性的一个方面,对这一特性的概括恐怕主要是为了将道德限定在人类的范围内,同时也为使个人承担道德责任有一个理论基础而已,并非绝对的要以此作为道德行为的依据;如果固守这一立场,则不仅是对自由意志的曲解,而且可能形成"欲行不义,何患无辞"的恶果。

"自由意志"的存在性意义和道德"应该"的现实性告诉我们,道德规范的形成和道德行为的选择是在理性与"自由"、理想与现实、个体利益与共同利益矛盾磨合中逐渐实现的。道德"应该"的意义在于使人觉悟到:"我们用起源于希腊文的'伦理'和起源于拉丁文的'道德'这两个概念所指的一切,在人的正确行为中普遍地存在着。从而,不仅我们自己的幸福,而且其他人的幸福以及人类社会的幸福,都与我们有关。"②

四、由生态之"是"到生态"应该"的桥梁

19 世纪末、20 世纪初,美国曾掀起了一场资源保护和自然保护运动,反对工业文明对自然资源带来的挑战和威胁,其中涉及这样一个现实问题:是否应该对荒漠之地予以保护? 如果说应该予以保护,伦理依据是什么? 大部分资源保护和自然保护主义者,如吉福特·平肖(Gifford Pinchot)、约翰·缪尔(John Muir)、奥尔多·利奥波德(Aldo Leopold)等都主张荒漠有其存在的价值,应该予以保护,他们从人类对自然资源的依赖、自然资源给予人类的精神价值、生态系统整体的好等不同角度说明了为什么"应该"的理由。但是,资源保护主义者与自然保护主义者所说原因基本停留在自然本身之"是"或其

---

① 参见[美]斯蒂芬·P.罗宾斯:《管理学》,中国人民大学出版社 1997 年版,第 102—111 页。

② 法国伦理学家、行动的人道主义者阿尔贝特·施韦泽(Albert Schweitzer,1875—1965)1952 年 10 月 20 日在法兰西科学院的演讲。转引自陈泽环:《敬畏生命——阿尔贝特·施韦泽的哲学和伦理思想研究》,上海人民出版社 2013 年版,第 1 页。

特性上,并未深究由"生态之是"到"生态应该"的内在逻辑。在这一问题上,美国哲学家贝尔德·克里考特(J.Baird Callicott)通过对利奥波德思想的研究对此做了重要补充和修正。

(一)"人性的大度与能力"①

克里考特在试图跨越事实陈述与价值陈述之间的逻辑鸿沟时,把利奥波德的伦理观点放在由大卫·休谟和亚当·斯密到查尔斯·达尔文的伦理主张中,推论人之同情、怜悯、素质、态度或情感等道德情操能够产生对他人的道德关怀,从而形成人之伦理。他认为伦理上的应该不仅来自这个世界中的事实,而且来自与我们相关的事实。如对于处心积虑的谋杀,我们的内心会有"不赞成"的情感反应。邪恶是一种事实性存在,但它存在于人的内心而不是某物之中。②

可以说,道德情操是联系陈述性事实的"是"与道德"应该"之间的桥梁。见自家小孩跌倒受伤,家长会想到应该出面安慰照料,因为是自己的孩子,他爱自己的孩子。在休谟那里,是自己的孩子与应当安慰照顾之间没有必然联系,只有在涉及人类心理(父母爱自己的孩子)的事实出现后才会有道德上应该的选择。克里考特认为达尔文提高了这一方法,利奥波德将其用于大地伦理之中。达尔文认为几乎所有哺乳动物都有父母与子女之情,这种亲密关系使有血缘关系的社会群体得以形成,这种情感碰巧会扩展到某个局外个体,家庭群体就有了进一步的扩大。如果群体中的成员因此获得了更大的满足,其成员的包容性就大大增强了。这种家庭情感进一步扩散,直到土壤、水、植物、动物等整个种群,便有了大地伦理。如此一来,由生态之"是"到生态"应该"

①　休谟语。参见[美]约翰·罗尔斯:《道德哲学史讲义》,顾肃、刘雪梅译,中国社会科学出版社2012年版,第87页。
②　[美]戴斯·贾丁斯:《环境伦理学》,林官明、杨爱民译,北京大学出版社2002年版,第227—131页。

的推理,由生态破坏的事实性存在到环境保护的应当推论,就跟从孩子受伤痛苦的事实推导出家长应该关照的结论一样是顺理成章的。根据克里考特的理解,利奥波德的大地伦理的逻辑脉络在于:"自然选择赋予人类对感受到的亲情、群体成员关系和身份的道德响应;在于当前的自然环境,即土地,被描绘成群落,即生物群落;这样,环境或土地伦理就都是可能的,生物心理和认知情况也是适当的、必要的,因为人类共同获得了毁灭那些能保护和支持自然的整体性、多样性和稳定性的能力。"①人类道德情感和道德认知水平的不断提升是一种实在的历史事实,利奥波德的"土地伦理"一开始便提起《荷马史诗》中的英雄俄底修斯在一根绳子上绞死一打奴隶的事件,这种如今看来极其残忍的行为当时并未引起人们的质疑,因为俄底修斯时代的希腊,奴隶只是主人的一种财产,伦理结构并未延伸到同样有人性的奴隶身上。人类伦理结构的演变,由最初的人与人之间的关系到个人与社会的关系,到利奥波德倡导的"人与土地,以及人与土地上生长的动物和植物之间的伦理观"②的确立,再到后来人对整个自然界的道德关注,人类观念更新和行为转变的历史,昭示了人这个物种具有的一种特性——"人性的大度与能力"。

(二)事物之间的联系优先于该事物本身

对自然界他物的道德关注与生态科学揭示的生态系统中各种要素间紧密联系、相互依赖、相互制约的关系分不开,生态学为这种态度提供了科学支持。利奥波德在阐述他的土地伦理时,特意提到了"生态学意识",并把土地"想象"为一种"土地金字塔"生物结构:"它的底层是土壤,植物层位于土壤之上,昆虫层在植物之上,马和啮齿动物层在昆虫之上,如此类推,通过各种不同的动物类别而达到最高层,这个最高层由较大的食肉动物组成。""这是一个高

---

① [美]戴斯·贾丁斯:《环境伦理学》,林官明、杨爱民译,北京大学出版社2002年版,第229页。
② [美]奥尔多·利奥波:《沙乡年鉴》,侯文蕙译,商务印书馆2016年版,第228—229页。

度组织起来的结构,它的功能的运转依赖于它的各个不同部分的相互配合和竞争。""这是一个持续不断的环路,就像一个慢慢增长的旋转着的生命储备处。"①土地伦理认为,物与物之间的联系以及由此构成的整体具有形而上学的优先性。克里考特在分析利奥波德的土地伦理时指出,一个物种与其生存环境的关系决定了它有别于其他生物的属性,它成为自身所是源于它适应了这样的生态系统,它的"生境"(niche)刻画了它的外在形式、新陈代谢的、生理学的及繁殖的过程,包括它们的心理与精神能力,在生态系统中,部分的属性决定于它与整体的关系。克里考特以现代生态学的眼界推导出这样的结论:事物之间的联系优先于事物本身。依照生态学的思路,克里考特得出了他伦理上的结论:"由于个体生物几乎不是离散的客体而是连续的整体,尽管有所区别,自己与其他部分的差别是模糊的……想象你从你的有机体的核心逐步向外走,在你自己和你所处的环境之间你找不到清晰的划分……世界事实上就是你的身体的延伸。"②这种联想把自我与环境勾连到了一起,成为无法严格区分的整体,保护环境就是保护我们自己。这样一来,生态学所揭示的事实关系就过渡到了生态伦理学上的道德"应该",我们应该把从前只关心自我的内在价值扩展到整个大自然之中。同时,克里考特又以他的同心圆理论对纳入道德关怀范围内的存在物的道德重要性做了区分。

(三)"自然"与"价值"的同一性关系

哲学领域有一个基本问题,即思维与存在的关系问题,这一基本问题包括思维与存在何者为第一性的本体论问题,也包括思维与存在有无同一性的认识论问题。按照摩尔等人的见解,在元伦理学视域下也存在着一对基本的伦理问题,那就是"自然"事实与"价值"判断之间的关系问题。摩尔否认"自

---

① [美]奥尔多·利奥波德:《沙乡年鉴》,侯文蕙译,商务印书馆 2016 年版,第 242—243 页。

② [美]戴斯·贾丁斯:《环境伦理学》,林官明、杨爱民译,北京大学出版社 2002 年版,第 230 页。

然"与"价值"的同一性,认为道德的非客观性和非还原性不能用任何自然客体予以解释。当然,如果我们仅仅把自然世界的实然等同于客观的"是",那"自然主义"的确是一种"谬误"。但是就人类的生活世界而言,另一种"是",即客观存在的价值关系也是不可忽视的,它反映了包含人类在内的动物与自然之间不可分离的依存关系。物理科学揭示了世界的物理性事实,生物科学则从一定意义上揭示了物种个体及种群之间的内在联系及进化历程,一种涉及价值性评价的事实,道德本身是包含了自然选择与文化作用等多重因素作用的整体结果。达尔文的进化论认为,人类的道德情感根植于其生物性的自然史之中,它是人与低等动物最高程度的差别;但是,达尔文也明确表达了道德是人经过自然选择的社会性本能,它认为道德从来就不是一个纯粹的逻辑问题,它的起源、产生与发展都与人类的实践特别是其生物性的自然进化联系在一起,道德是人与自然的相互联系、相互作用的结果,自然是道德赖以存在与发展的基础。达尔文将"应该"置于人的自然生物性,从生物进化的角度将应然与实然统一起来。① 早在 1910 年,英国小说家托马斯·哈代(Thomas Hardy)就写到:确认物种的共同起源的最深远影响是道德上的,这种确认涉及一种无私的道德再调整,要把人们所说的"金科玉律"的适用范围作为一种必要的权利,从只适用于人类扩大到适用于整个动物王国。在人类和人类事物之外,存在着一个生物共同体,它永远都是人类的家和亲族。②

从哲学本体论、认识论及逻辑学的意义上看,"自然"事实与"价值"判断之间是有根本区别的,但价值判断从根源上说并非从无生有,它也包含事实及客观关系在其中,应然是从实然来的。摩尔对"善的"与"善性质"的区分,建立在完全本体化的基础之上,导致客观与主观、事实与价值、善与其他价值的

---

① 米丹:《生物学对道德的挑战:关于自然主义道德观的争论——基于生物学哲学文献的研究》,《自然辩证法通讯》2018 年第 8 期。
② [美]唐纳德·沃斯特:《自然的经济体系——生态思想史》,侯文蕙译,商务印书馆 2007 年版,第 226—229 页。

二分对垒;摩尔对"善的"与具有"善性质"的事物的割裂,是形而上学思维方式的表现,他将"善性质"和目的善看成是纯客观的对象,认为无法通过经验和理性来认识,唯有通过直觉去领悟;他把伦理学完全建立在形式逻辑之上,沉溺于形式的、外在的标准,无视人的历史与现实。[1] 其实,"对于同一价值关系,人们可以作出两种不同的判断,对于处于这种关系中的主体来说,作出的是价值判断;而对于这种关系之外的判断来说,作出的是事实判断"[2]。价值判断中蕴含着事实或事实性关系,道德概念来自实践经验又存在于现实经验之中,自然事实与价值判断在人的实践基础上通过自然人化与人化自然实现统一,毫无关联的自然事实与价值判断是不存在的。

---

① 侯忠海:《摩尔"自然主义的谬误"观批判》,《湖北社会科学》2016 年第 3 期。
② 江畅:《现代西方价值理论研究》,陕西师范大学出版社 1992 年版,第 361—362 页。

第二章 由"人"理到"物"理

传统伦理学认为,"伦理"是人们相互对待的道理,是人与人相处过程中应遵循的行为准则。伦理学讲"理"时,对象限定在"人"的范围之中,对人与物关系所形成的"物理"是"另眼相看"的。这种"不公"与"不敬"导致了"物"的"不满"与"反抗",由是引发了人们对"人理"与"物理"关系的反思与重构。"人理"的构建与人的特性相关,因而谈"人理"要从人本身说起。

一、人之存在性特征

这里的存在性是指以世界观的角度对存在者(人或物)本有特征或属性的把握,是人(或物)本身具有的、不以人的意志为转移的本质属性。以哲学的论说方式来表达,事物的存在性意指思考问题的逻辑起点,是探讨事物关系与本质的第一原理或元初事实,它存在于事物的因果系列之外。

就现实性而言,没有人类的自然界与没有自然界的人类都是不可想象的。从本原意义上说,自然界是"第一性"的,拥有自由意志的人是"第二性"的。但是,在人的生活世界中,人所面对的是两个存在性事实:自然界的存在性和人的存在性。自然是人生成的初始来源,人的存续始终有赖于自然环境。但人是自然的最高产物,他不仅集中了自然物的精华,同时还形成了其他自然物所不具备的本质、特性和活动规律。

（一）人是最复杂的生命机体

人之所以能够成为超越于其他存在物、具有能动意识性的高级动物，在于人的机体是宇宙中最复杂、最高级、最完善的物质体系。虽然人与动物有着一些共同的身体结构，如由众多细胞形成组织和器官，躯体分节排列，体形两侧对称，神经系统紧靠脊椎两侧，用乳房哺育自己的幼儿，大拇指与其他各指对向而非平行，等等，也具有相同或相近的营养方式、生理功能、心理活动和调节机制等。然而，不可否认的是：人体的高级与完善是其他动物不可比拟的。人拥有自身区别于他物的诸多特征：人体能够完全直立并成为常态，人具有转动角度大、灵活轻巧的双手，形成了完善良好的语言器官，进化出了复杂而精致发达的大脑。人的大脑由上千亿的神经元构成，神经元与神经元之间借助触突形成非常庞大的网络系统；大脑的核心区域是大脑皮层，有主管运动、语言、视觉等的专门区域，定位精细，反应敏锐；人脑具有比灵长类动物大得多的联合区，能够很好地整合各种活动；与其他动物相比，人脑的额叶尤其是前额叶甚为发达，使人真正拥有了进行心理活动的器官；人脑与身体重量之间的比例也是所有动物中最高的，达五十分之一；人脑具有完善的生理机制，不仅具有第一信号系统（即对外在物质的直接刺激产生的反射），而且具有第二信号系统（对语言刺激产生的反射）。现代脑科学发展取得的成果表明，人的大脑既具有非常精细的功能定位区，也有高度整合的综合处理区，为人脑进行高级、复杂的思维活动提供了物质基础。[1]

生态人类学认为，经过长期进化的动物具有"专门化"的生理结构。一般动物的器官功能都是只适应某种特定环境的，如鱼形成了专门指向水的器官，鸟形成了飞向天空的专门器官，每一物种形成的专门器官应对某种特定环境

---

[1] 高清海：《马克思主义哲学基础》（上），人民出版社 1987 年版，第 105—128 页。

的生物学功能,就是生物的本能。生物的本能限定了不同物种在特定场合中的活动方式,符合物种本能的这种确定性具有自然意义上的善,是物种维持生存的唯一手段。每一个物种皆有自身适合的活动领域,它们依赖物种的本能在某一特定领地按自身的方式生存。人是一种特殊的自然存在物。人器官的生物学结构和功能具有非专门化的特征,例如人类的牙齿,既不像某些食草动物一样是专门用来吃植物的,也不像某些肉食动物那样是专门用来吃肉的,人类的器官没有一般动物专门应付某一特定生态的绝活,不具有生物学意义上维持生存的天然本能,自然界没有规定他应当做什么和不应当做什么,他在本能方面是不确定、不完善的。但是,"专业化的缺乏结果却由否定的因素转化为高度肯定的能力因素。因为人的器官不是为完成少数几种生命功能而被狭隘地制定的,所以他们能够有多种用处;因为人不为本能所控制,所以人自己能够思考和发明"①。正是由于人的生理器官具有非专门化带来的本能上的不完善,因而迫使自己在更广泛、更多样化的空间与方式上提升自身的能力,从而获得更具普遍性的活动领域。人生存与发展的活动范围没有既定环境的框定,与一般动物比较确定的、有限的活动领域相比,人类活动空间是宽广的、开放的,体现出普遍适应的潜能。而这种不确定与不完善正好成就了人的自由与创造性。自然界塑型的生物学上的人是未完成的人,人是自然界的半成品,他需要发挥自己的自由意志与创造性追求自身的完整性,否则人将无法生存。②

从本质上看,人是物质、信息与意识的综合统一体。物质是自然界演进过程中首先形成的东西,最初表现为各种各样的非生命物质,进而产生了信息和程序,导致生命的产生和进化。正如恩格斯所言:"生命是整个自然界的一个

---

① 〔德〕米夏埃尔·兰德曼:《哲学人类学》,张乐天译,上海译文出版社1988年版,第173页。

② 这与奥古斯丁认为上帝之所以将自由意志赋予人类是由于没有自由意志人类就不能很好的生存之理由不谋而合。

结果,这和下面这一情况一点也不矛盾:蛋白质,作为生命的唯一的独立的载体,是在自然界的全部联系所提供的特定的条件下产生的。"①生命的存在形式是以物质为基础,以信息为主导的,而人的机体是以生命为物质基础,以意识为表现特征的存在形式,是物质、信息、意识相互联系和相互作用形成的有机统一。

人是自然界发展的最高产物。自然界的运行与演进内含从简单到复杂,由低级到高级的发展规律,体现为非生命——生命——人体,物质——信息——意识的递进历程。人是自然界高度发展的"结果",人这个自然界的最高"结果"拥有四个本质特性:生命性、意识性、身心统一性和社会性。② 这些特性决定了人的存在方式与一般生命的存续有相同之处,同时又有自身独有的活动特点,他与他物始原意义上的关联决定了彼此的命运共济;自身的特点又决定了他的活动方式及其对他物的影响不能与一般的存在者同日而语。

（二）人是有意识能动性的存在物

作为有意识能动性的存在物,人首先具有自主性。人把自身以外的存在物连同自身,都视为与自己的意识本身不同的对象(即客体),而人成为"当事者""决定者""主导者"(即主体)。马克思说:"动物和自己的生命活动是直接同一的。动物不把自己同自己的生命活动区别开来。它就是自己的生命活动。人则使自己的生命活动本身变成自己意志和自己意识的对象。他具有有意识的生命活动。这不是人与之直接融为一体的那种规定性。有意识的生命活动把人同动物的生命活动直接区别开来。"③在实践关系中,人是能动的改造者,外在于人的物是被改造的对象,人是实践活动的承担者,是实践主体;在认识活动中,外在事物是认识的对象,人是认识活动的主动担当者,是认识主

---

① 《马克思恩格斯选集》第 3 卷,人民出版社 2012 年版,第 897—898 页。
② 杨玉辉:《现代自然辩证法原理》,人民出版社 2003 年版,第 183—198 页。
③ 马克思:《1844 年经济学哲学手稿》,人民出版社 2000 年版,第 57 页。

体;在价值关系中,外在事物是被评价的对象,人是评价活动的基源,表现为价值主体;等等。人作为主体的一个基本属性在于人具有主观性。主观性表明人能够以思想、观念的形式把自身与外在其他事物区别开来,能够把自己与自己的意识区别开来,形成感觉、直觉、表象、概念、判断、推理等思维形式。

主观性也表明了人身上的能动本质,人可以在自己的思维中自由地把握外在事物和对象并对自己的行为作出选择,即是说,人是拥有自由意志的存在物。马克思说:"一个种的整体特性,种的类特性就在于生命活动的性质,而人自由的有意识的活动恰恰就是人的类特性。"①"自由的有意识的活动"是人所拥有的一种独有的特性,人的活动是自由的、自主的、具有创造性的活动。人可以通过对外在物的改变创造出前所未有的、按照自然物自己的变化无法出现的事物来,呈现出首创性、超常性的特点。不仅如此,人还不断追求更好更新的东西,求新求异,永不满足。人的创造性使人从不完善的本能中解放出来,获得超出一般动物固化的生存方式,获得属于人的自由。人既是动物,又不仅是动物,他既服从自然法则,同时又具有自由创造的能力。主观性表现为主体的意愿、意志、心理倾向等心意以内的自我选择,属于主体的心意状态,是外在事物经由主体自身内化后产生的观念或思想意念等存在形式。比如,关于一棵树的意识,就是意识到的一棵树,也就是移入人的大脑中的那棵树。一棵树以其现实的存在状态是不可能搬到人的大脑中去的,所谓移入人的大脑,指的是人脑以表象、观念的形式表现出的那棵树,人的意识使物质形态的那棵树转变为观念形态的那棵树,这就是意识及其活动过程中呈现出的主观性。

作为有意识的存在者,人将外在的存在物变为认识和改造的对象即客体,但"对象"应该是主体意识到的存在。人要成为主体,必须意识到改造对象的存在,意识到自我的存在,这样才可能区分客体与主体,外在事物才能成为主体实践活动的对象,人也才可能成为实践活动的主体。意识是人作为主体的

---

① 马克思:《1844年经济学哲学手稿》,人民出版社2000年版,第57页。

一个本质规定,主体既是改造者,也是认识者;客体不仅是被改造者,也是被认识者,意识是人作为具有能动禀赋的存在者表露在外的明显特征。在人类的历史上,人们首先就是从灵魂、精神、意识这些特征来认识人类自己的,并将其作为自身与其他存在物区别的根据。古希腊时期,人们认为理性灵魂是人类独有的特点;在中世纪,上帝被视为全知全能全善的最高存在者,被理解为纯粹精神性的实体;近代的绝大多数哲学家都将理性看作是人高于动物、能够成为独特的自由主体的本质所在;马克思主义哲学认为,意识既是人的感性实践活动的产物,也是人的能动活动的标志与特征。高等动物也有意识的萌芽,但那是受生存需要驱使的消极适应活动,它们一般没有自我意识,不能将自我与对象区别开来,无法形成关于外在事物的真正意识。人的意识则是在认识、改造外部对象的过程中产生和发展起来的,能够区分自身与对象、直接性的存在与间接性的存在、现实性的存在与可能性的存在等。相较于动物而言,人的意识对象和表现形式是丰富多样的,体现出了人在自然界发展链条中崇高和独有的地位与特征。

(三)人是实践性的存在物

动物依靠本能生存,而实践是人的存在方式。本能是一种生物遗传,是"龙生龙、凤生凤"的基因延续,实践则是有意识、有目的的改造和探索现实世界的活动,是后天习得的能力。高清海在《哲学与主体自我意识:论马克思实践观点的思维方式》一书中指出:"实践性是人的本性""人作为自然最高产物与其他自然物根本不同的特点就在于:人不是消极地适应自然提供的现成条件来维持自己的生存,而是通过由自己的活动去改造外部自然条件的方式来满足自己生活的需要、维持自身的生存、实现自己的发展的。依靠自己的力量创造自己的生存条件以满足自己生活需要,这就是人所特有的生存——存在方式。"①

---

① 高清海:《哲学与主体自我意识:论马克思实践观点的思维方式》,北京师范大学出版社2017年版,第56页。

人类存续的第一个前提是要能活着,活着就需要有吃、穿、住、用等基本的生活条件,这些条件的取得要通过生产劳动来实现,实践活动提供了人类生存和发展的根本条件,成为人立命之本;实践是人与动物相区别的内在根据,正是由于实践的作用,人的机体组织才发展出了意识和自我意识,使人成为有意识的生命活动体从而与一般动物根本不同;人的社会性的本质也是在实践中生成的,人们在改造自然的生产实践过程中,必然结成一定的、不以人的意志为转移的生产关系,进而形成一定的社会关系和政治关系等,这些社会关系制约和规范着人的存在与发展,决定了人的本质,马克思明确指出:"个人怎样表现自己的生命,他们自己就是怎样。因此,他们是什么样的,这同他们的生产是一致的——既和他们生产什么一致,又和他们怎样生产一致。因而,个人是什么样的,这取决于他们进行生产的物质条件。"①

人在实践活动中不仅创造了自身生存所需要的对象化的物质世界,也创造了人自己的生活,创造了人类社会及其历史。人通过实践性活动在自然基础上构建了属物世界与属人世界。人的实践活动不断将属物世界转化为属人世界,在此过程中会形成二者的对立与矛盾,而通过实践活动又可以化解这种对立和冲突,重新走向二者的融合与统一。实践造就了人的机体,形成了语言,塑造了人的社会性,构成了人类社会的基本结构,是人的存在方式和发展方式。

二、"物"之存在性特征

此处的"物",是指外在于人的事物,包括动物、植物、山川河流、土壤、气候、生态系统乃至整个自然界。所谓"物理",并非研究物质运动规律和物质结构的学科分类上所讲的物理,而是指自然物的本性及其相互之间的本质关系;它与人与人之间相处的伦理关系——"人理"相对应。

---

① 《马克思恩格斯选集》第 1 卷,人民出版社 2012 年版,第 147 页。

按照前面讨论"休谟问题"消解之道时得出的结论,"应该"虽不能还原为"是",但"是"却是作出"应该"选择的客观基础和判断前提。为了进一步说明"人理""应该"如何化解与"物理"的冲突,这里先就人之外的"物"作以总体性的考察。

作为道德哲学,对"物"的分析不是分门别类、深入细致式的探究个体物质的具体情形,而主要是从整体性上把握"物"的存在状态、相互关系以及一般规律。总体来说,"物"是有别于"人世"、不以人的意志为转移的另一类世界图景,具有先在性与客观规律性的特征。这种特征是人处理与"物"关系必须予以重视的客观基础。

（一）"物"之先在性

"物"的先在性是就自然界先于人类社会而言的。根据宇宙大爆炸理论的观点,我们生活的宇宙是 140 亿年前的一次大爆炸产生的,地球随着太阳系的产生而产生,距今约 50 亿年的历史,30 多亿年前出现了生命,以后又不断进化,形成了生物圈,地球开始呈现出生机勃勃的景象。① 人类的历史距今不过 100 万年左右。宇宙大爆炸造就了"物理学",有机物的出现带来了"生物学",人类出现后,文化随之而行,人类独有的"历史学"脱颖而出,通过"认知革命""农业革命"和"科学革命"演化为远远超越其他动物的智人,甚至跃为无所不能的"神人"。从人类进化的历史看,起初人类的祖先是"一种也没有什么特别的动物",和黑猩猩、狒狒、大象没什么不同,我们的祖类也曾有许多堂兄弟姐妹、表兄弟姐妹,像是尼安德特人、梭罗人、弗洛里斯人、丹尼索瓦人等,我们今天的"智人"只是族群中的一支。大约 10 万年前,我们现在的人类崛起,跃入动物界的顶端。英语"human"一词的真实含义是指"属于人属的动物"②。

---

① 杨玉辉:《现代自然辩证法原理》,人民出版社 2003 年版,第 39—47 页。
② ［以色列］尤瓦尔·赫拉利:《人类简史:从动物到上帝》,林俊宏译,中信出版集团 2017 年版,第 3—8 页。

在宗教层面,有人说基督教对环境危机承担着重大的罪责①,而实际上基督教教义也劝告人们要节制、热爱大自然,并且强调自然先于人类而存在。《旧约·约伯记》里记载,约伯是一个受人尊敬、正直而成功的人,魔鬼说约伯平日对上帝的虔敬是由于上帝保佑他成功,如果让他落魄而败,他肯定会诅咒上帝,他说如果上帝不信可以打赌试一试。上帝应允了他的提议,于是就有了约伯后来悲惨的生活,但他并没有诅咒上帝,而是请求与上帝会面以解释他的遭遇。没想到上帝与约伯的对话是从关于自然的角度谈起的:"当我奠定了地球的基础的时候你在哪里?"上帝列举自己的创造物并为之自豪;当上帝问他"为海安上门和门闩的时候"约伯是否在场? 约伯答不在,所以约伯就很难理解世间许多事物的奥秘,包括上帝为什么会让雨落在"没有人生活的地方,去满足荒凉的废弃物的需要,使荒草生长在地面上"。虽然约伯与上帝的对话没有直接释解约伯的困惑,但它暗示我们:上帝没有把我们人类放在宇宙的中心,在没有人类的荒芜地方降雨以滋润万物他很高兴,自然在人类之先,并不是人类的征服物。② 周国平曾说,按照《圣经》的说法,人类的始祖亚当是上帝用泥土造出来的,上帝还对人类始祖亚当说,他本是泥土,将来仍要复归泥土;中国神话传说中补天的女娲也是用黄土造人的;宗教故事中相似的传说表达了一个基本的事实:土地(自然)是人类生命之源。③

从生态学意义上,我们可以将人之外的"物"分为不同的生态因子。生态因子是指与生物的生存相关的各种条件与要素,它们对生物的发育、生长、繁衍、行为方式及分布范围等会产生这样或那样、直接或间接的影响。生态因子依其性质可分为五类:气候因子——包括温度、湿度、日光、降水、风、气压和雷

---

① 美国著名历史学家莱恩·怀特(Lynn White)1967 年发表了著名的《我们的生态危机的历史根源》一文,认为西方社会生态危机的根源在于犹太教——基督教的观念,即人类应该"统治"自然,把自然视为异己。这篇文章在美国 20 世纪 70 年代的环境运动中产生了广泛的社会影响。

② 杨通进:《生态二十讲》,天津人民出版社 2008 年版,第 210—212 页。

③ 周国平:《人生哲思语编》,上海辞书出版社 2002 年版,第 11 页。

电等；土壤因子——包括土壤结构、土壤有机和无机成分的理化性质及土壤生物等；地形因子——包括地面的起伏、山脉的坡度和阴坡、阳坡等；生物因子——包括生物之间寄生、捕食、竞争、共生等各种关系；人为因子——指人以及人的活动作为生态系统中的构成部分，其作用特殊而巨大。在生态系统中，生态因子呈现出自身的一些特点，包括非等价性、综合性、不可替代与互补性、限定性等。① 在自然界演进史上，其他生态因子具有先在性，是人为因子存续的基础与前提。

从哲学本体论意义上说，自然界是作为"第一性"而存在的。在《1844 年经济学哲学手稿》中，马克思阐述了这样的思想，"自然界"存在的最初，并不是专门地为了人的生存，为了人的劳动实践活动而存在的，没有人的存在，人类学意义的自然依旧存在；自然存在物是一种自然而然的存在，它依据其自身规律运动和变化。马克思从唯物主义的基本立场和人类历史生成的基本事实出发，承认人是从自然界发展而来的，是自然界的一部分，天然自然（无机界）之于人具有优先地位。面对外在自然，人首先应该承认自身是它的产物，"人本身是自然界的产物，是在他们的环境中并且和这个环境一起发展起来的"②，人是大自然的子民，"我们连同我们的肉、血和头脑都是属于自然界，存在于自然界的"③，马克思明确指出："人直接地是自然存在物"④，自然界先于人类而存在，是人存在的根据，"无论是在人那里还是在动物那里，类生活从肉体方面来说就在于人（和动物一样）靠无机界生活，而人和动物相比越有普遍性，人赖以生活的无机界的范围就越广阔。……在实践上，人的普遍性正是表现为这样的普遍性，它把整个自然界——首先作为人的直接的生活资料，其次作为人的生命活动的对象（材料）和工具——变成人的无机的身体。自然

① 尚玉昌：《生态学概论》，北京大学出版社 2003 年版，第 27—46 页。
② 《马克思恩格斯全集》第 3 卷，人民出版社 1995 年版，第 23—24 页。
③ 《马克思恩格斯全集》第 20 卷，人民出版社 1971 年版，第 519 页。
④ 马克思：《1844 年经济学哲学手稿》，人民出版社 2000 年版，第 105 页。

界,就它自身不是人的身体而言,是人的无机的身体。"①

自然界先于人类而存在,如果没有自然界,人就无法获取生存所需的生活资料,也就失去了生存的空间和场所,就没有存在的可能性。假若人同自然界是互相隔离的,甚至不存在自然界这个先在条件,那么离开这个必要的物质基础,人的实践活动就无从展开,也就是说没有劳动加工的对象,劳动就不能存在,人也就无法生活,正如马克思所说:"没有自然界,没有感性的外界世界,工人就什么也不能创造。它是工人的劳动得以实现、工人的劳动在其中活动、工人的劳动从中生产出和借以生产出自己的产品的材料。"②自然界作为真实的、感性的外部世界,为人类生存与发展提供了基本的物质条件,构成了人以肉体的形式维持本身存在的基础和前提。同时,"从理论领域来看,植物、动物、石头、空气、光等等,一方面作为自然科学的对象,一方面作为艺术的对象,都是人的意识的一部分,是人的精神的无机界"③。自然界也是人类精神生活的基石与来源。

可以说,人由无机界演变而来,依赖无机界而生存,无机界之于人具有优先存在的特性。无论从时间顺序还是就人类认识的逻辑关系而言,人之外的"物"皆具无可争辩的先在性。"物"的先在性奠定了"人"与"物"关系的历史基础与逻辑起点。

(二)"物"之规律性

尽管"物"的世界包罗万象、纷繁复杂,但从宏观视野和发展变化的整个过程看,"物"中有"理",自然物质世界有其运行的规律和法则。作为与人相对应的"物"之世界,涵盖与人的生存相关的整个生态系统,包括整个自然界。这样的"物"在其存在、演进及其相互作用中呈现出内在的、必然的联系即规

---

①　马克思:《1844 年经济学哲学手稿》,人民出版社 2000 年版,第 56 页。
②　马克思:《1844 年经济学哲学手稿》,人民出版社 2000 年版,第 53 页。
③　马克思:《1844 年经济学哲学手稿》,人民出版社 2000 年版,第 56 页。

律性。

从生态学的角度看,物种间的一些基本关系体现了生物系统的规律性。这些规律有:共生、循环、平衡、演进、整体效能最大化等。

共生:共生就是共同生存,它是生物之间存在着的相依为命的互利关系,共生的双方都能从这种关系中获益,如果失去一方,另一方也就失去了生存的基本条件。共生是两种不同物种间的紧密结合,形成互利共赢的关系。地衣就是有机体共生的缩影,它由真菌与在真菌表皮上生长的藻类构成,藻类为真菌提供养料,真菌供给藻类水分,两者合为一体才能生存,分离时则无法适应环境条件而生存下去。[①]

循环:是生态系统的又一内在关系,生态系统中的生产者(绿色植物等)、消费者(各种动物)和分解者(细菌、真菌和食腐动物)三种功能群不断流动并展开物质循环,生产者通过光合作用为自身的生存、生长、繁殖提供营养物质和能源,也为消费者、分解者提供营养物质和能源;消费者在生态系统中的"天职"就是消费,它们归根结底都依靠植物为生(直接取食植物或间接猎食吃植物的动物);分解者在生态系统中的基本功能是把动植物的残体分解为比较简单的化合物,最终分解为最简单的无机物,并把它们释放到环境中去,在参与物质循环的过程中被生产者重新吸收和利用。分解者在任何生态系统中都是不可缺少的组成部分,如果没有分解者或分解者数量过少,动植物残体很快就会堆积起来,物质循环就会受阻,营养物质很快就会发生短缺,整个生态系统就会瓦解和崩溃。在这个有着几十亿年历史的地球上,大自然为每个物种都规定了一条正规的食物链和食物网,草食动物吃植物,肉食动物吃草食动物,肉食动物死了,便成为食腐动物、猛禽、蝇虫乃至微生物的食物,最后被分解为土壤中的营养,植物又吃土壤里的营养。在这张巨大的食物网中,我们人类也被兜在其中。

---

① 陈静生等:《人类—环境系统及其可持续性》,商务印书馆 2001 年版,第 45 页。

平衡：我们常说的生态平衡，是指生态系统通过能量和物质的移动与转化达到稳定成熟的状态。稳定成熟的生态系统可以自动调节与维持自身正常功能并尽力克服外来因素的干扰，保持自身的稳态。生态系统的"自我控制"包括两类作用：平衡和恢复力，平衡用于稳定系统，恢复力的作用在于防止系统自毁，使其得以持续下去。但是，生态系统的自我调节功能是有一定限度的。

演进：生态系统是不断改变、不断进化的动态系统，它选取能最好应付环境问题的变体、逐渐淘汰适应能力较差的变体，从而实现由简单到复杂、从不成熟到成熟的演化。人、动物、植物都处在生态系统的演进征程中。智人脱颖而出后，其身体、情感和认知能力仍然由演进中沉积下来的 DNA 所塑形，但也会在新遇的环境中进行自我调整和改变，以提高自身适应变化的能力。

整体效能最大化：系统最大的特征是整体性，通过各种生态因子的物质、能量、信息的循环和流动，形成相互作用基础上的特有功能，如同由各种零部件构成的一部机器，靠不同构件的契合与能量传递形成完整的机器，产生某种特定的功能，发挥某一个零件或这些零件简单相加所没有的功效，实现效能的最大化。

生态金字塔：表明营养级生物之间在数量上的一种关系。在生态系统中，营养级越低，生物的数目就越多；营养级越高，其中生物的数目就越少，呈金字塔结构。

忍受生态法则：针对的是生物的忍受界域，指生物对某种环境因素有其能够忍受的上限与下限，即忍受范围，包括它最适合的环境条件。如果某一种生物对所有环境因素的忍受范围都很广，它在自然界的分布也一定是宽广的。这一法则由美国生物学家谢尔福德（V.E.Shelford）提出，他进一步发现，生物在最适宜自身生存的地方生活的情况很少见，生物之间的竞争常常会将它们从最适宜生态环境中排挤出去，被迫在对它们来说有更大竞争优势的区域生活。

限制生态法则：指对生物生存与繁衍具有关键性作用的因素对生物的限

制。就具体生物而言,它周围的各种生态环境对它的存续都有影响,但其中有些因素对它生存和繁殖的作用最为重要,如果缺少这些相关条件,将会造成难于生存与繁殖的危险,这就是生物的限制生态法则。德国化学家利比希(Justus von Liebig)发现,植物的生长依赖于那些数量不足的营养物质①,说明稀缺资源对于生态系统维系的重要作用。②

在物理学领域中,热力学规律具有普适意义,既对无机界起作用,也适用于有机界物质之间的关系。热力学第一定律告诉我们,系统能量不会凭空产生或消失,只能通过不同形式的转化或物体间的转移传入或传出,总能量始终保持不变。热力学第二定律表明,热量不能从一个温度较低的物体自行传递到一个温度较高的物体;通过无生命物质的作用,不能把物质的任何部分冷到它周围最冷客体的温度以下,以产生机械效应;克劳修斯(Rudolf Julius Emanuel Clausius)在热力学定律基础上提出"熵"③概念,并对其作出了宇宙学的表述:宇宙能量是常量,宇宙的熵区域无限大。热力学定律表明热传导的方式是从高温传向低温,无法自然地由低温向高温物体传递,传导方式不可逆。热力学第二定律通过对"熵"的定量解释,揭示了世界变化的实质,即宇宙是一个退化着的、逐渐衰亡的宇宙;"熵"概念是对能量的质的界定,熵的增加意味着有效能量的减少和无效能量的增加。熵定律是支配整个自然界整体运动的基本规律。④ 有人将这一规律用到对社会历史的解释上,提出人活动能力的增加,意味着熵的增加,意味着增加了生态环境的无序度。杰米里·里

---

① 就像管理学中所说的木桶效应一样,一个木桶装水的多少取决于最短的那块木板。

② 尚玉昌:《生态学概论》,北京大学出版社 2003 年版,第 10—37 页。

③ "熵"是由热力学第二定律形成的一个概念,被解释为系统微观运动的无序、混乱度。熵的增加意味着系统有效能量减少,无效能量增多,趋于无序状态。在信息论中,熵是对不确定性的一种度量,根据熵值可判断指标的离散程度。

④ 参见刘福森:《西方文明的危机与发展伦理学》,江西教育出版社 2005 年版,第 86—92页。幸亏地球不是一个完全封闭的热力学系统,植物的光合作用是一个反熵的过程,植物能对稀散的能量加以富集并转为化学能储存起来,从而对抗了由热力学第二定律带来的宇宙总能量不断衰退为废热的主导趋势。

夫金(Jeremy Rifkin)等在《熵:一种新的世界观》一书中指出:"每一个由加快能量流通的新技术所体现的所谓效率的提高,实际上只是加快了能量的耗散过程,增加了世界的混乱程度。能量流通过程的加快,缩短了熵的分界线之间的距离。"①很多时候,自然规律也适用于人类社会。

总之,"物"对人而言具有先在性,是人存续的基础和前提;"物"有其内在的规律性,人必须予以尊重。

三、"人"体与外"物"的关系

人作为一个有机体与其外的各种"物"有着不可分割的密切联系。我们可以将人之外的"物"看作由各种要素相互作用构成的生态系统,这个系统分为非生物和生物。非生物包括能源(日光能、有机物)、无机物质(氧、二氧化碳、水、无机盐等)、有机物质(腐殖质等)、气候因子(温度、湿度、降雨等);生物包括生产者(绿色植物)、消费者(各种动物)和分解者(细菌、真菌和食腐动物)。非生物和生物对人体均具有重要作用。

(一)人体与非生物的关系

人体是在非生物的基础上通过生命进化而形成的,它的存在始终离不开非生物提供的基本条件。人体是远离平衡的、具有高度组织性的、有序的开放系统,它的维持需要通过与外在物的物质、能量、信息的交换来实现。一方面,人体必须从外部环境获取生命存续所需的各种物质与能量;另一方面,人体还得将外部环境作为其废物排放的场所,以减少不断产生的熵,保持自身组织的有序性。外部环境是人体存续的基本和先在的条件,如果人体既不能从外部获取物质和能量,也没有排除废物的空间,其体内的熵便会不断增加,自组织

---

① [美]杰米里·里夫金、[美]特德·霍华德:《熵:一种新的世界观》,吕明、袁舟译,上海译文出版社1987年版,第59页。

性就会遭到破坏,使人体的生存受到威胁。

人体与非生物的物质和能量交换决定了二者之间存在相互影响、相互作用的必然联系。

从非生物对人体的作用看,存在直接与间接、主要与次要等不同情形。非生物包括阳光、氧、二氧化碳、水、无机盐、温度、气压、湿度、降雨、土壤等,这些生态因子既可单独作用于人体,也可同时对人体产生作用,并且彼此之间相互影响,像阳光会作用于温度,温度和湿度往往此消彼长。各种非生物对人体形成不同的作用,而人体并非对单一因子的作用产生反应,一般是对各种生态因子的综合作用进行反馈与回应,如阳光、水、无机盐、温度等既直接影响人体,也通过植物等间接地对人体发挥作用;植物既可以直接作用于人体,也可以通过气候对人体产生间接影响。

非生物对人体的作用常常通过构成成分及其变化、直接接触和场的作用、在时空中的变化等方式来进行。人作为一个有机体,是一个开放的系统,各种非生物可以经由食物、呼吸、肌肤接触等方式进入人体内,从而对人体物质成分的构成及比例关系产生影响;非生物可以通过实物形式作用于人体,也可以通过场的形式,如地球的磁场、引力场等对人体产生作用;同时,由于非生物所处时空的不同,对人体的作用也就各有差异,如太阳、月亮、地球在时空中的运动变化,引起人体变化中出现年节律、月节律、昼夜节律等。

就人体对非生物的作用而言,其影响亦不可小觑。人体对外在非生物环境的影响表现为在维持生命存在时通过物质交换直接影响非生物;人体直接作用于非生物;通过人体场对非生物产生影响。人体通过以上几种方式对非生物的影响其实是微乎其微的,它对非生物的影响更主要的是通过人类的科技活动和生产活动,通过人类整体的力量实现的。

需要强调的是,无论非生物对人体的作用,还是人体对非生物的作用都是通过物质的相互影响完成的。非生物对人体的作用是通过各个生态因子作用于人体实现的,生态因子不仅作用于人体这一物质,也影响与人体共存的信息和意识,只不过是以间接方式进行的。人体对非生物的影响则是以人体这一物质作用于外在环境实现的。通常情况下,人体的意识和信息不能直接对外部环境产生作用,需要以人体物质作为载体对非生物发生间接影响。① 马克思在《1844 年经济学哲学手稿》中指出:"从理论领域来看,植物、动物、石头、空气、光等等,一方面作为自然科学的对象,一方面作为艺术的对象,都是人的意识的一部分,是人的精神的无机界。"②作为"精神的无机界",非生物会对意识产生影响,但作用的形成需要人体这个"无机的自然界"作支撑。

(二)人体与生物的关系

人体是自然界物质长期演化的结果,也是生命物质进化的产物。从历史进程看,人类演进的历史分为三个时期:第一阶段大约从 2700 万年前到 300 万年前,分化出人类的近祖——猎玛古猿,"生物人"出现;第二阶段从 300 万年前到 40 万年前,从古猿中产生了早期的人类——猿人,"群体人"时期到来;第三阶段约自 40 万年前至今,氏族社会形成,人类跃入"社会人"或"文明人"阶段。③ 生命的进化带来了人体这一特殊生命体,而人体的生存又离不开与其他生命体的密切联系。在生态系统中,人类的生态位处于自然食物链的一级、二级或三级位置,与其他动物一样,人也吸入空气,呼出二氧化碳。人死亡之后,身体将被微生物分解为自然界中的无机物。作为生物体,人体必然要与周围有机体进行物质和能量的交换。

人体以生命环境为自身生存的基本条件。作为一个特殊的生命体,人体的食物来源有赖于生命环境。人体不能自行制造所需的氨基酸、维生素等不可缺少的养料,必须以食物的形式从环境中的其他生物体中摄取,无法摆脱对环境生物的依赖,不像自养植物只需二氧化碳、水和一些无极离子即可存活。

① 杨玉辉:《现代自然辩证法原理》,人民出版社 2003 年版,第 112—113 页。
② 马克思:《1844 年经济学哲学手稿》,人民出版社 2000 年版,第 56 页。
③ 陈静生等:《人类—环境系统及其可持续性》,商务印书馆 2001 年版,第 35—36 页。

环境中的生物体通过食物以自己的物质成分来影响人体的物质构成,人体的构成与动植物的构成成分在物质元素上是一致的,如果后者发生变化,前者迟早也会发生相应的变化;环境中各种动植物的信息也能够通过食物进入人体,对人体中的相应信息与程序产生作用,如动植物中的酶、激素等都可以进入人体形成各种信息和程序效应,对人体的生理过程带来影响。同时,氧气也是人体不可或缺的物质,这就决定了人体与生物环境构成了不可分离的依赖关系。假若地球上只有人与动物等需氧生物,环境中的氧气必然会越来越少,导致人与动物因为无法正常呼吸而死亡。实际上,由于植物不断地利用二氧化碳和水进行光合作用,产生葡萄糖与氧气,从而使空气中的氧气和二氧化碳含量处于较为稳定的状态。假若没有植物通过光合作用来维持环境中的氧气含量,人体的生存就失去了必要条件。环境中的动植物还可以通过其运动来影响人体的物质运动,像植物的光合作用、生命体的新陈代谢都会对人体活动产生影响。

人体与生命环境的关系是相互的,它依赖于其他生物,可以适应生命环境,也能够对生命环境加以改造与利用,甚至产生重大影响。人体对生命环境的适应通常表现为遗传基因的延续和非遗传性的主动适应;人体对生命环境的改造与利用则有两种方式:一是通过人体自身改造和利用其他生物体;二是以科学技术的力量实现对生命环境的改造与利用,而后一种方式在人类文明的历史上发挥着越来越大的作用。对环境改造的程度超过了自然生命的承载限域,就会带来生态系统的失衡。尤瓦尔·赫拉利说:"整个动物界从古至今,最重要也最具破坏性的力量,就是这群四处游荡、讲着故事的智人。"[1]这是当代人认识人体对环境作用时必须慎重考虑的一个方面。

物质上的相互作用和信息上的互动传递是人体与动植物相互关系形成的两种基本方式。人体与其他生命体的相互作用是物质作用于物质,信息作用

---

[1]　[以色列]尤瓦尔·赫拉利:《人类简史:从动物到上帝》,林俊宏译,中信出版集团2017年版,第60页。

于信息,在此基础上才会影响到人体和环境生命体的其他层次。但这种情形并非总是一一对应的关系,有时会发生物质与信息两种作用同时发生、形成综合效应的情况。如毒蛇伤人后,既表现为蛇牙对人肌体的伤害,同时蛇的毒素又形成信息损害人体的信息程序。①

人体与外在"物"相互影响、相互作用、相互制约,构成了不可分离的密切联系。如果从人本主义立场出发,那么可以这么说,人要想好好过自己的日子,就必须处理好与其周围"物"的关系。

四、"人理"与"物理"的融通

"物"之于人具有先在性,"人"之于物具有能动性和实践性,二者本来具有同根同源的共同本质,但在人类日益发展的过程中却出现了相互冲突、相互报复的难堪局面,原初的"物与"②关系被"博弈"的紧张关系所取代。这种紧张关系的形成,从思想根源上说,源自"人理"与"物理"的冲突,化解这种紧张局面的可行路径之一便是:探寻"人理"与"物理"在伦理上的共通共融。

(一)"人理"与"物理"的冲突

"人理"是人与人相处的道理,是处理人与人关系应该遵循的伦理准则,人对待人所依据的"理"就是伦理;"物理"则是指自然物之间的关系,是人对待物时依循的道理。人按照"人理"对待自己的同类是人普遍接受的伦理传统,但人常常不按"物理"来对待物,总是按自己的目的与意愿规定物、规划物,使物成为仅仅为人的存在而遭受人的欺凌,于是彼此之间的冲突便在不知

---

① 杨玉辉:《现代自然辩证法原理》,人民出版社 2003 年版,第 202—209 页。
② 北宋哲学家张载在其名篇《西铭》中写道:"乾称父,坤称母;予兹藐焉,乃混然其中。故天地之塞,吾其体;天地之帅,吾其性。民吾同胞,物吾与也。"视天地为父母,视天地间的万物与己为一体一性,体现出对天地万物深切的生命关怀。

不觉中形成并加剧了。

"人理"与"物理"冲突的认识论根源可以追溯至近代西方哲学机械论思维方式的出现。

近代哲学始祖笛卡尔提出的"笛卡尔式怀疑"奠定了近代主体哲学和主客二分思维框架的基础。"笛卡尔式怀疑"这样揣摩"我思"与"我在"的关系:"当我要把一切事物都想成是虚假的时候,这个进行思维的'我'必然非是某种东西不可;我认识到'我思故我在'这条真理身份牢靠、身份确实,怀疑论者的所有最狂妄的假定都无法把它推翻,于是我断定我能够毫不犹疑地承认它是我所探求的哲学中的第一原理。"①这样,笛卡尔哲学中的第一原理"我思故我在"就确立了"我"在世界中的中心地位,而"物"则成为依我而在的东西,即人为主体,物为客体。人为主体,世界上的他物只是作为人的对象化的它者而存在,是被主体的人根据自己的本性"摆置"的存在,是为人的存在,正如海德格尔所言:"'我'成了别具一格的主体,其他的物都根据'我'这个主体才作为其本身而得到规定"②,"唯有存在者被具有表象和制造作用的人摆置而言,存在者才是存在着的。"③照此思路,"人为自然立法"便是顺理成章的事。人本来只是大千世界中的一种存在物,是一种局部性的存在,而在主客分明的对象化思维中,作为局部存在者的人跃升到主体的地位,其余存在物被视作因主体而立的对象。作为对象性的存在失去了存在论的根基,唯有仰仗主体的眷顾才能获得存在的价值和意义,世界旋转的轮盘由人执掌。于是,本来同根同源的统一世界被主客分离的这种思维方式划分为"万物精灵"的人和满足人意欲的、工具性的物,人成为整个世界的价值核心,对其他存在物潜藏着一种任意处置的特权,人与物之间存在的只有功利性的关系。主客二分的思维模

① 转引自[英]罗素:《西方哲学史》,马元德译,商务印书馆2015年版,第98页。

② [德]马丁·海德格尔:《海德格尔选集》(下),孙周兴选编,上海三联书店1996年版,第882页。

③ [德]马丁·海德格尔:《海德格尔选集》(下),孙周兴选编,上海三联书店1996年版,第899页。

式在人与外部事物的关系上力挺人的绝对主体地位,致使人与外部世界的对立和冲突不断加深。① 人"主"物"客"的地位差异使"物"在"人"那里得不到"礼遇"。世界观决定方法论。人的主体地位的确立和主客二分思维方式的形成,使人在处理与其他自然存在物关系时,便理直气壮地高扬起了主体性的大旗,将征服、掠夺、践踏、妄为当作人权力和威力的展现,致使"物"们不得不反抗还击,于是出现了环境污染、资源短缺、土地沙漠化、生物多样性减少、温室效应等环境问题,并且开始从局部性、区域性向整体性、全球性扩展。

生态学家巴里·康芒纳(B.Cmmoner)认为,以生产效率为最高目标,只追求技术上的变革而轻视技术的生态要求是导致环境问题的技术根源。他提出环境问题的解决不仅要去除其经济和社会根源,而且应遵循生态规律,在经济发展的技术方式上建立起封闭循环的有效机制,最大限度地避免物质生产对生态系统的污染和破坏。② 从技术原因看,"人理"与"物理"的纠葛在于,技术越来越深入地渗透进人类文明的进程之中,对"物"之系统产生了破坏性的影响。随着人类社会的发展,传统的以工匠经验积累为特征的技术开始被以大机器使用为特征的新技术所取代,出现了技术科学化、科学技术化与科学技术一体化的趋势。人通过构建技术活动、技术系统,使其渗透并渐次占据人类社会经济、政治、文化生活的核心地位。人工自然、技术圈、技术化社会结构的出现是当代社会的重要技术特征。人工自然通过技术改变了自然物的原本状态,是技术向自然扩张的必然结果;技术圈是人类社会技术因素的总和,是技术超越人与自然关系的中介地位而建构出的独立、完整、特殊的结构体系,它以规模化、标准化、专业化为原则,超越了自然物及人类社会的原有规范和法则,形成了技术与技术应用的准则,对生态圈的关系和秩序形成了广泛、深入的影响与干扰;技术化社会结构则是指科学技术对生产方式、生活方式、消费

---

① 刘富森:《奠基于新哲学的发展伦理学——论发展伦理学的形而上学基础》,《自然辩证法研究》2006 年第 1 期。

② [美]巴里·康芒纳:《封闭的循环》,侯文蕙译,吉林人民出版社 1997 年版。

方式、思维方式及价值观的深入影响。就人与物的关系的角度看,现代科技的发展已使人对外在物的适应与利用变成对外在物的征服与占有;从社会影响来说,技术的威力迫使人的社会生活服从技术应用带来的新环境,技术不仅仅是人类活动的手段和工具,正在变为控制人类社会的重要因素,以计算机技术和信息科学为载体的网络社会的形成便是佐证。当技术被不当开发和滥用时,其对地球资源的无度开发与耗费以及带来的环境污染就使人面临严峻挑战。更为可怕的是,对科学技术不加限制的使用在当代社会依然司空见惯,因而技术与生态的矛盾日益凸显。人类生活的生物圈和人类所创造的技术圈失去了平衡,正处在深刻的矛盾之中。①

(二)"人化"遭遇"物"性的反抗

"人化"既可解释为"精神化""主观化"和"观念化",即界定为人的精神活动过程及其产物,也可定义为人通过自身活动有意识有目的地引起外在对象的变化。此处是在后一种意义上使用这一概念的,"人化"等同于"人化自然"。孙伯鍨先生对"人化自然"所作的定义是:"由人的本质力量所创造并为社会的人所占有的对象世界。"②马克思曾在《手稿》中试用过"人化自然"一词,但并未作展开说明。费尔巴哈是直接采用这一提法的第一人,但黑格尔在试用"人化自然"时的思想内涵更接近马克思对这一概念的理解。朱光潜先生翻译的黑格尔《美学》中有这样一段文字:"只有在人把他自己的心灵的定性纳入自然事物里,把他的意志贯彻到外在世界里的时候,自然事物才达到一种较大的单整性。因此,人把他的环境人化了,他显出那环境可以使他得到的满足,对他不能保持任何独立自主的力量。只有通过这种实现了的活动,人在他的环境里才成为对自己是现实的,才觉得那环境是他可以安居的家,不仅对

---

① [英]艾伦·科特雷尔:《环境经济学》,王炎庠译,商务印书馆1981年版,第13页。
② 《中国大百科全书·哲学卷》第2分册,中国大百科全书出版社1987年版,第702页。

一般情况如此，而且对个别事物也是如此。"①在黑格尔那里，"人化自然"具有"人造性"和"人工性"的特点，是人的活动的创造物，体现着人的目的和意志，使自然界合乎人的要求；但黑格尔没有把"人化自然"放在社会历史现实中加以考察，没有揭示出人对外在物改造的过程中还存在着"人化"与"异化"的矛盾。

马克思看到了自然界被人类历史大规模改变的近代工业社会，"人化"带来了物质的富足和财富的增长，也带来了"人化自然"被"异化"为非劳动的财富，劳动者本身也失去了自身的本性。"人化自然"内涵人工性（指由人类劳动创造的作品）、人类性（指合乎人的本性，与异化不同）和占有性（被他的创造者所占有）。②马克思的"人化自然"概念立足于人的实践本性，揭示了自然与人的对立统一关系。

当今社会，在人占有对象世界的过程中，"人化"失去了底线和限度，对自然界失去了应有的尊重和呵护，引起了自己"无机的身体"的抗议与反对。在迅猛发展的科技力量的推动下，人对自然的"人化"能力达到了登峰造极的程度。"人化"带来的物质"成果"越来越多，人们享受"成果"的欲望也越来越强，消费这些"成果"的方式也在不断升级，人这种特殊的动物对自然界存在物的占有也就越来越多。在不断满足自身需要的过程中，人们发现自然并不是任人摆布的"仆役"，当它对人的作为无法忍受时，也会以自己的"物"性作出回应：对于美国西部曾经发生的灭狼行为，狼发出了这样的声音，"一声深沉的、骄傲的嗥叫，从一个山崖回响到另一个山崖，荡漾在山谷，渐渐地消失在漆黑的夜色里。这是一种不驯服的、对抗性的悲哀，和对世界上一切苦难的蔑视情感的迸发"。"在这明显的、直接的希望和恐惧之后，还隐藏着更加深刻的含义。这个含义只有这座山自己才知道。只有这座山长久地存在着，从而

---

① ［德］黑格尔：《美学》第 1 卷，朱光潜译，商务印书馆 1996 年版，第 326 页。
② 周林东：《人化自然辩证法》，人民出版社 2008 年版，第 335—366 页。

能够客观地去听取一只狼的嗥叫。"①这是《沙乡年鉴》中利奥波德意味深长的论断,他诚恳地提出:倘若人能够像"山"(自然)一样思考,人的生存环境就不会出现危机。可惜的是,人在很长一段时期里都对那悲哀而激愤的叫声置若罔闻,随之而来的是自然界对人类惩罚的不断升级。

"物"性对"人化"的反对是人改变自然的过程及其结果失控带来的自然界对人的报复。从表面看,大自然好像总是屈服于人类,但大自然蕴含的蛮荒之力一旦爆发,其后果是人无法承受和想象不到的。体形庞大的恐龙曾是地球的霸主,结果因为其对资源的过度食用带来生态环境的破坏,走上了灭绝种族的不归道路;癌细胞一味恶性扩张而不加节制,最终因寄居的生命机体的死亡而瓦解。这说起来好像是故弄玄虚、危言耸听,但也不是无病呻吟、捕风追影。"我们的星球面临着诸多麻烦:技术发明的后果是产生了 5 万枚核弹头;工业化经济导致了各大洲的生态灭绝;财富和服务的社会分配产生了 1 亿贫困而饥馑的众生。一个无可争辩的事实是:人类作为一个物种和一个星球,正处于可怕的境地。"②这是《宇宙的创造故事》一书的作者——布赖恩·斯温对人类生存的深切担忧。

(三)"人理"对"物理"的反思与尊重

人是讲理的动物,过去讲理时针对的只是人与人之间的关系,随着人与物关系的紧张,人们逐渐意识到"人"对"物"也得讲理。讲理是人作为理性动物所具有的一种特质和能力,它是人在体察生活于其中的外在世界、思索人内在精神的惊异和困惑的过程中形成的。康德曾感叹"头上的星空"(自然)与"内心的道德法则"(人)是人们殊感神奇和敬畏的两种东西,这种对"天"与"人"的思考依然是当今社会的重要议题。在康德所处的时代,工业革命取得的胜利令人陶醉,启蒙思想带来的精神解放与科技创造的财富奇迹使人有了这样

---

① 杨通进:《生态二十讲》,天津人民出版社 2008 年版,第 86 页。
② 转引自[美]大卫·格里芬:《后现代科学——科学魅力的再现》,马季方译,中央编译出版社 1995 年版,第 60 页。

的自信:人能轻而易举地料理好自身及其生活世界的一切。① 但事情的进展非人所料,今天人们面对的既有便利与福乐,也有自然界对人类生存的严重挑战。人不禁暗自思忖:为什么孜孜以求的结果会事与愿违? 为什么"发展"带来的是陷阱? 为什么具有神力的人会自掘坟墓? 为什么只有对人的利益的追求才是有意义的? 人到底应该怎样对待他物? 是否应该对他物以道德关怀? 对这些"为什么"的追问使得生态伦理学成为一门新兴学科发展起来。

20 世纪 80 年代,现代生态伦理学确立起来,系统反思了传统西方文明对待生态自然的态度;主张把道德观照的对象由人延展至动物;深入地探讨了人类对生命存在物所承担的义务;重新确立了人在生态环境中的位置及其对物种及生态系统所应担当的责任。生态伦理学是对人与他物之间关系的哲学反思,它将影响人类的生存状态,尤其会对人类的精神状态和道德觉悟产生重大影响。② 在如何对待"人理"与"物理"的问题上,存在以"人"为中心的人类中心主义(自然观上的人本主义)和主张以"物"为中心的非人类中心主义(自然观上的自然主义)的分别。人类中心主义认为只有"人"具有内在价值,"物"只具有工具价值,道德的相关因素只能是人的利益,人是唯一具有道德资格的物种。人类中心主义以其对自身利益强调的程度和对待他物的态度,而有"强式"与"弱式"之别。强式的人类中心主义认为道德自制力是取得道德权力的基础,人之外的他物没有此种能力,故不能纳入道德共同体之中,道德调节的只能是人们之间的关系,只需关心人的福利;弱式的人类中心主义者以温和的伦理思想说明和解释自己的主张,他们从人类的整体利益出发,依据传统的"利益平等"原则,提出将道德关怀扩展到人类的子孙后代,而且依循捍卫人类利益的准则,将道德关心的对象延伸至有感觉的所有生命,甚至希望对人之外的所有他物赋予道德地位和伦理保护,但其立场是缘于人在自然界中的

---

① 万俊人:《现代性的伦理话语》,黑龙江人民出版社 2002 年版,第 3—4 页。
② 雷毅:《生态伦理学》,陕西人民教育出版社 2000 年版,第 42—43 页。

特权和生物学上的至高地位,在现实生活中仅把他物视为有利于人的资源而加以保护;①人类中心主义认为人对人的同类具有伦理责任,人与外在物没有伦理关系,不能像待"人"一样待"物",当人为了自身利益以"人"对"物"时,并不是把"物"看作"人"的伙伴与同类,而是把"物"当作人利用的对象,遵循的是"我应当以人为目的对待物"的原则。② 非人类中心主义强调人应超越对自我利益与价值的追求,承认他物及生态系统有其利益与固有价值,具有道德受体的地位。人类道德思考的范围不应只着眼于人类,其伦理行为也不应仅以人的利益为依据,人对其他的道德行为受体负有道德义务;非人类中心主义者为"物"据理力争,澳大利亚哲学家彼得·辛格(Peter Singer)以动物具有感受苦乐的能力为由提出动物应该拥有自身利益③;德国哲学家阿尔伯特·史怀哲(Albert Schweitzer)以"敬畏生命"为立论基点提倡将对所有生命以道德地位④;美国环境哲学家保罗·沃伦·泰勒(Paul Warren Taylor)的"尊重自然"⑤将一切生命之物视为有价值和值得尊重的;美国生态学家利奥波德的"大地伦理"认为生物共同体比个体生物更值得人类给予道德关注⑥;美国环境哲学家霍尔姆斯·罗尔斯顿(Holmes Rolston)以自然的"内在价值"为整个自然界争取道德关怀。⑦ 美国环境哲学家彼得·S.温茨提出了"扩展的共同体"理论,以自我为中心,用一圈又一圈的大树年轮来表示共同体范围的扩大,顺次代表对自己家人、周围邻居、所在社区、国家、人类、未来世代人的道德

---

① 何怀宏:《生态伦理——精神资源与哲学基础》,河北大学出版社2002年版,第337—355页。

② 刘富森:《奠基于新哲学的发展伦理学——论发展伦理学的形而上学基础》,《自然辩证法研究》2006年第1期。

③ [澳大利亚]彼得·辛格:《所有动物都是平等的》,江娅译,《哲学译丛》1994年第5期。

④ [德]阿尔贝特·施韦泽:《对生命的敬畏——阿尔贝特·施韦泽自述》,陈泽环译,上海人民出版社2006年版。

⑤ [美]保罗·沃伦·泰勒:《尊重自然:一种环境伦理学理论》,雷毅等译,首都师范大学出版社2010年版。

⑥ [美]奥尔多·利奥波德:《沙乡年鉴》,彭俊译,四川文艺出版社2013年版。

⑦ [美]霍尔姆斯·罗尔斯顿:《环境伦理学》,杨通进译,中国社会科学出版社2000年版。

义务,还包括对驯养动物、野生动物、植物、生态系统和整个地球生态圈的伦理责任;这一理论认为,人往往先对切近自己的人群形成道德关怀,随着社会的发展和人们认识水平的提升,曾经被排斥在共同体外面的群体(如奴隶等)会不断被吸纳进来。① 照此趋势,人类完全有可能将人之外的他物收入道德共同体之中。

以"人"为目的的人类中心主义与强调"物"之利益的非人类中心主义为我们认识"人理"与"物理"关系提供了思想资源和理论参照。虽然二者的原则立场是相左的,但立论的动机有共通之处,都是想把生态自然从人对它的破坏中拯救出来,是为了人更好的生活,为了人更好的发展,为了人成为完善的人。我们认为,"人理"与"物理"的融通,依然要立足于人自身,要将"人"与"物"的关系放在社会历史中来认识,正如日本著名环境哲学家岩佐茂(引用前联合国环境计划(UNEP)事务局局长 M.K.T 图卢巴的话)所说,"环境管理'并不是管理环境,而是管理影响环境的人的活动'。""人为了自身的生存,必须自觉地认识到人是自然界的一部分和自然生态系的一员,应该使自然与生态系处于良好的状态下。人们完全可以根据这一认识提出伦理规范。"② 黑格尔说:"道德的观点是关系的观点、应然的观点或要求的观点。"③ 道德的本质在于自觉地以伦理规范处理各种"关系",而"关系"的维系建立在对方应答和积极回馈的基础之上。此处所谓"关系""应然""要求"道出了道德现象的本质所在,也框定了道德评价的边界。道德评价应立足于有能力辨别自身与环境、个体与群体等各种关系、具有明确活动目标并能够对"要求"进行回应的存在物。很明显,只有人才具备这样的能力。人作为具有自由意志的存在物,既可能由于对他物形形色色的想望而带来关系的冲突,又能够在矛盾中省悟

---

① [美]彼得·S.温茨:《环境正义论》,朱丹琼、宋玉波译,上海人民出版社 2007 年版。

② [日]岩佐茂:《环境的思想——环境保护与马克思主义的结合处》,韩立新等译,中央编译出版社 2007 年版,第 76、93 页。

③ [德]黑格尔:《法哲学原理》,邓安庆译,人民出版社 2016 年版,第 52 页。

出节私欲而利他的道德"应然",从而使冲突得以调和与化解。我们说"物"不构成道德主体,但"物"是"道德顾客",作为道德主体的"人"对待"物"的态度是衡量其道德水平的重要指标。

可以说,生态伦理是关于人这个"族类"友善对待他"物"的伦理,处理好"人"和"物"的关系是人这个族类整体利益和未来利益的需要。道德"应然"是一个历史性的范畴,其内容随人类生境的变化而变化。人可分为族类、群体和个体三种样态,这三种形态在人类历史的不同时期表现出的道德权重是不同的,呈现出为"族类"(原始社会早期)——为"群体"(原始社会后期)——为"特殊群体"(封建社会)——为"个体"(资本主义社会)——为"整个人类"(共产主义社会)的演进过程。① 由于生态环境具有巨大性、开放性、外部性、边界模糊性、综合性、累积性、反应迟滞性等特点,要解决环境问题,没有整体利益,没有对未来人类的责任感,问题将得不到真正解决。康德"人是目的"的道德律令在当今社会依然成立,只不过这里的人应从"个体"提升至"人类",而作为个体的"人"与作为"类"的人是共命运的。

---

① 吴灿新:《辩证道德论——道德流变的立体图式》,中国社会科学出版社 2004 年版,第26—45 页。

第三章　由"征服""超越"
　　　　到"同情""应答"

人类以往的经历与经验告诉我们：人不该只对自己的族类讲理，人对他物也应"以礼相待"。其实，人类长期以来形成的道德情感与心理机制在处理与他物关系时是可以通融的。工业文明以人主体性的充分张扬为思维原则，通过对科学技术的开发与利用获得了他物不可比拟的优越性，带来了人类征服和超越自然的能力的不断增强、物质财富的快速增长和地球样貌的急剧改观。曾几何时，占有自然、征服自然是人类的莫大荣光，摆布他物、控制他物是人的拿手好戏。而今，人类觉悟到人这个"争强好胜"的物种需要重新看待自己与他物的关系。人作为有意识、有情感、有理性的"万物灵长"，应该以慈善、怜悯、互惠、同情之心应答他物对美好生态的祈愿。

一、"神人"的作为

人类本是一种没有什么特别的动物。但它进化的历程和发展的历史却使它越来越"与众不同"，由一般动物到"人属"动物，由"人属"动物到"智人"，由"智人"升至"神人"。

（一）称霸地球的人类

250万年前,就有了类似现代人类的动物,那时它们与其周围的其他动物相比并没有多少突出的地方;大约7万年前"智人"的历史开始启动,火的使用使早期的智人登上了食物链的顶端,独特的语言最终使智人成为世界的霸主[1],而通过文字人类创造出了想象中的现实并让互不相识的人大规模有效合作;大约2万年前,人类由采集、渔猎生活进入了以养殖与农耕为主的农业时代。通过农业革命,人们与房屋建立了极其密切的连接,与周围其他物种画出了界限,越来越成为以自我为中心的生物,对未来的担忧与设计成为生活中的重要内容,人类建立了合作网络的秩序,发明了文字,创造了以特定的思考方式、行事标准、行为规范、意愿志趣等为表现方式的文化;科学革命使人发现了自己的无知并竭力弥补,相信学习新知一定是好的,"探索、征服"的心理愿望极其强烈,科学的发展为人类提供了思考工具、科技工具,伴随着资本主义和工业革命的到来,科学、产业形成了水乳交融的密切关系,"经济大饼"越做越大,"工业的巨轮"把能源、交通、材料等推到了前所未有的发展水平,社会的生产方式、生活方式全然改观,世界的变化日新月异;科学技术与产业的结合发明出了新方法来进行物质能量的转化和商品的升级换代生产,人类对于自己周围生态环境的直接依赖度大减,结果就开始了砍伐森林、筑坝挡河、开荒造田、抽干沼泽等"战天斗地"的"伟业",人还铺设铁路、建造摩天大都会,将世界塑造成人所想要的样子。当今世界就是钢筋水泥混凝土和塑料构成的商场。

人这种动物在进化的旅程中使自己成为高高在上的"智人"。不仅如此,

---

[1]　按照尤瓦尔·赫拉利的说法,人类语言真正独特的功能不在于传达关于世界的信息,而是传递一些实际上不存在的事物的信息,虚构故事并一起讨论、想象;虚构故事的力量让陌生人之间有了广泛的交流与合作。参见[以色列]尤瓦尔·赫拉利:《人类简史:从动物到上帝》,林俊宏译,中信出版集团2017年版,第19—23页。

"与其他动物相比,人类早已化身为神"①。成为"神人"。现如今,人类是真正的地球之主。智人"灭掉了所有其他人类物种、澳大利亚90%的大型动物、美国75%的大型哺乳动物、全球大约50%的大型陆上哺乳动物"②,使自己成为数量足足有70亿的地球霸主。如果把地球上现存的生物过一过磅,大型野生动物的重量不到1亿吨,人所饲养的家禽家畜总重量有7亿多吨,70亿智人的重量约3亿吨。现在地球成为人与其家禽家畜的世界:"全球总共只有约20万只野狼在野外游荡,但家犬数量足足超过4亿。世界上现有4万头狮子,但有6亿只家猫;有90万头非洲水牛,但有15亿头驯化的牛;有5000万只企鹅,但有200亿只鸡。自1970年以来,虽然人类的生态意识不断提升,但野生动物族群仍然减少了一半(并不是说它在1970年很繁盛)。1980年,欧洲还有20亿只野鸟,到了2009年只剩16亿只,但同年欧洲肉鸡和蛋鸡的数量合计达到19亿只。目前,全球大型动物(也就是体重不是几公斤而已)有超过90%不是人类就是家畜。"③

人类是有生命以来唯一一个单一物种独自改变全球生态的动物,它的作为,无论是对其他动物的生存状况还是对人类自己的生存方式都产生了极其深刻的影响,它使整个世界发生了前所未有的变化。

(二)受人虐待的家畜

农耕文明使人创造出了一种新的生命形式:家畜。在现今的地球上,约有90%以上的大型动物被驯化为家畜。"驯化"(domesticate)一词的原意是"房子"的意思,是由拉丁文"domus"演绎来的,农业革命实际上是以"房子"为中

---

① [以色列]尤瓦尔·赫拉利:《未来简史:从智人到智神》,林俊宏译,中信出版集团2017年版,第65页。

② [以色列]尤瓦尔·赫拉利:《未来简史:从智人到智神》,林俊宏译,中信出版集团2017年版,第67页。

③ [以色列]尤瓦尔·赫拉利:《未来简史:从智人到智神》,林俊宏译,中信出版集团2017年版,第65页。

心的革命。

早期的人类是以采集和狩猎为生的("人到现在还有着远古狩猎采集者的心,以及远古农民的胃"①),对动植物的生长没有多少特别的影响。农业革命带来了人们生活方式的变化,人们改变了原来"顺其自然"的行为习惯,开始了牧羊、播种、除草、浇水等日常劳动。在从采集走向农业的这场转变中,小麦、稻子、马铃薯、玉米、大麦、小米等是人类驯化的主要农作物,尤其是小麦。在驯化动物方面,狗是第一个由智人驯化的动物,有证据表明,大约在15000年前即有了家犬,出现的时间在农业革命前。狗可以狩猎,能参加战斗,还能警告人有野兽或其他人类入侵,并且与人一起进化,具有与人沟通的能力,能体贴人类的情感,学会了怎样讨好人类,也能够得到人类的照顾和更多的食物,成为人类的帮手和朋友②。到了农业革命时期,羊、马等动物逐渐被人驯化。据考证,山羊被驯化成家畜的时间大约在公元前9000年,马在公元前4000年左右,骆驼等驯化为家畜的时间要晚一些,但不超过公元前3500年③。动物的驯化过程是动物的天性不断被压抑和剥夺的过程,是让动物"人化"的过程。庄子曾对何为动物的"天"性,何为"人"化做过专门的说明,他说:"天在内;人在外。……牛马四足是谓天;落(络)马首,穿牛鼻,是谓人。故曰:无以人灭天,无以故灭命,无以得殉名。谨守而勿失,是谓反其真。"(《庄子·秋水》)在《庄子·马蹄》篇中,庄子进一步说,马蹄天生就是可以践霜雪的,马的毛皮生来就是可以避风寒的,它们在开阔的草原上漫步吃草,在原野上奔跑,这就是它们的本性。可是,驯马的人削掉它们蹄子的一部分安上马掌,剪掉它

---

① 参见[以色列]尤瓦尔·赫拉利:《未来简史:从智人到智神》,林俊宏译,中信出版集团2017年版,第41页。人类曾经的生命历程深深嵌印在自己不断演进的基因链中,对现代人的内心渴望和生活追求有着明显的影响。一些人"废于都,归于田"的生活选择折射着这样的历史记忆。

② [以色列]尤瓦尔·赫拉利:《未来简史:从智人到智神》,林俊宏译,中信出版集团2017年版,第44页。

③ [以色列]尤瓦尔·赫拉利:《人类简史:从动物到上帝》,林俊宏译,中信出版集团2017年版,第76页。

们的鬃毛备上马鞍，给马嘴带上辔头，用鞭子抽打调教它们，不少马因此丧命。动物的驯化建立在人的野蛮行为之上，驯化为家禽家畜的鸡、牛、马、羊等也因为人而命运多舛。野鸡的自然寿命约为 7—12 年，野牛的自然寿命大约是 20—25 年，虽然它们在野生环境下一般活不了这么长时间，但毕竟还是有相当的几率可以多活上好几年。那些可怜的、人工饲养的肉牛、肉鸡，在这世上不过存在了几个月，就被人认为是到了应该屠宰的最佳年龄，于是命归西天。那些为人类提供牛奶、鸡蛋和劳力的役用动物，虽然相对于提供肉类的动物而言能够多活上一段时间，但却是以忍受残酷的生存环境为代价的，它们过着完全不符合自己天性的生活。我们知道，奶羊、奶牛只有在产仔后才会有奶，而且产奶的时间也仅限于哺乳期这段时间。为了要牛、羊这样的家畜产奶，人必须让它们怀孕生产，生下小牛羊后，母牛母羊的奶不能让它们的子女全部吸光，而是要留下一大部分供人使用。为了限制家畜的后代吸奶过多，有时人会采取极其残忍的措施。据说早期居住在撒哈拉的图阿雷格族，在饲养骆驼时，为了不让小骆驼吸奶过多，就将其上嘴唇和鼻子的部分切除或者打孔，这样一来，每当小骆驼要吃奶时，只要一张嘴就会疼痛难受，自然就不会不停地去吃奶。① 这就是被驯化动物的遭遇。

在这些家畜存活期间，人类根本不顾家畜们尚有动物自己的生理需求、情感需要和交往需要，把它们关在空间狭小的空间里，有些家畜的角被割掉，有些尾巴被剪断，家畜母幼被隔离分开。自然情况下，猪仔的哺乳期是 10—12 周，但在现代化的农场里，往往强制其在 2—4 周内断奶，让它们与母猪分离，送到别的地方尽快养肥，然后运到屠宰场。母猪与其他猪的交往、与猪仔的情感联系被隔断。在围栏饲养的地方，猪们甚至不必行走。其实，无论是羊、牛、猪还是我们人类自己，都有远古时期就存留下来的深层的感官需要和情感需求，延续至今而无多大改变。野猪为了生存和繁衍，成为具有智慧的社会化动

---

① ［以色列］尤瓦尔·赫拉利：《人类简史：从动物到上帝》，林俊宏译，中信出版集团 2017 年版，第 91 页。

物,它有好奇心,有玩乐、交往、闲逛和探索外在环境的冲动。家猪作为野猪的后裔也继承了野猪的那些秉性,具有与野猪一样的灵性、好奇心和社会交往的技巧。美国宾夕法尼亚州立大学一位叫斯坦利·柯蒂斯(Stanley Curtis)的教授训练两头小猪用鼻子控制一个特制游戏的手柄,结果发现这两头猪玩简单电子游戏的水平很快与其他灵长类相差无几①。可悲的是,这么聪明的动物的主观感受却被人类置之不理。更有甚者,在宰杀家畜时使用一些设备(压力枪等)给活体注水以增加产肉量,想想家畜们的感受,这是何等残忍的行径!

(三)肆意妄为的"神力"

地球"霸主"——人类借力产业革命、技术发明以及自己不断提升的想象力与贪欲,将自己的足迹刻印在了越来越广、越来越深入的地球表面或里层。农业革命以土地为依托,以种植为主要产业,为适应人口增长和新需要的满足,开始了对自然的不断改造并带来了农业与手工业的分工,引发了工具制作技术的进步和金属冶炼等新产业的出现,也激发了商品生产和商品交换的进一步发展,出现了繁华的城镇和财富的集中,人类通过自己的活动呈现出的力量已使其他存在物望尘莫及。

如果说农业革命是人类"神力"的端倪初现,那么,二百多年前发生的工业革命则使人类"颐指气使""威力四射""神力"得到了充分的张扬。工业革命带来了人类生产方式、生活方式、思维方式的革命性变革,生产活动由手工劳动变为机械化大生产,由以生产生活资料为主转变为生产生产资料为主,资源的开发由地表深入到地下,经济方式由自然经济转为商品经济;人们的消费生活由追求物质的使用价值演变为意义性消费、炫耀性消费和过度化消费,通过提高消费速度,扩大消费范围,向社会传递自己的身份、地位、品位、个性和

---

① [以色列]尤瓦尔·赫拉利:《未来简史:从智人到智神》,林俊宏译,中信出版集团2017年版,第71—75页。

情趣,表现和炫耀自己的社会地位与经济实力;人们的思维方式由曾经的敬畏与顺从,逐渐滋长为对它的利用、主宰、掠夺和征服,"给我一个支点,我就能撬起地球"成为工业文明时代人类对自我实力的自豪宣示,我们有能力做的就是应该做的,一切活动皆以从自然环境夺取更多的资源、能源,得到最多的物质资料满足人更高的生活水准和最大的欲求为宗旨,社会发展的目标就是人物质利益的实现。

人类对物质资源占有的"神力",体现在日常生活的方方面面,衣食住行,无所不包。早期服装的主要功能是遮风挡雨、保暖御寒、防晒护肤,如今为了显示高贵和与众不同,不惜猎杀珍禽异兽以获取他们的羽毛和皮毛,如象牙、犀牛、鱼、驼绒、凤尾等作为象征地位、身份和财富的饰物流行于上流社会,"虎死于皮、鹿死于角"的惨剧在动物身上频频发生;为获取宝石玉器和贵金属而进行的矿产开发,成为破坏生态的重要因素。现代农业对农药和化肥的大面积使用,使原有的生态系统发生重大改变,鸟语花香的季节变为"寂静的春天";农业开发导致物种最密集的热带雨林大面积消失,地球上平原区域的森林植被绝大多数已由人造农田所取代。城市的快速发展,带来建筑物的四处蔓延,太多的生物栖息地变为坚硬的不毛之地;建筑材料水泥、钢材、石材、木材等的开发,加剧了环境的破坏和污染,过急的"除旧布新"也带来自然资源和社会财富的巨大浪费。工业文明以来,交通工具和动力出现了质的飞跃,汽车、火车、轮船、飞机成为主要交通工具,大型交通工程成为破坏生态环境最集中的体现,公路铁路所到之地便是森林草原消失之处,野生动物只好背井离乡、逃亡他地或因失去家园而死亡;动力耗油导致一系列环境问题,汽车尾气成为城市大气污染的源头;远海轮船的航行则带来海洋污染和生态系统的破坏。人类在过度消费中给地球环境带来了愈来愈大的压力,在过去的 20 世纪里,全球能源消耗增长了 100 多倍,人类消耗了 1420 亿吨石油、2650 亿吨煤、380 亿吨铁、7.6 亿吨铝、4.8 亿吨铜。世界自然基金会 1998 年 10 月发表的《活的地球指数》报告指出,1970—1995 年,地球损失了三分之一以上的自然资源。20世纪中叶到 80 年代末,人类对铜、钢材、木材、肉制品和能源的人均消费大约增加 1 倍,轿车和水泥的人均消费量增加 3 倍,人均使用的塑料增加了 4 倍,人均铝消费量增加了 6 倍,人均飞机里程增加了 33 倍①。假若回到哥伦布发现新大陆时代,全人类 1500 年生产的商品和服务总共大约合现值2500 亿美元,而今天人类每年生产的价值总额约为 60 万亿美元;1500 年,全人类每天约消耗 13 万亿卡路里,如今每天要消耗 1500 万亿卡路里;在 1500年,只要有五条现代巨轮,就可以承载那时全世界所有船队运输的货物,而世界所有图书馆的书籍所刊载的内容,一部现代计算机就可完全存储;工业革命前,世界上所有国家的财产数量全部加起来,都比不上现在世界上任何一家大型银行的资产,人类的"神力"可见一斑②。不幸的是,与这种"神力"伴随而行的,还有环境污染、生态破坏、森林锐减、物种毁灭、气候变暖、荒漠扩大、灾害频发等,一场全面的生存危机摆在人类面前。

二、"将心比心"

虽说自然界的其他存在物没有像人一样复杂的心智,但作为地球共同体中的一分子,它们的存在本身对共同体的稳定来说就是有意义的,更何况其中一些有生命的存在物也具有与人类相似的情感、感受和心理反应,与它们的相处可参考人类"推己及人"的思维原则,"推人及物""将心比心",探究"人""物"相处的道德心理基础。从某种意义上说,生态伦理学的一项重要任务,就是要探究生态道德成立的心理基础,形成具有说服力的道德立场以引导人们的生态道德行为。③

---

①　樊小贤:《试论消费主义文化对生态环境的影响》,《社会科学战线》2006 年第 4 期。

②　[以色列]尤瓦尔·赫拉利:《未来简史:从智人到智神》,林俊宏译,中信出版集团 2017年版,第 232 页。

③　关于道德心理诸多问题可参见李义天:《理由、原因、动机或意图——对道德心理学基本分析框架的梳理与建构》,《哲学研究》2015 年第 12 期。

（一）同情的延伸

西方伦理学家有将同情作为道德机理之心缘的学统。从古希腊的亚里士多德、近代的弗兰西斯·哈奇森（Francis Hutcheson）、大卫·休谟（David Hume）、亚当·斯密（Adam Smith），到当代流行于英美等国的情感主义伦理学家，皆有视情感为道德根源的洞见。其中以情感和情绪的感染为缘起的同情说得到了诸多伦理学家的关注与思考。

1. 亚里士多德的"同情"释解

在《修辞学》中，亚里士多德对同情作出了最有影响力的解释，认为同情是对明显的坏事的一种伤痛，当一种悲伤或痛苦发生在不应遭受之人身上时便有此感受。他认定同情与害怕是相关的，因此这样说道："人们对他人感到同情，当他们自己所害怕的事情发生在他人身上时。"①人们想象此类事情可能发生在自己或亲朋好友身上，从而形成一种感同身受的情感。在《尼各马可伦理学》关于"中庸"的陈述中，亚里士多德认为同情是基本的人类情感，他将同情与害怕、自信、欲望、愤怒等一道视为与情感相关的品质德性。他假定同情是从要么快乐、要么痛苦的感觉开始的。他引入与害怕的勾连来解释痛苦：对于临近的伤害的预料和印象是一种微弱式的痛苦感知，其程度弱于直接和当下受到感官刺激的痛苦经历。他认为同情情绪的出现与同情者和被同情者的亲密距离有关，当不测降至亲近之人时，人们感到的是害怕；因此某人在看到其子被带向死亡时惊恐失语，看到其子的朋友乞求的情形时却泪流满面。后者引发了同情，前者带来的则是恐怖。恐怖之事异于引发同情之事，它往往会赶走同情并带来其对立面。在亚里士多德那里，同情是人类具有的一种被他者的不幸或遭受坏事直接感动及可能立刻感到伤痛的自然情感与能力。

---

① ［英］罗杰·克瑞斯普：《同情及其超越》，陈乔见译，《杭州师范大学学报》（社会科学版）2015 年第 4 期。

亚里士多德认为同情的感情或情绪会促使同情者采取善意的行为,该行为依其程度与方式的不同,可能是恰当的,也可能是不恰当的。拥有同情德性之人,会以恰当的方式、采取合适的行动来表达自己的同情,提供合情的帮助而不是忽视他人的伤痛与苦境;同时也存在失当的助人方式,如以溺爱来关心遭遇不幸的人。亚里士多德认为在恰当(right)的时候彰显德性,将善行施与恰当的人,采取恰当的方式,达成恰当的目的就是德性之事,就是中庸之道和至善。亚里士多德关于同情的阐释与他对道德本质的领悟是一体的。他的道德哲学探寻与思考的核心在于"人之完善",苏格拉底"美德即知识"(一个人不可能既知道什么是善好的,却又做得跟他知道的相反)为他的后继者打开了如何实现此终极目标的一扇窗户。在《尼各马可伦理学》中,亚里士多德追随苏格拉底的步履,致力于对"什么是善好的生活"这个基本问题的释解,着力维护道德德性的尊严,把它作为人类善好生活的自主领域。在《尼各马可伦理学》中,亚里士多德对道德的本质做了总体性解释,潜在地提供了一种甚为综合与平衡的有关同情作为德性的看法。他认为,"善好的生活必须是有家庭、有朋友和同胞公民的生活"①,也就是说,善好的生活是在人与人的交往与互动中实现的,这种互动理应包括同情。他通过把人的生活及情感划分为不同的领域,然后为核心的情感和德性提供解释,"包括人性卓越的真实性质、城邦和灵魂中的正义、灵魂中的冲突和快乐、友谊与友爱、智慧与幸福的问题等等"②。他认为,有两种人很难有同情感:一类是完全被毁灭的人,断定他人不可能再遭受进一步的坏事;一类是认为自己生活很幸福且不可能被摧毁的人。这种人对他人苦难的反应往往是傲慢的。但总体而言,亚里士多德承认,人类几乎自出生就有一种对他人存在的不幸或遭受厄运直接感动以及可

---

① [美]伯格:《尼各马可伦理学义梳——亚里士多德与苏格拉底的对话》,柯小刚译,华夏出版社 2011 年版,第 248 页。

② [美]伯格:《尼各马可伦理学义梳——亚里士多德与苏格拉底的对话》,柯小刚译,华夏出版社 2011 年版,第 11 页。

能随即感到伤痛的自然能力。

2. 亚当·斯密的"同情"识见

亚当·斯密关于同情心在道德形成中作用的论述对后世有重要影响。《道德情操论》作为他的两部传世作品之一(另一部为《国富论》),其第一章便是对"同情"的专门论述。他这样说道:"不管人性有多么自私,在一个人的天性中总会有着一些关怀别人的本能。这些本能让我们乐于见到别人的幸福。尽管除了看到别人幸福自己也能够感到快乐之外,我们从中别无所获。因而看到他人的不幸或对他人的不幸感同身受产生的惋惜之情,就是怜悯或同情。"①斯密认为同情是人性中与生俱来的原初情感,它是因他人遭难和悲苦而带有普遍性的触发伤痛的形式,不仅善良仁慈之人有同情心,甚至恶棍暴徒也不至于完全丧失这种情感。当我们看到他人的不幸,或通过一种鲜活的方式确信他人遭遇不幸时,怜悯或同情便会涌出。他认为可以通过想象自己在相同情形下的感受来体味他人的痛苦,将心比心,了解他的感受,当我们感知并接纳被同情者的苦痛,这种感受就降至同情者并对其产生影响。设想自己身处与被同情者相似的灾祸或痛苦之中,便会产生或多或少的类似情绪,这种情感反应的程度取决于想象的真切程度。斯密推测,通过在想象中与被同情者互换位置,人们便能够体会他人的感受,或者被他人的感受所感染和影响。他认为"同情"一词是含义广泛的、可以指代人类对任何一种情感产生的共鸣,虽然人们常常用怜悯、悲悯等词来表达对他人伤痛的同情之感,恐惧、怨恨、悲伤、欢乐、悔恨、爱恋、哀思、鲁莽、粗俗等皆有可能带来同情。他进一步指出:"同情感与其说是源于对情感的见证,不如说来自激发情感的情景。有时候,我们能体会当事人自己都无法体会的情感。""同情感必定是这样产生的:旁观者想到,若自己身陷那种不幸(如因精神疾病丧失理智、死亡等),同

---

① [英]亚当·斯密:《道德情操论》,陈出新、陈艳飞译,人民文学出版社 2011 年版,第2页。

时凭现在的理智与判断去审视这一境遇(这当然是不可能的),自己将会有的感觉。"①当他人因同情形成的情感与我们一致,或被同情者看到别人的情感与自己的相同时,渴求的慰藉便会得到。对于同情,人们常常会因为与我们情感的紧密程度不同产生不同的评价,如果情感诱因与相关人无特殊关系,当对方的情感与我们相同时(如对美景的共鸣),我们就会对这种感受加以肯定、赞赏的评价;当情感诱因与相关人有特殊关系时,立场的不同会带来我们所受影响的极大差异,此种情况需要旁观者尽量将自身置于对方的方位,体会可能让受害者苦难的具体情形,设想同伴的处境,尽力使此种想象引发的同情感让对方感到真实可信。斯密将同情视为"人性的原初情感",如同幼儿会悲伤于其他幼儿的哭声一样,它是人类最原始的情感形式,是人类具有的一种"情绪传染"能力。这种本能的伤感与其说源于他人之不幸遭遇,不如说发端于换位思考、将心比心的情感反应。人皆有同情之本能,但不能苛求他人对发生在被同情者身上的事百分之百地感同身受。在斯密那里,同情的基因潜伏在人性中,换位思考、感同身受是人具有的一种情感能力。

3. 纳斯鲍姆及其后学的"同情"析辨

(1)纳斯鲍姆对同情的新亚里士多德释解。美国哲学家,当前最杰出、最活跃的公共知识分子之一——玛莎·纳斯鲍姆(Martha Nussbaum)认为,一种好的道德理论应该对人类生活中最重要的东西加以说明,而情感对于说明人们行为动机的社会来源、生活的丰富性以及人性化之源都有着重要意义。没有爱或情感的生活不会是一种令人满意的生活。② 她对同情提出了一种新亚里士多德的解释。纳斯鲍姆从总体上反对亚里士多德解释中的非认知性主义

---

① [英]亚当·斯密:《道德情操论》,陈出新、陈艳飞译,人民文学出版社 2011 年版,第5—6 页。

② 参见中山大学政治与公共事务管理学院谭安奎教授对纳斯鲍姆的访谈录,《开放时代》2010 年第 11 期。

立场,赞成斯多葛学派关于情感的认知主义观点。她将亚里士多德的同情解释概括为三个认知条件:伤害的严重性(坏事必须被认为是重要的而非琐屑的、轻微的)、应得性(此种伤害被普遍认为是不该发生在此人身上的)和类似可能性(想象类似情形可能会降临己身或亲近之人)。尽管亚里士多德对于同情的解释颇具影响力并受到广泛认同,但不排除其中存在的不周全。她赞同亚里士多德关于同情的基本解释,但在理解同情与痛苦感之间的关系时,纳斯鲍姆用她的"好生活(eudaimonistic)判断条件"(感受同情者须将坏事看作自己目标或目的之规划的一个有意义的部分)取代了亚里士多德解释中内含的"类似可能性"条件。纳斯鲍姆指出,在某些情形中,反思被同情者的脆弱性有助于"好生活的想象",而这种判断的形成未必以被同情者与同情者相似可能的关系为基础。她反推到:全知全能的神灵应该知晓人类受难的意义却不理会自己的风险或厄运,真正有爱的神会关切降临凡人的病痛而无须过多考虑自己的损失或风险。这一判断以对人类情感总体性的理解来诠释对"好生活的想象"①。纳斯鲍姆将同情区分为有道德的与非道德的两种情形,有道德的同情包含了应得性条件,非道德的分析意味着听从情感的导引。同情既是人类的常有感情与情绪,也被视为有德性的表现,纳斯鲍姆的分析进一步启发了我们对同情情感及其道德德性的理解。

(2)克瑞斯普的同情论说。牛津大学圣安妮学院暨哲学系教授罗杰·克瑞斯普(Roger Crisp)在《同情及其超越》一文中提出了自己对同情的认知与诠释。他剖析了亚里士多德与纳斯鲍姆关于同情的情感基础与道德反应,认为同情使人们对他人的苦难有所警觉,并且常常生成一种值得推崇的动机减轻人们不测遭遇中的痛苦。然而,就回应被同情者的悲苦而言,同情本身不可能为我们的道德义务提供深刻理解的坚实来源,同情具有偶然性、通常会绕过理性、与观察者的感知密切相关、存在各种不确定性障碍(如自作自受、服从

---

① 参见[英]罗杰·克瑞斯普:《同情及其超越》,陈乔见译,《杭州师范大学学报》(社会科学版)2015年第4期。

权威)等问题,因而是不可靠的。他甚至怀疑真正有德之人的同情感不会格外强烈,或许相当淡薄,他会通过理性思考选择尽己所能的帮助来回应他人的苦难。他赞同纳斯鲍姆扬弃亚里士多德对被同情者痛苦的强调,承认她认知主义解释的合理性,但不同意将"严重性""应得性""相似可能性"以及"好生活的想象"作为满足同情的充足条件。克瑞斯普认为亚里士多德和纳斯鲍姆关于同情的认知条件是错误的,同情的核心就在于对他人悲痛的非认知性的痛苦或伤感。他认为同情有别于可怜,因为可怜本身具有一种屈尊或轻蔑的含义,是肤浅的,在道德动机上是无效的。一个人对衣衫褴褛、沿街讨饭的乞丐感到难过,但却忽视他们,实际上只是一种怜悯;如果他为这个乞丐难过,并停下来去帮他,那便是同情了。克瑞斯普认为亚里士多德与纳斯鲍姆为同情描绘的认知背景太过细节化,并通过一些反例证明自己的观点,如关于纳斯鲍姆的"好生活的想象"这一条件,他举例说,生命垂危病人可能根本就没有关于人生的目标或目的之规划,他不会把电视上看到的人们遭遇的不幸看作是"正在影响自己的好生活",但不能由此断定他不会滋生出同情感,他的同情可能与其他人一样热诚。克瑞斯普对于亚里士多德涉及与同情相关的理论进行了分析,也提出了批评意见。他把同情与勇敢、节制、和气、慷慨、友谊、善良、仁慈、行善等德性置于亚里士多德的道德框架中进行讨论,分析同情与其他德性的区别与联系。他认为同情所需要的行动通常也是友谊所需要的行动;慷慨大方的行为通常为同情所促成;而勇敢、节制、和气、才智等德性经常起到了执行者的作用,促使具有同情心的人感到同情或同情地行动。同情很自然地被认为是一种善良,但两者有区别:同情关注他人的痛苦,而善良关注的范围更为宽泛,其焦点是尽力帮助他人。尽管克瑞斯普通过对前人同情理论的分析试图"超越"同情,但就同情在道德情感与道德行为中的作用而言,这一心理基础需要我们予以重视。①

---

① [英]罗杰·克瑞斯普:《同情及其超越》,陈乔见译,《杭州师范大学学报》(社会科学版)2015年第4期。

（3）斯洛特的"移情"主张。关于道德的情感基础或发生机理,西方一些伦理学家提出了与"同情"十分相近的另一个概念——"移情"。美国伦理学家迈克尔·斯洛特(Micheal Slote)以"移情"作为枢纽建立起由"行为者""他人"及"第三方"构成的关于道德发生机制和评价机制逻辑体系。他特意区分了"移情"与"同情"不同,着重表达"移情"所显示的"设身处地""感同身受"的深层情感关照。他认为"移情(empathy)"涉及喜怒哀乐等多种形式,而"同情(sympathy)"却只表现为"怜悯""关心"等情感样态,指向对他人感性生命缺憾状态的矫正,希望损伤之感性生命能够恢复到健全的自为状态;"同情"关注的是那些处于痛苦遭遇的人;"移情"聚焦的则是"他人的痛苦",它促使同情者对被同情者的悲苦处境表现出较之"同情"更具体、更实在,行为者对他人的痛苦感同身受,情绪被强烈感染,内心被深深触痛,感觉清晰而真切,由衷地希望他人如己般摆脱痛苦,尽快好转起来;"同情"的反应较为表浅,很难达到像移情一样的情感状态。斯洛特认为,移情反应是行为者对行为对象"设身处地"的关怀,移情的强度具有"即时"效应,即当下直接感知到的痛苦遭遇将产生更大程度的情感刺激,更易唤起移情。斯洛特的移情理论包括了"一阶移情"(行为者对他人的移情)和"二阶移情"(旁观者对行为者及其行为的移情),前者发生于某一个体的状态或困境,关涉他人福利;后者发生于行为者的移情,旁观者将此情扩展至行为者移情之外的那些人。他还强调,行为者的移情强度直接关乎道德义务之强度,不管是帮助他人的"积极"的道德义务还是避免伤害他人的"消极"道德义务都是如此,道德教育的中心任务就是培养行为者的移情关怀能力、扩大移情视域。斯洛特还以"冷""暖"移情来表达道德不支持与支持的情感基础,并认为这一基础具有先天客观属性。以斯洛特为代表的西方情感主义伦理学家,注重道德行为中对"他者"(也可以扩至"它者")的尊重,强调"自我"与"他者"的平等参与和共同受益,以及对道德行为接受者产生的实际心理感受,体现伦理精神的本真内涵。斯洛特通过借鉴中国传统文化的情感元素,将"阴阳"学说引入"移情"理论,认为"阴"

属于"移情"中接纳性、给予性的一方面,"阳"属于"移情"中决断性、目的性的一方面,"阴"与"阳"构成了移情形成过程中的相辅相成的两种属性。①

西方道德情感主义者主张以"移情"代替"同情",主要原因在于同情者的"自我"与被同情者"他者"在地位与人格上表现为不平等状态,不能使"我"置身于"他者"真实感受之中;认为同情只是一种"投射"和"置入"(美国伦理学家内尔·诺丁斯(Nel Noddings)语),而移情是与"他者"一起感受或专注于对方的感受,是以关心的姿态聆听和感受对方的情感与需要,体现了道德德性的接纳性和奉献心。

其实,从一般意义上说,同情既是一种情绪或情感,同时也被视为一种德性,它既有情感主义的特性,又带有认知主义的痕迹,既是一种心理体验,也表现为一种实践行为。同情的显著特征是关心,因为有了关注他人或他者的情绪反应,触发了尽力减轻其痛苦的愿望,促成了帮助他们的行为,此等行为看起来是外在于自己的,而道德效应却极具感染性,具有普遍性的社会意义,"在较小的眼界中相互对立的东西,在较大的整全视野看来恰恰是一个东西的不同形态"②。人人都有可能遭遇不幸,人人也都可能成为被同情的对象,"自我"与"他者"存在位置互换的、普遍的可能性。因此,当同情者表达同情之心或实施相应行为时,应尽可能体谅被同情者的心理反应和需要,使对方接受时不会产生难为情或尴尬。

需要说明的是,同情不仅发生在人类身上,一些动物也会有同情,人类应该从同类动物间的同情行为获得启示并使这一道德情感转化为道德德性,使其不仅在人类中彰显,也扩延及动物甚至其他存在物。

---

① 韩玉胜:《移情能够作为普遍的道德基础吗——对斯洛特道德情感主义的分析与评论》,《哲学动态》2017 年第 3 期。

② [美]伯格:《尼各马可伦理学义梳——亚里士多德与苏格拉底的对话》,柯小刚译,华夏出版社 2011 年版,中译本"前言"。

（二）互惠利他

休谟认为自私和同情①是人类最基本的情感表现。在《人性论》中，休谟认为道德感并不是由善恶的动机产生的，而是源于共同的利益感，利益促使人们设计和构建道德规范并使人们对约束行为的准则产生一种信心，而规约人们行为的协议或规则就是在这种信心的基础上建立起来的。如果人们彼此都能够放下眼前利益，制定出大家都能够遵守的规则，那么不仅保障了自己的利益，也保障了他人的利益，更为重要的是它能够长久地保障每个人的长远利益和更大利益。斯密与休谟的看法一样，也认为利己与同情是人性的两个基本内容，是人的两种基本的道德情感。同情心是人的天性使然，是人的情感共鸣或一种换位思考的心理状态和行为取向。斯密的两部代表作：《国富论》与《道德情操论》，一个揭示人性的自私，一个解析人的同情，形成了看似对立的"斯密难题"。其实，从斯密关于"同情"的内涵及其商品经济的思想背景来看，二者并不矛盾。斯密通过心理联想，表达了人所具有的设身处地、推己及人、感同身受、换位思考的情感倾向。这种同情，一方面是"己所不欲，勿施于人"的"将心比心"；另一方面也包含着社会伦理关系及其主观体验，也就是每个人都是具有平等自由权利和情感体验的道德主体。同情既是现实的人应当具有的人文气质和道德情怀，也内含着由平等交换所滋生的互惠利他精神。利己之心人皆有之，但是，正如马克思在《关于费尔巴哈的提纲》一文中所言："人的本质不是单个人所固有的抽象物，在其现实性上，它是一切社会关系的总和。"②人为了满足各自的利己心，必须对私欲加以限制和约束，遵从"社会

---

① 休谟也认为伦理发生的基础在于同情，同情是先于一切事实的、自然授予人共同体验的一种能力，由此能力要求人们对待他人的欢乐、痛苦、忧虑要像发生在自己身上一样去感受。他比喻说，人与人之间如同一条与其他弦共振的弦。伦理是一种同情，一种促进同情行为的事实。参见陈泽环：《敬畏生命——阿尔贝特·施韦泽的哲学和伦理思想研究》，上海人民出版社2013年版，第7页。

② 《马克思恩格斯选集》第1卷，人民出版社2012年版，第135页。

公约",通过自律以达己愿并使人与人、人与物之间实现互惠共赢。

1. 共同体成员的密切关系

生活与实践经验告诉人类：遵从道德最终对自己是有利的。这种利益的获得源自以道德为前提的合作可以给人类及其中的个人带来益处。而人类恰好具有合作的能力，"合作是智人的一大重要特征，也是智人领先其他人类物种的关键优势。有时候，与邻近部落的关系实在太良好，最后就结合为一，而有了共同的语言、共同的神话、共同的规范和价值"[1]。人们从冲突中发觉了合作的必要与合作的裨益，于是慢慢演变出人类交往的共同体。

霍布斯的自然主义伦理学宣称，自然状态下的人是完全自私的，每个人为了实现自己的利益便于他人发生争执与战争，在这样的状态下，到处充斥着所有人对抗所有人的战争。每个人都拥有对自然状态下所有物的权利，为了每个人的愉快和生命，人们应该服从对其自然欲望加以限制的法律和道德。在此基础上，霍布斯还提出了十二条具体的道德规则，其中强调人们合作互惠的条款有："（2）得到了人们好意帮助的人，应该努力不让帮助他的人有后悔的理由；（3）每个人都应该努力让自己去适应其他的所有人；……（7）每个人都要承认对方在本质上是和自己平等的；……（9）如果可行，要让大家共享不可分割的东西；如果数量许可，应该没有限制；否则，要把它按比例分配给有权利享受的人们。"[2]霍布斯将一定规则下人们的普遍合作与利益共享看作和平生活的社会基础，也是道德生活的基本要求。这种认识与我国先秦思想家荀子对"礼""法"（道德含于其中）来源的分析极为相似："礼起于何也？曰：人生而有欲；欲而不得，则不能无求；求而无度量分界，则不能不争；争则乱，乱则

---

① ［以色列］尤瓦尔·赫拉利：《未来简史：从智人到智神》，林俊宏译，中信出版集团2017年版，第45页。

② ［美］布尔克：《西方伦理学史》，黄慰愿译，华东师范大学出版社2016年版，第165—166页。

穷。先王恶其乱也,故制礼义以分之,以养人之欲、给人之求,使欲必不穷乎物,物必不屈于欲,两者相持而长。是礼之所起也。"①道德礼法始于"止争"与"分享"。

卢梭认为人类的社会生活需要"社会公约",这一公约的实质是:"我们每个人都把我们自身和我们的全部力量置于共意的最高指导之下,而且把共同体中的每个成员都接纳为全体不可分割的一部分""通过这一行为,这个有道德的共同体便有了它的统一性,并形成了共同的'我'。"②"我"虽然依然是"我",但已不是"自然状态"下的"我",而是有"共意"的共同体中的一员。

道德共同体是指应该被道德地对待或理应得到道德关怀的所有对象的总和,凡是纳入共同体中的成员,就拥有了他(它)的道德身份或道德地位,就可以获得相应的道德关怀。在人类历史的不同时期,道德共同体的范围是不同的。道德进步的历史同时也是道德共同体范围不断扩延的过程,原始社会的道德关怀限于本部落成员,奴隶社会道德关照的对象是奴隶主与自由民,奴隶不具有道德上的人格,直到 18、19 世纪,白人还将黑人拒斥于道德权利之外。如今,无论一个人的年龄、性别、种族、民族、智力和健康状况如何,都被纳入道德共同体之中,其范围已覆盖至人类所有成员。不仅如此,随着生态伦理学的兴起,道德共同体的圆圈半径在不断伸长,由人类到有感觉的动物,由有感觉的动物到整个生物界,由生物有机体到整个生态系统。美国生态中心论代表人物利奥波德所说的道德共同体是整个"大地",他以全新的视野阐释了道德的形成及生态伦理意义。在利奥波德看来,道德虽然会对自我的自由行动有所限制,但这种限制是自我认识提高的结果:每个人都是由相互依赖的部分组成的共同体中的成员,地球是一个拥有某种生命的有机体,人类只是"生物公民"而不是自然的"统治者",因此,大地伦理的道德追求就是把人由大地共同体的征服者转为普通成员与公民。他从道德进化的角度探讨了从道德上关怀

---

① 转引自张岂之:《中国思想史》,西北大学出版社 1993 年版,第 78—79 页。
② [法]卢梭:《社会契约论》,李平沤译,商务印书馆 2014 年版,第 20 页。

共同体的可能性:在古希腊,奴隶不过是一种财产,对财产的处置主人考虑的只是划不划算的问题,无所谓对错,主人对奴隶的处置不在伦理共同体之中;随着时间的推移,伦理共同体的范围开始扩展,奴隶也成为道德关怀的对象。利奥波德指出,传统的伦理道德关注的是人与人、人与社会之间的关系,而社会的进步需要建立一种协调人与大地,以及人与生长在大地上的动植物关系的伦理观,需要建立一种大地伦理学。大地伦理致力于道德关怀范围的不断扩延,其目标是整个大地,包括土壤、岩石、水、植物、动物以及整个地球上的附属物。人的角色由大地的主宰者变成平等的一员,蕴含着对共同体成员的尊敬,也体现着对共同体本身的尊敬。他希望人们能够认识到:毁灭大地共同体在道德上是错误的。利奥波德有言:"当某事物倾向于保护整体性、稳定性及生物群体之美时,它就是善,是正确的,否则就是错误的。"①在利奥波德那里,道德共同体包括了地球上的所有"生物公民"。深层生态学对利奥波德的见解颇为赞赏,强调人只是生物共同体中的"普通公民"而非大自然的主宰和凌驾其上的"主人"。深生态学代表人物、挪威著名哲学家阿伦·纳斯(Arne Naess)指出,人类自我意识的觉醒经历了从本能自我到社会自我,再从社会自我到形上"大我"即"生态自我"的过程,"大我"指代着大自然原始的整体性。在深层生态学那里,"自我实现"是道德的最高境界,它强调个体与整体的密不可分,"自我与大自然不可分",人的自我利益与生态利益是完全融为一体的②,共同体成为包纳万物的世界统一体。生态中心主义伦理学家主张道德共同体的范围应该扩延至整个生态系统,使道德共同体与生态共同体的外延重合一致。生态中心主义者认为共同体的整体价值高于其成员的个体价值,生态整体的价值是最高的,个体价值要服从共同体本身的价值。

克里斯托弗·司徒博(Christoph Stuckelberg)从基督教神学的角度出发,

---

① ［美］戴斯·贾丁斯:《环境伦理学》,林官明、杨爱民译,北京大学出版社2006年版,第217页。

② 王正平:《深生态学:一种新的环境价值理念》,《新华文摘》2001年第4期。

认为生态危机出现的症结在于现代社会经济发展的"无度",因而环境伦理学的中心任务就是为人类的共同行为寻找合理的尺度。这一问题的解决要立足于人类、自然和上帝之灵共同生存的一种"社会伦理学"的考察方式。他认为伦理规范的形成有四种认识源泉:启示、理性、经验和共同体。这里所说的共同体是基于教会伦理学的立场,在解答伦理学提出的"我是谁?""我的天职是为了什么?"问题时坚持的伦理态度。"我是谁? 我是一个人,一个为上帝所爱的人,存在于世上同样为上帝所爱的所有他人和共同世界中的人。作为这样的人,我是所有居住在地球这个客栈中的旅客中的一位。"①司徒博以深沉的宗教情结为生态伦理学的确立作出了自己的诠释。

就一般意义而言,共同体有不同的存在形态,血缘的、地缘的、宗教的、伦理的共同体都曾是历史上有过的具体方式。人类生活中共同体的构建与存续,乃是由于人们有着共同的生活背景、共同的利益、共同的福祉、共同的思想文化、共同的生存安全考虑、共同的未来等"共性"重叠和心理期待。从价值追求与道德基础来说,在于人内在的、作为"道德性存在"的"自我伦理关切"。在共同体中,成员在相互交往中慢慢学会自我关心和关心其他成员,逐步形成基于共同体稳定与和谐的公共伦理诉求。共同体的价值所在绝不仅仅是由"利益权衡"取得的"合作"性功利策略,而与人的社会性特质有内在联系。有学者指出:人应该将自己当作"世界公民",当作大自然共同体中的一个成员,而不是原子式的、独立于共同体之外的抽象个人。② 康德将此称为"世界公民状态":"在一群人所借以结合成一个社会的一切契约之中,建立一个公民体制的契约乃是其中那么独特的一种……在所有的社会契约之中,都可以发现有许多人为了某一个目的结合起来;但是他们的结合其本身便是目的,因而一

----

① 〔瑞士〕克里斯托弗·司徒博:《环境与发展——一种社会伦理学的考量》,邓安庆译,人民出版社 2008 年版,第 46 页。

② 袁祖社:《人类"共同价值"的理念及其伦理正当性之思——"共同体"逻辑的意义及其内在限度》,《南开学报》(哲学社会科学版)2017 年第 4 期。

般地在人们彼此之间不得不发生相互影响的每一种外在关系之中乃是无条件的首要义务,则这样一种结合是唯有在已经发现自己处于公民状态之中,亦即已经形成一个共同体的社会之中才能发现的。"①如今,人类面临许多生存困境,正在探寻能够实现合作共赢的可行路径,构建"全球伦理共同体"正是时代发展的现实需要。"我们让自己变成了神,而唯一剩下的只有物理法则,我们也不用对任何人负责。正因为如此,我们对周遭的动物和生态系统掀起一场灾难,只为了寻求自己的舒适和娱乐,但从来无法得到真正的满足。""拥有神的能力,但是不负责任、贪得无厌,而且连想要什么都不知道。天下危险,恐怕莫此为甚。"②严峻的现实促使人反思和行动。1993 年首次举行的世界宗教议会制定并通过了《走向全球伦理宣言》,对全球伦理作出了界定:"我们所说的全球伦理,指的是对一些有约束性的价值观、一些不可取消的标准和人格态度的一种基本共识。没有这样一种在伦理上的基本共识,社会或迟或早都会受到混乱或独裁的威胁,而个人或迟或早也会感到绝望。"③全球伦理即人们达成的基本伦理共识,它是人类化解生存危机的伦理反应。

"全球伦理"的形成离不开"全球伦理共同体"。"全球伦理共同体"是由一定的伦理理念和道德规范联结起来的全球性共同体,指在全球性广泛交往过程中,各主权国家、各民族、各社会团体等多元主体求同存异,心怀天下,自觉遵从共同认同的伦理规则,构建互利互惠的稳定关系,追求交往主体友好、协调和可持续发展的内在伦理支撑。全球伦理共同体的建立,需要以"交互信任"的价值信念与合作理性基础上"共在""共生"为伦理基础;同时领会"我们是谁"的真切意蕴,认识到人类社会的关系本质上是一种共存关系,努

---

① [德]伊曼努尔·康德:《道德形而上学原理》,苗力田译,李秋零主编:《康德著作全集》第 4 卷,中国人民大学出版社 2013 年版,第 437 页。

② [以色列]尤瓦尔·赫拉利:《人类简史:从动物到上帝》,林俊宏译,中信出版集团 2017 年版,第 394 页。

③ [美]列奥纳多·斯威德勒、保罗·莫泽:《全球对话时代的宗教学》,朱晓红、沈亮译,四川人民出版社 2014 年版,第 270—271 页。

力相互"承认""学会合作""学会团结",学会"共处于一体"①。2017 年 1 月 18 日,习近平主席在联合国日内瓦总部演讲的题目即为:"共同构建人类命运共同体",他指出:"宇宙只有一个地球,人类共有一个家园","珍爱和呵护地球是人类的唯一选择……我们要为当代人着想,还有为子孙后代负责。"②这彰显出中国人民对人类美好未来的殷切期待和庄严承诺。

2. 回报性的应答

康德伦理学是一种义务伦理学,他脱开了道德领域中的感官快乐、经验欲望等感性因素,使理性选择成为道德律令的先验基础。这就意味道德是一种纯粹的义务,道德本身是一种自我约束、自我奉献和牺牲,是为义务而义务的,是不讲回报与应答的。

义务论伦理学只提道德要求而不求回报的道德追求实际上只是一种应然设想,实现的道德生活需要情感的互动和行为的互补。休谟在《人性论》中指出:"我们只有通过经验才能发现任何的因果关系,而道德关系也被视为是因果关系的一种;而且单单对那些对象进行简单的考察,并不足以使得我们完全认识这种因果关系。宇宙中的所有存在,就其本身而言,在我们看来是全然松散且相互独立的。只有通过经验,我们才能了解到事物之间的影响与联结","人类所能犯下的最恐怖、最违背自然法则的罪过,是忘恩负义……"③休谟认为道德关系是一种因果关系,善恶的转化是在相互影响中实现的,道德行为的持续与扩延需要一定的回应与反馈。斯密指出:"没有什么事比在别人身上找到共鸣更令人高兴了","当一个人看到他人的情感跟他一致时,就会感到高兴,因为他由此获得了得到他人帮助的保障。而当他发现他人的情感与自

---

① 陆树程:《中国的发展与全球伦理共同体的重建》,《上海党史与党建》2004 年第 9 期。

② 习近平:《共同构建人类命运共同体——在联合国日内瓦总部的演讲》,《人民日报》2017 年 1 月 20 日。

③ 〔英〕大卫·休谟:《人性论》,贺江译,台海出版社 2016 年版,第 510—511 页。

己相反时,他就知道自己无法获得帮助,并因此而感到沮丧"①,可见斯密认为道德应答既是人之常情,也是道德生活的基本条件。他认为在人的情感中有感激之情,也有怨恨之情,与感激之情对应的行为值得褒奖,褒奖就是偿还、回报、以德报德;反之,与怨恨对称的行为应受惩罚,惩罚就是一报还一报,以眼还眼以牙还牙,是一种不同方式的偿还、回报。他明确指出:"施惠者不受赞许,受益者的感激就无人同情;作恶者不受谴责,受害者的怨恨也无人同情"②,道德回报内含在道德要求之中。武可提茨(Franz M.Wuketits)认为,道德体系如果只提道德要求而绝不包含报答的前景,那是不可思议的,其本身绝无成功的预期,因为那样的话,就意味着只存在行动者的人,却根本忽视了人的行为是由其希冀、偏好、厌恶等引导的。他认为纯粹义务性的道德、不顾及人自身需要的道德律令是荒谬的。③

"应答",顾名思义可以理解为应该报答。人是社会性动物,人的社会活动包括创获物质财富与精神财富的活动,也包括人际交往、政治活动、道德活动等非财富活动。人类在经济、政治、文化、人际交往等各种社会活动中,都离不开基本道德的保障。人这个社会动物的生活依靠社会和他人,获得的利益也是社会与他人给予的,他能否得到他人的肯定与赞许直接影响着其利益的实现。因此,人们在现实生活中体悟出这样一条准则:有道德的生活,能够保障社会有序的存在与发展,也能最终增进每个人的利益。为了道德行为的存续和扩展,需要形成支持它的社会机制——应答。道德应答可以分为两个层面:一是个体道德主体的知恩回报或不满抱怨,二是群体道德主体的褒奖赞许或谴责抨击。当然这里的回报并非一定是物质利益上的回馈。

① ［英］亚当·斯密:《道德情操论》,陈出新、陈艳飞译,人民文学出版社 2011 年版,第7页。
② ［英］亚当·斯密:《道德情操论》,陈出新、陈艳飞译,人民文学出版社 2011 年版,第69页。
③ 甘绍平:《伦理学的当代建构》,中国发展出版社 2015 年版,第58页。

　　道德应答的形成需要以"信任""共在""互利"的价值信念和合作理性为基础。信任是文明人类最基本的交往规制和美德。人们之间如果没有了基本的信任,为了一己私利,背信弃义、尔虞我诈,置社会基本伦理规范于不顾,那么,关于共同价值的规范就会形同虚设。信任程度直接决定着相互合作的程度。人类社会的关系本质上是一种共在关系,共在关系要求互惠利他、合作共赢。长期的生活经验使人们认识到,以道德为前提的合作能够给所有人带来好处,尽管道德意味着对个人自由和意志的某种限制,但这种限制会得到依靠自身力量无法得到的回报,"道德的实质在于利益的相互性、对等性、平衡性,而不是自我牺牲式的利他"①,道德的持续需要回应或回报,虽然这种回报并不总是直接出现的,它不一定直接回馈给施恩者,也不会是以金钱的形式酬谢于施恩者。有学者指出:"所谓互惠利他行为是指两个无亲缘关系有机体之间相互交换适度代价和利益的行为,一个有机体付出代价帮助另一个有机体,可以在下一次受另一个有机体帮助时获得更大利益。回报才是互惠利他主义者的真正目的,这次利他是想在下次更有益于自己。"②的确,道德活动不是单向的,往往是交往双方在理性引导下的试探与反思活动,是建立在善——善、恶——恶因果联系基础上的,善的结果是由善的原因带来的,而恶的结果必然与恶的前提相关。总体来看,人类的道德关系是在善恶因果关系中维系和延伸的。善恶因果关系的存在,隐含着道德关系对道德应答的诉求。尽管道德行为想要得到的正向反馈具有不确定性,要承担一定的风险,但出于对社会稳态与秩序崩溃的担忧,行为人对于道德风险的预估一般不会带来取消其道德行为的普遍性后果。

　　相对于人与人之间的道德回应而言,人与自然环境的交往似乎没有必然的善恶因果联系,人对自然物的善或恶并不一定获得对应的因果回报。但是,如果我们从人类整体、从更为长远的角度审视人与自然界的关系,就会发现这

---

① 甘绍平:《伦理学的当代建构》,中国发展出版社 2015 年版,第 63 页。
② 饶异:《互惠利他理论的社会蕴意研究》,《广东社会科学》2010 年第 2 期。

种应答与回报是客观存在的,一如恩格斯的那段名言所示:"我们不要过分陶醉于我们人类对自然界的胜利。对于每一次这样的胜利,自然界都进行了报复。每一次胜利,起初确实取得了我们预期的结果,但是往后或再往后却发生完全不同的出乎预料的影响,常常把最初的结果又消除了。"①人类不愿也不能做自然的奴隶,反过来,人类也不能任意奴役大自然。人类与自然相互作用的历史昭示了这样一个事实:人类与自然、人类与环境、人类与地球之间也存在着一种互动与回应的关系。1972 年在斯德哥尔摩召开的联合国人类环境会议通过的《人类环境宣言》指出:"人类环境有两个方面,即自然环境和人为环境,均为人类的福祉,是基本人权的享有以至生存权本身所必需的。……由于无知或漠视会对生存及福利相关的地球造成重大而无法挽回的危害。反之,借助于较充分的知识和较明智的行动,就可以为自己以及后代子孙开创一个比需要和希望尤佳的环境,实现更为美好的生活。"②马克思在给恩格斯的一封信中曾经这样说道:"在人类历史上存在着和古生物学中一样的情形。由于某种判断的盲目,甚至最杰出的人物也会根本看不到眼前的事物。后来,到了一定的时候,人们就惊奇地发现,从前没有看到的东西现在到处都露出自己的痕迹。"③在人与自然的关系问题上,明智的人类越来越清醒地认识到:敬自然者,自然也会善待敬者。

---

①　[德]恩格斯:《自然辩证法》,人民出版社 1984 年版,第 305 页。

②　参见孙正聿:《马克思主义基础理论研究》(上),北京师范大学出版社 2011 年版,第 366 页。

③　参见周义澄:《自然理论与现时代》,上海人民出版社 1988 年版,第 213 页。

第四章　由"工具"利用
到"价值"归位

在认识人与自然物之间的道德关系问题上,以下问题常引起人们的争议:价值仅仅涉及对人的意义吗? 自然物本身有没有它自身的价值? 人对他物有价值关怀的必要吗? 对这些问题的不同解答很大程度上决定了人会以何种态度与行为对待自然及其存在物,从而形成人与自然关系的不同状态。

一、主客二分的价值偏向

生态伦理成立以及何以成立的一个重要问题是其价值基础何在的问题。而对价值基础的确认深受所选用的认识路线的影响。

（一）近代思维方式的痼疾

长期以来,西方思维逻辑的主导方式是形而上学的绝对主义。在将具体科学的思维形式引用到对事物一般和事物整体认识的过程中,这种思维定向的偏狭与固化给人们全面看待人之外的世界带来了误区。

1. 经验层面的狭隘性

近代科学的发展助推了人类认识外部世界的步伐,但当把具体科学的研究方式带入对世界的整体把握时,却形成了形而上学的思维方式。恩格斯把这一思维方式简要地总结为:"在绝对不相容的对立中思维","是就是,不是就不是;除此之外,都是鬼话"①。对这一公式的理解,如果从日常生活的角度去看待,似乎没有什么不对的:昼就是昼,夜就是夜,美就是美,丑就是丑,大象就是大象,猩猩就是猩猩;海洋是海洋不是大山、植物是植物不是动物、善良是善良不是恶毒、进步是进步不是倒退,这些是按常识我们必须承认的。这是我们日常思维活动的确定性,必须坚持,否则人与人之间将无法交流与沟通。这种沟通与交流以人们的共同经验为中介,搭建了人与外在物的现实关系,其中"人"是经验主体,以直观的方式把握他物;"他物"是既定的经验客体,以"给予"的方式呈现自身;在这种主客关系中,人与他物的关系是既定的,构成了一一对应的稳态关系,从而要求经验主体在思维中坚持"是就是,不是就不是"的确定性准则。

但我们为什么要坚持辩证法,反对形而上学呢?因为经验性的认识、常识性的印象与事物本质之间的关系是不同的,而对事物关系的实质性理解需要审透对象才能实现,抓住了本质才能为认识事物及它们之间的关系提供比较可靠的指导,从而少犯错误、少走弯路。对于形而上学实质的认识,我们必须从概念把握事物的本质、思维把握运动的哲学层面出发,不能仅仅停留在经验层面上去理解。作为日常生活层面的形而上学,不理解人对外在事物的认识与把握是在矛盾中、在发展中实现的,而是将问题置于直观的经验,把"思维与存在"视为直接的、不变的统一。按照形而上学的思维方式,一旦人的认识达到或越过既定的界限时,对事物的认识就可能是狭隘的、片面的、抽象的,就

① 《马克思恩格斯全集》第3卷,人民出版社1995年版,第360页。

会只见树木,不见森林。恩格斯指出:"一切差异都在中间阶段融合,一切对立都经过中间环节而相互转移,对自然观的这样的发展阶段来说,旧的形而上学的思维方法不再够了。辩证法的思维方法同样不承认什么僵硬和固定的界线,不承认什么普遍绝对有效的'非此即彼!',它使固定的形而上学的差异相互转移,除了'非此即彼!',又在恰当的地方承认'亦此亦彼!',并使对立的各方相互联系起来。"①当我们对日常生活经验进行反思的时候,就会发现事物的存在、事物之间的关系并非静止不动或彼此无关,对于善恶、美丑、好坏、是非、祸福、荣辱……我们不能用一成不变、非此即彼的原则去评判,对于个人与社会、局部与整体、理想与现实、眼前与长远的诸多关系也无法做到使它们"泾渭分明"。当让经验生活进入"研究领域"(对其反思),用概念去把握它们的整体存在状态时,我们就会发现人与人、物与物、人与物之间存在着相互影响、相互作用、相互制约的普遍联系,"你中有我""我中有你"。超越一般的生活层面,跃迁于日常经验之上,以运动、矛盾、联系的观点统揽事物及其相互关系正是辩证法的宗旨所在。辩证法一词本来就是从对话中引申来的,在相互讨论、辨析、交流的过程中,你一句我一句,通过对话把问题厘清。辩证法是具有生存论倾向的,体现着"互渗"观念和生存突围的努力,认为万物都是相互渗透。② 如果对事物关系的理解仅停留在经验常识层面上,那就既无法理解形而上学,也无法理解辩证法。关于辩证法的实质,列宁认为问题的根本不在于是否承认感性确实的运动(如人走、鸟飞等),而在于如何在概念的逻辑中表达运动。在用概念表达运动时,"辩证"的眼光发现:"运动"就是"矛盾",因为运动揭示的是事物在某一瞬间既在一个地方又不在一个地方,既是间断的又是联系的,既是它自身又不是它自身。"矛盾"是使辩证法与形而上学对立的症结所在。正确认识事物本质及它们之间的关系,需要以概念层次的辩证法去理解和解释它们的联系、

① 《马克思恩格斯选集》第 3 卷,人民出版社 2012 年版,第 909—910 页。
② 参见邓晓芒:《哲学史方法论十四讲》,重庆大学出版社 2015 年版。

运动和发展。[1] 运动作为事物的固有属性,对它的理解只有介入矛盾思维才能把握其真实存在状态,而矛盾作为标志事物间既对立又统一的哲学范畴,揭示了事物之间的本质关系,是我们正确认识事物的根本方法。停留于经验层面的直观性认识方式,常常带来认识结果的片面性和局部性,如果以这样的认知结论去指导实践,势必带来事与愿违的结果。思维方式上的偏向会对认识结果产生直接影响,对人与自然之间的关系的把握也是如此。

2. 绝对主义的对立思维

如上所述,形而上学是在绝对对立中进行思维的,秉持"是就是,不是就不是"的基本原则,选择的是绝对主义的认识路线。长期以来,西方哲学把握人与存在物关系的思维路径囿于主客二分的定向与模式。这种形而上学的思维方式长期控制着西方哲学的历史演变,也深刻影响着西方人的思想惯性与文化特质,直至今天依然以隐蔽的形式支配着现代人的理论思维。在生态哲学的论说形态中,人类中心论和自然中心论所坚持的,仍然是以一种极端替代另一种极端,把人与自然关系中的一端绝对化。西方哲学的一个重要传统是:为万千世界多种的存在寻找始基与本体,并将其归为某种抽象的"一",这个"一"是绝对的、永恒的,是释解其他事物与现象的终极原因。绝对的"一"除却了其他一切关系,因为关系必然有两个方面,每一方都有赖于对方,都受对方的制约,都是"相对"而非"绝对"的。对于现实关系的说明,形而上学的思维趋向必然带来真实关联性的消解,它总是聚焦关系中的某一面将其绝对化,使得另一面被遮蔽和消弭。

人类中心论在阐释人与自然关系时,将人视为整个宇宙的核心,人是一切活动的目的,是评价一切事物的根据。人类中心论将人的利益视为价值原点

---

[1] 孙正聿等:《马克思主义基础理论研究》(上),北京师范大学出版社 2011 年版,第 110—123 页。

和道德目的,认为人的利益至高无上,是价值评判的唯一依据,价值评价的尺度必须掌握和始终掌握在人的手中,这种认识集中反映在康德提出的"人是目的"的道德律令中。在这里,人是最高的存在、最高的目的、最高的价值,是统筹其他一切关系的、绝对的"一",自然失去了自身原有的地位与属性,成为"属人自然""为我自然",人称霸世界,自然被遗忘了。按照对人与自然关系的这种形而上学的理解,人的所有行为都是合理的,人对自然"有能力做"的,就是"应当的",人与自然之间不可能、也没有必要确立什么伦理关系。西方近代的主体形而上学,宣讲的是人如何成为万物主宰的故事,也演绎着自然被掠夺、被征服和陷入困境的剧情,刘富森说这是同一个故事的两个不同版本,即人是如何成为新的上帝以及自然如何被"人化"的故事。①

现代西方环境伦理学的主导思想是用自然中心论取代人类中心论。在自然中心论那里,自然的权利、自然的价值成为环境伦理学的终极伦理基础,以环境伦理切断与人类之间的利益关系,把人的实践活动看作违背"自然权利"的不道德的行为。自然中心论看似是对人类中心论的反动,实则在思维取向上与人类中心论一样,遵循的也是形而上学的思想原则,只不过用"自然"这个绝对的"一"替代了"人"这个"一"。西方现代生态主义在颠覆主体形而上学的过程中,始终没有离开形而上学这座大厦,只是在"人"或"自然"的不同房间调换住所,导致理论发展停滞不前,原有争论未成共识,陷入"形而上学困境"。人与自然的统一关系问题本来是环境伦理学的基本问题,但形而上学的思维导向却把"自然"一方置于绝对统治地位,把二者关系中人的存在与价值诉求消解了,"自然权利""天赋权利""固有价值"取代了"人的权利","自然"成为生态哲学的根基。自然中心论认为,自然本身具有天赋的、固有的权利,它的权利源于自身而与人无关;自然权利的本质特性在于其自然性,它源于自然法则,由自然力支配,遵循自然规律;自然权利是人权利的外扩,它

---

① 刘富森:《寻找时代的精神家园——兼论生态文明的哲学基础》,《自然辩证法研究》2009 年第 11 期。

使动物具有生存和免受人类伤害的权利,一切生命都应享有的生命权以及无生命物质的存在权利。从逻辑关系上看,西方自然中心论延用的是"推人及物"的方法,认为凡是能够使人拥有权利的理由,皆可视作自然物获取权利的依据,如美国慈善官员米切尔·福克斯所言:"如果人类仅由于其存在本身就享有自然的天赋权利。……那么,这种权利肯定也能赋予其他生物。"①罗尔斯顿也直言道:"那些力图确认人的内在价值的哲学家,也常常试图寻找某种可以用来确保人的伦理权利的东西:人的生命所特有的、或'内在于'人的生命中的某种东西。如果内在价值的核心概念认为这种价值天生就存在于它的拥有者身上,那么,我们不必对环境作出评价也可以证明内在价值的存在。"②沿着人类中心论的足迹,自然中心论走进了抛却人、唯"物"论的形而上学。

其实,从现实状态和实践关系上说,自然物与人类之间的关系绝不是非此即彼、并行不悖的独立关系,而是在相互作用中生成并发展变化的互动关系,无论对人还是对物,其伦理视角都必须二者皆顾,但形而上学的思维定势却常常"顾此失彼"。

(二)主体身份的自大与偏狭

普罗泰戈拉说:人是万物的尺度,是存在的事物存在的尺度,是不存在的事物不存在的尺度;笛卡尔说"我在怀疑"本身说明了我在"思",有"思"就有"思者",因而"我思故我在"是一条真实可靠、毋庸置疑的真理,是形而上学的第一条原理;康德哥白尼式的革命将知识的普遍必然性建立在主体先天具有的认识形式之上,彰显出主体在认识中极其重要的地位和能动作用,尤其张扬了人的理性的无穷伟力,并在伦理领域中提出了"人是目的"的道德律令③,主体性的强势地位在西方哲学,尤其是近代西方哲学中的特点甚为显著。

---

① [美]R.F.纳什:《大自然的权利》,杨通进译,青岛出版社 1999 年版,第 36—37 页。
② 杨通进:《生态二十讲》,天津人民出版社 2008 年版,第 311 页。
③ 张志伟:《西方哲学史》,中国人民大学出版社 2010 年版,第 391 页。

主体性哲学以"人"、人"思"、人之"目的"为理论基点,由"我"统摄一切,将人之外的世界和事物置于由人操控的客体地位,确立了人在宇宙中的中心地位,他物则依赖于"我"的存在而存在。在万事万物中,人是主体,其余存在者为客体,是满足人需要的工具世界,是以人为中心的对象化的世界,是因为人、为了人而存在的世界。

1. 唯"我"独"主"

在主体性哲学那里,"我"是别具一格的主体,他物因"我"而取得其本身的规定性,作为对象的存在者呈现出的世界图像是由存在者(人)摆置而成的。同为存在,其性质与地位是根本不同的:存在者的存在是主体、是目的;对象性的存在则没有其根基,唯有依赖主体才能获得存在的意义,其本身失去了基础和价值。在这样的论域下,人之外的存在者都成为唯"人首是瞻"的奴仆。

笛卡尔的"怀疑一切",使作为"思者"的"我"确立了自己作为思想的中心,认识的中心,"主"体的地位;而康德的先天认识形式及理性又使人获得了"为自然立法"的权能。在认识层面上,人首先占据了霸主的宝座,使其他存在物在思维领域成为自己的俘虏。在实践层面上,人是实践主体,其他存在物是纳入人的实践活动中并被改造的客体。人的发展过程成为对自然界征服、利用和创造的过程。在此过程中,自然界的存在物成为人的对象性活动的产物,是主体意志实现的外化,失去了存在的根基和受尊重的理由。正如"把羊的存在理由归结为'人需要吃羊肉、穿毛衣'……羊被分解为满足人的各种欲望(吃和穿)的价值对象,羊的生物学的、生态学的本性和价值已经荡然无存"①一样,唯"我"独"主"的价值观使人之外的自然界变成了"属人世界",人之外的他物失去了自然的存在论根基。

①　刘福森:《西方文明的危机与发展伦理学》,江西教育出版社 2005 年版,第 36 页。

　　主体性哲学在近现代追求的是工业文明、工业生产的价值观。在人类文明演进的历程中,原始文明、农业文明、工业文明体现了人与自然关系的不同发展阶段。在原始文明时期,人类以群居的方式生活,以血缘为纽带,以地缘为活动范围,以采集和渔猎为主要生产活动,主要依靠自身肌肉的力量与自然环境抗争,自然界具有崇高的地位,人类对之报以敬畏之情;农业文明时期,人类从食物的采集者变为食物的生产者,其生产主要是"生物型"生产,农耕和畜牧通过人力资源与自然资源的结合,获取人类生存与繁衍的资源,慑服于自然力量的敬畏心理渐渐被谋求理解自然、利用自然的想法所代替,对自然界的态度主要是尊重;工业文明是主体力量急剧膨胀的一种文明形态,"给我一个支点,我就能撬动地球"的工业宣言以及"知识就是力量"的时代号角,使得主宰自然、征服自然、独占自然成为普世性价值追求,在通过科学技术对自然进行控制、改造和驾驭的过程中,人类创造出了越来越多的自然状态下不存在的物品,以自己特有的方式使自然转向人类,"我"的目的外化在工业生产的成果之中,昭示着自然本身的终结与死亡。

　　在工业文明下,人类为了达成生产实践的目的,就要他打碎自然物原有状态,将它与整体自然界切离,也使要改造的对象与他物的自然联系中断,按照人的意图被重新塑形以满足人的需要。这种思维方式使统一的世界分为人与他物世界的对立,树立了以人为中心的价值观念,他物只是人改造的对象和满足实践需要的对象,是作为人本质力量的对象化而存在的。这种思维定势导致了唯"我"独大、主体唯尊的认识偏误,使主体性力量的膨胀与扩延以及对自然的蔑视似乎有了正当的理据,可以心安理得地对自然"颐指气使"。当然,从实践关系上说,主客二分有其合理性,但人不能以眼下的具体关系取代人与自然之间的本源性关系,无论人的主体性有多么伟大,人都不该忘记"我是谁?""我从何来?"应该始终明白:人是自然的一分子,是一个有生命的存在者,与他物一样是一个自然物。从这种意义上说,人的活动必须尊重和服从自然规律,只能在自然允许的范围内、在顺应自然规律的基础上认识和改造人之外的世界，"自然界整体存在的本性是人类实践活动的终极限度。在终极的意义上，人必须听命于自然而不能超越自然。……把人的超越性和主体性绝对化，否定了人的实践活动的界限，正是现代社会造成人类生存危机的形而上学根源"①。

2. 人道袒护

黑格尔说："道德的观点是关系的观点、应然的观点或要求的观点。"②此处的"观点"是指向人的观点。传统伦理学是为人道服务的伦理学，人道主义是人类共同体的基本道德原则。这种伦理学认为，道德的成立基础在于人的自由意志，它要求道德活动的参与者有能力辨别各种关系，具有明确活动目标，能够评判自身活动的好坏并对自己的行为承担责任。人是唯一的道德主体，也是唯一应该享受道德关怀的存在者，道德共同体与利益共同体指向的都是人类。

对人及其利益的维护是传统伦理学的目的所在，而人道主义的兴起与发展使"人本"思想大行其道。在西方思想中，人道主义的提出意味着人从宗教的束缚中解放出来，以上帝为人生终极目标的价值观被人的世俗欲求所代替。人道主义认为人是自然的产物并有自己的本性，人是自由的，每个人的存在就是目的本身，每个人都是独特的、应受尊重的存在者。当社会最突出的问题是人对人的压迫时，人道主义倡导的自由、平等、博爱散发出巨大的温暖人心、顺应民意的理性力量和道德情怀。自由、平等、博爱是人道主义的基本原则，自由是由于自己，自己做自己的主人，不受外在的束缚和压抑，强调的是内在性的自主；平等则着眼于人与人之间的关系，认同拥有一样的社会地位，享有一样的权利；博爱是前两个原则在人与人之间的延伸，是对人们之间道德情感的一种呼唤。康德提出了永远把人当作目的，不可把人当作手段的形上准则，以

---

① 刘福森：《奠基于新哲学的发展伦理学》，《自然辩证法研究》2006 年第 1 期。
② ［德］黑格尔：《法哲学原理》，邓安庆译，人民出版社 2016 年版，第 112 页。

哲学形态确立了人道的优先地位。人道主义的出现与"人的发现"过程是一致的,它是人的主体性显现的过程,这一过程使得人学从神学意识形态走向了世俗人的价值诉求。人道主义无疑具有其历史合理性,但是,如果将"人是目的"的旗帜树立在人类共同体之外,就会导向人类中心主义,使万物臣服于人类,听任人类意志的摆布。

人道主义与主体主义极为切近,前者关注的是人与人之间的关系,后者聚焦的是人与他物的关系,而对他物的认识是围绕着人进行的,并且最终是为了实现人的利益。海德格尔认为宇宙间的一切都可囊括到主体或客体之中去,有意识的人是主体,其他存在物因人自我意识的认定成为客体。在世界图景中,人类是宇宙万物绕之旋转的唯一主体。主体拥有能动性和创造性,在其主体力量充分彰显的时代,被视为自然过程的复制者和操纵者。形而上学的主体主义便是实践中的人类中心主义。人类中心主义奠基的认识论基础就是主体主义的预设,即将世间万物分为主体和客体,人为唯一主体,人之外的他物皆为无灵性、无神秘性可言的客体。只有人是不可分的、不可还原的、具有终极价值的独特存在,自然界的他物皆可用科学方法进行拆分、组合、利用。在这一理念的指引下,人们理所当然、肆无忌惮地控制自然、征服自然并因此而激情万丈、无比自豪!工业文明把人类利益置于首位,以人的利益为处理人与外部生态环境关系的根本尺度,结果使人类的眼前利益和长远利益都失去了基础性的保障,就像以自私自利为行为原则的人最终使自身目的无法实现一样。①

传统伦理学的着眼点在人类自身,立论基础是人特有的意识、目的、理性、权利等,道德主体、道德关怀的对象均为人类。"人道主义"扬"人"抑"物"的立场使得人类沙文主义、物种歧视主义横冲直撞,搅乱了整个自然界的和谐与稳定,迫使人类必须重新认识自己在自然中的地位,正确认识生态环境的价

---

① 卢风:《人道主义、人类中心主义与主体主义》,《湖南师范大学社会科学学报》1997 年第3 期。

值,重新确立人与自然之间的应有关系。

二、生态的价值回归

"环境"一词是在主、客分化,以"人"为上的背景下使用的;"生态"一词意味着以"自然"的尺度,将生态系统中的每个因子都看作共同体的有机组成部分,共同体成员具有平等的生态地位,系统的整体价值最为重要。在新的历史时期,中国人民的生态价值理念认识水平在不断提升。2018 年 3 月,第十三届全国人大一次会议通过了国务院机构改革方案,组建新的生态环境部,不再保留环境保护部,将山水林草湖等生态资源与人们生产、生活中带来的生态问题作为需要统一协调的对象来处理。生态环境部替代原有的环境保护部是推进国家治理能力现代化的深刻变革和可喜进步,也是新时代人们生态环境观念提升的重要体现。

(一)生态价值的表现形态

生态价值是一个新的现代概念,它是"生态"与"价值"的结合体,二者的"联姻"既是解决环境问题的时代需要,也是价值哲学发展的最新成果。过去人们所谈的"生态""价值",分属于自然科学与社会科学两个不同的领域,可谓互不相干。如今,"生态价值"已成为主流价值趋向甚至上升为国家意志。[①]

讨论生态的价值,须注意生态与环境两个概念的区别与联系,以便从生态本身着眼发掘其价值。在现代社会的日常用语或官方表达中,生态与环境常常不分你我或混搭连用,似乎二者根本就是一而二或二而一的关系。作为理论研究,生态与环境的概念内涵、范围界限、价值指向等都是有区别的。就概念而言,生态是标志生物与其生存条件关系的一个生态学范畴,环境则是指与

---

① 中国共产党第十八次全国代表大会报告列单章强调"大力推进生态文明建设",明确提出要"体现生态价值",可见"生态价值"已然成为共识性价值诉求。

某一主体的存续相关的所有外部条件的总和,属于环境科学的研究范式。从所及范围来看,生态既包括空气、阳光、土壤、温度、水分等非生物条件,也涵盖生物体之间的捕食与被捕食、共生与竞争、寄生与被寄生等生存关系;环境则视主体的不同而不同,内含主体的存在空间、维系生命的物质与能量要素、对其存续有影响的各种直接和间接因素等,在通常意义上,环境主体主要指的是人,与人相关的环境包括自然环境(岩石圈、水圈、大气圈、生物圈)和人工环境(与人活动相关的物质能量、社会制度、精神产品及各种社会关系等),按其研究对象可分为全球环境、区域环境和聚落环境①;广义的环境包括与人和人类社会的存在发展相关的所有条件的总和,狭义的环境则指人类生活的"家园",指人这个高等哺乳动物生存所需要的由土地、空气、水、合适的温度、动植物伙伴等构成的稳态自然体系,它是人类生活的根基与家园。如果从生态哲学的角度分析生态与环境的关系,二者的分野则体现在价值评价的立场上:站在生态整体的一方,就会把一切有生命的物质视为生态整体中的一部分,克服从个体出发、孤立思考问题的独断方法,将人看作自然界中的普通一员,以自然整体的尺度理解人与他物的关系;环境概念是在主客体关系中建立的,它把人当作主体,其他存在物是围绕着人、外在于人的"环境",其评判标准是以人的尺度构建的;如果从生态、从自然的角度出发,将人置于自然界普通成员的地位,生态整体就不是人的环境,我们不能在逻辑上将整体当作构成整体的部分的环境;作为人类生存环境的自然界并非自然界的"整体",而是纳入人类认识与实践活动之中的局部自然,人同外部自然界的现实关系是一种人同局部自然的关系,立足于人的尺度自然界才成为人的环境。②

　　虽然从严格意义上说生态与环境是有区别的两个概念,但因为二者在广义上有许多重合的地方,并且人生存的自然环境的优劣与生态系统的完好或毁损相关度极高,因此常常被人们合在一起以"生态环境"称谓。生态环境作

---

① 盛连喜:《现代环境科学导论》,化学工业出版社 2003 年版,第 1—10 页。
② 刘富森、曲红梅:《"环境哲学"的五个问题》,《自然辩证法研究》2003 年第 11 期。

为一种自然系统,呈现出一定的特点,表现为:开放性、边界不清晰性、外部性、复杂性、迟滞与累积性、巨大性、可变性等。开放性是指生态环境的构成因子及其系统处于物质能量互换与不断流动的开放状态;边界不清晰性是指生态环境中的大气、河流、物种活动范围等界限是模糊不清的,生态环境问题常常"跨越"国家、区域等管辖范围;外部性是说生态环境对于主体而言是外在的,人对生态环境的破坏在当时也是朝向外部的,生态环境是"公地"不是私产;复杂性包含多层含义,涉及生态环境构成要素的多元化、作用方式的多样性以及结果的不确定性等;迟滞性与累积性指生态环境的变化具有缓慢积累的特点,危害形成时难以及时发现,一旦出现消失则很难;巨大性是说生态环境无论是规模、范围、能量、影响等都是极其广袤的巨大系统,非具体系统或物质可比;可变性是指生态环境的状况会因构成要素(如人行为方式的改变)的变化而变化。[①] 正因为生态环境是这样一个不同于具体存在物的整体性存在,因此我们对它的认识应该是全面的、系统的。

1. 作为关系性存在的价值

作为探究生态价值的基础理论,还需要对"价值"概念加以探讨。在价值哲学的视域下,"价值"一词有着见仁见智的多种解释:有人认为价值是个人的情感现象,它与现实事物和普遍规律不同,是关于善、美、圣的独立世界,理性和逻辑在这里不起作用,情感才是价值世界的基础,人只能在爱与恨、适意与不适意中把握价值;有人则强调价值是一种先验地具有客观普遍性的非个人性的存在,具有一定的等级秩序,不以人的情感和具体呈现的形式为转移,在等级序列中,最高的价值是宗教价值,其次是精神价值,再次是生命价值,最低级的是感官愉悦价值[②];有人从经济学、哲学两个不同的角度说明价值的意

---

① 杜向民、樊小贤、曹爱琴:《当代中国马克思主义生态观》,中国社会科学出版社 2012 年版,第 9—10 页。

② 马俊峰:《马克思主义价值理论研究》,北京师范大学出版社 2012 年版,第 8—10 页。

义,认为经济学所说的价值就是商品的价值,它是价格的基础,是包含在商品中的一般的、无差别的人类劳动,而哲学意义上的价值是人类实践活动中主客体之间的普遍关系,体现着人自主选择的根据;也有人认为经济学中所谓的价值与哲学所讲的价值是一种特殊与普遍、个别与一般的关系,价值的实体是劳动,这一点对于经济学和哲学同样适用;国内主流的看法是一种需要价值论,认为能够满足主体需要的客体就是有价值的客体;也有人认为价值是具有超越性维度的概念,应该彰显提升人精神境界的作用;等等。[①] 清华大学吴倬基于历史唯物主义的视域提出这样的解释:价值是主客体之间的意义关系,是具有特定属性的客体与具有特定需要和要求的主体之间满足与否的关系,价值是由实践创造的、是客观的、具有主体性和社会历史性。[②] 中国人民大学马俊峰认为价值是一种特殊的关系性存在,它不同于事实性的存在,不是实体或属性,而是特指一定的对象物和人的需要之间的关系,这种关系是一种错综复杂、动态变化的关系,作为价值主体的人具有其独特性,可能与各种对象物建立价值关系,价值关系包括价值主体与价值客体,价值客体是价值关系的必要条件,价值主体的需要是价值关系发生的根据。[③] 一种价值判断的形成,既需要客观前提(价值客体的特有属性的存在),也需要主观前提(价值主体的某种主观需要或偏好),只有当某物的客观属性与某人的主观追求碰撞后,才可能有对某物的价值评判。"这朵粉色的花很漂亮"(价值判断)这一评价的形成是在"这是一朵粉色的花"(物的客观属性)与"我喜欢粉色"(主观偏好)发生关联之后,主客观因素统一的结果。价值判断是在实践意义,而非本体意义上说的。[④] 在涉及生态价值的问题上,如果仅从经验上的功效或规范原理上的合理性方面考虑,不顾及生态与人类生存之间的关系,"就找不到生态价值

---

① 马俊峰:《马克思主义价值理论研究》,北京师范大学出版社 2012 年版,第 332—335 页。

② 赵甲明等:《马克思主义基本原理专题研究》,社会科学文献出版社 2009 年版,第 155—171 页。

③ 马俊峰:《马克思主义价值理论研究》,北京师范大学出版社 2012 年版,第 128—133 页。

④ 刘福森:《西方的"生态伦理学"与"形而上学困境"》,《哲学研究》2017 年第 1 期。

的立足之处"①。

总之,价值是涉及主客体两个方面的关系性概念,反映的是人(主体)与相关对象物(客体)之间具有的被满足与满足的关系;主体需要的满足具有历史性和超越性并受客体状况的制约。价值具有客观性,也体现出明显的主体性特征。正向的价值是人之需要的满足状态,意味着目的到达了,意志展现了,情感愉悦了。价值的主体性特征并非意味着在任何条件下对当下主体需要的满足都是正当和应该的。从人类整体的角度看,价值主体是一个多元化的共同体,包括个人、家庭、民族、阶级、群体以及全人类;主体需要是多层次、多维度、十分复杂的综合体,有个人需要与社会需要,生存需要与发展需要,物质需要与精神需要,局部需要与整体需要,眼前需要与长远需要,等等。

2. 直接性生态价值

生态价值立足于人类整体利益和长远利益,是生态环境对于人类生存和发展意义的总称谓。有人认为生态价值的主体是动物、植物、生态系统等自然物,以固有价值、天赋权利等论证其成立的合理性,其实是以拟人化的方式表达着人对生态环境的认识与情感;而人对自然物(尤其是动物)的态度是标示道德与否以及人类文明程度的重要依据。由此我们可以将人作为"道德代理人",监护和维持其他存在物在自然中的应有地位,将它们视为"道德顾客",以"礼"待之。对生态价值的理解,需要以文明转型和观念革新的理论勇气"重估一切价值"②,摒弃传统价值观短视的人类利益偏私,承认大自然的多样性价值禀赋,尊重自然,顺应自然,保护自然,维护人与自然的和谐统一。生态价值,顾名思义就是关于生态的价值,而生态是指生物与其生存环境之间的关

---

① 张庆熊:《论生态价值的首先性及其生存论根基——对价值理论奠基问题的哲学反思》,《天津社会科学》2019年第5期。

② "重估一切价值"是尼采哲学的核心观点之一,他高呼"上帝死了",对道德体系按照"超人"理论进行重构,认为道德目标在于使人成为自己。

系,因此,生态价值也是一个关系概念,涉及某一存在物与他物及整个生态系统之间的关系。总体说来,生态价值包括这样几层含义:其一是说每一存在物对于他物都具有积极意义;其二是说每一存在物都对维持生态系统的完好发挥着不可或缺的作用;其三是说生态良好是人生存与发展的基础性条件。

生态价值包含着多种多样的价值现象与价值形态。罗尔斯顿在《环境伦理学》中把生态环境的价值概括为 14 种:即生命支撑价值、经济价值、消遣价值、科学价值、审美价值、使基因多样化的价值、历史价值、文化象征价值、塑造性格的价值、多样性与统一性的价值、稳定性和自发性的价值、辩证的价值、生命价值、宗教价值等。① 罗尔斯顿对自然价值的概括是比较全面的,但存在内容重合与归类不够明晰的问题。这里以直接的生态价值与间接的生态价值作以归类。直接价值是指客体直接满足主体需要带来的意义。直接性的生态价值意指对人类的生存与发展具有较为明显作用、易于被人们感知的价值,主要表现为:环境价值、经济价值、审美价值等。

(1)环境价值。这里的环境指人类生活的"家园",环境价值是指自然生态提供给人类生存所需的空气、大地、适量的紫外线照射、合适的温度等须臾不可离开的必要条件,使人类维持生命最基本的需要得到满足。"'环境价值',就是指自然界作为支撑人类生存的、非消费性的价值。"②大自然提供给人类的环境价值是人与人类社会存续的经常的、必要的、基本的条件。人类作为大自然中的一员,生活在地球系统这个"幸福之地",享用着地球母亲的各种呵护和恩惠,在某种"生境"中繁衍生息。环境价值是大自然奉献于人的自然之家,它是人类最古老、需要世代传袭的"老家",人不能忘记自己是从这个

---

① 参见[美]霍尔姆斯·罗尔斯顿:《环境伦理学》,杨通进译,中国社会科学出版社 2000年版,第 3—35 页。

② 参见刘福森:《新生态哲学论纲》,《江海学刊》2009 年第 6 期。该文认为支撑生命的自然对人的影响有些是直接的,有些是间接的,有些是可以直接消费的,有些不具有直接消费性,环境价值指对人类生存有直接影响的非消费性价值,区别于对人类生活产生间接影响的、非消费性的生态价值。

老家走出来的,不能忘本(仍然是一个动物),要始终记得自己跟这个老家的"血肉之情";环境价值作为一种非消费性价值具有存在性特征,即只有它保持自身存在时其价值才能呈现出来,如一棵树具有的保持水土流失、调节空气质量、维护生物多样性等价值,只有它长在那里时才能发挥出来,如果被伐掉,加工成板材家具,就不可能具有那些价值;一种自然物不能同时拥有消费价值和非消费价值,就如同对那棵树的使用一样。以往人类对自然物的使用,常常看重的是它眼前的消费性价值,忽视了它的环境价值。罗尔斯顿认为大自然作为环境的价值并不依赖于人的主观判断,它是人类发现的而不是被人类创造的。大自然作为人类环境的价值是由自然的客观属性决定的,因而也具有客观性。应该说物质世界演化出的自然条件为人类生命扎根地球提供了最坚实的土壤,环境价值使人有了活动的场所,有了生活的资料来源,有了生存的基本条件。

(2)经济价值。生态呈现出的经济价值体现在生态环境为人类生产活动提供所需资源和基本的生产要素。经济价值是一种工具性、消费性的价值,它为满足人的现实需要服务。生产活动是人的生存方式,生产活动的开展需要一定的自然资源,包括土地资源、水资源、森林资源、矿产资源、海洋资源等,这些资源是产生经济价值的物质基础,也是生产活动所需能量的提供者。大自然所拥有的经济价值体现了它的工具性能和实用属性,"资源(resource)一词仍有根源(source)的含义,并使人联想到它们在被应用时所释放出来的丰富的神奇性能"①。过去人们认为自然资源本身是无价的,只有加上人类的劳动才会产生价值,这种认识混淆了价值实体与价值形成条件的关系。石油给人类带来的价值是由"原油"本身的属性与人类劳动结合的产物。自然资源应该"有价"正在被现代人所接受。生态的经济价值也表现为自然物成为生产中的劳动对象,成为生产过程中的基本要素,通过人类劳动的加工变为直接满

---

① [美]霍尔姆斯·罗尔斯顿:《环境伦理学》,杨通进译,中国社会科学出版社2000年版,第7页。

足人需要的物品。在商品经济条件下,经济价值集中表现为通过对自然物的改造和商品的交易获得的社会财富,对财富的追求是商品生产者和经营者的最大心愿,这一心愿的满足,没有生态环境提供的资源与生产要素,他们所操劳的一切就都是在做"无米之炊",不可能真正地满足人们享用美食的需要。

(3)审美价值。人类由自然而来,基因中就承继着对自然的好感。人类欣赏自然的愉悦感受在诗歌、园林建筑、风景画、科幻小说和游记文学中都有大量的体现。现代开明的人类中心主义代表人物约翰·帕斯莫尔(John Passmore)曾以人们对园林的欣赏为例,谈到人欣赏自然的三个发展阶段:对规则园林的欣赏、对不规则园林的欣赏及对未被改造的原生态荒野的欣赏。在欣赏与理解自然方面,帕斯莫尔的观点甚至与美国环保主义者的看法是一致的,只不过对待自然的态度有所不同,帕斯莫尔倾向于通过人为改造使自然物变得更完美,而环保主义者与自然有着某种精神上的联系,他们能够欣赏自然本色的美。在19世纪自然主义者那里,美的标准是围绕着生动与壮观这两个审美范畴展开的,爱默生甚至认为,对于任何事物,只要我们仔细观察,都能发现它的美。在那个时代,随着人们对壮观自然的欣赏,大自然中令人愉悦和令人恐怖的对象都成了人们欣赏的内容。[1] 英国19世纪伦理学家摩尔在《伦理学原理》中,对大自然美学价值的存在、美学价值的了解、美学价值的信念以及当这种价值不存在或人们不了解这种价值存在时对这种美的渴望与向往做过深入分析,他认为大自然的美是道德上应该予以保护的对象。[2] 哈格罗夫提出,自然美和艺术美都是整体善的一部分,自然美的存在先于其本质,保护自然物和生态自然的需要比保护一般艺术品的需要更强烈,人类有义务保护和促进自然之美。[3] 人们应该认识到:我们从生态环境中感受到的亲切、壮阔、震撼、美丽及所有的

---

① [美]尤金·哈格罗夫:《环境伦理学基础》,杨通进等译,重庆出版社2007年版,第102—112页。

② [英]G.E.摩尔:《伦理学原理》,陈德中译,商务印书馆2017年版,第56—57页。

③ [美]尤金·哈格罗夫:《环境伦理学基础》,杨通进等译,重庆出版社2007年版,第235—242页。

愉悦,都是自然界恩赐于人类的大礼,应予以珍视和爱惜。

3.间接性生态价值

间接价值是指客体对主体需要的满足以间接的方式实现。直接的生态价值是生态环境以明显的、直接的方式对人类需要的满足;间接的生态价值则以间接、模糊、不易觉察的方式对人类需要的满足产生的影响。在价值关系中,价值客体因为主体的需要而被改造,其结构、功能、属性的改变也意味着与原来主体关系的改变,会产生新的结果,这一结果可能具有正面价值,也可能产生负面效应,这时形成的价值就是一种间接价值,比如,为了防止昆虫对农作物的侵害而对所谓的"害虫"施加农药,农药杀虫是直接性作用,而由于农药广泛使用带来的生态改变("寂静的春天")则在一定时期内不为人们所觉察,呈现为一种间接价值。间接价值还表现为价值主体需要的产生离不开社会必要的秩序,社会各个管理机构对人财物的管理、对文化娱乐活动的管理、对社会稳定与安全的管理是整个社会正常运转和整体利益的需要,与个人甚至某一群体无关,但它是作为社会构成部分的个人或群体生存与发展的基础,是人的间接需要,是一种间接价值,间接价值往往指向整体与未来。间接生态价值表现为:系统价值、科学价值、道德价值等。

(1)系统价值。系统价值是指生态环境作为整体对生存于其中的人类具有的生态意义。德内拉·梅多斯(Donella Meadows)(《增长的极限》第一作者)在《系统之美》一书中认为,系统是相互连接的事物在一定的时间内以特定的行为模式相互影响形成的整体,系统是开放的,可能受到外力的触发、驱动、冲击或限制,系统的特征是由其对外力影响的反馈方式决定的,真实的系统反馈具有复杂性的特点。① 生态环境是一个开放的巨大系统,每一个存在物在其中都有自身特定的位置,在这个整体物质、能量、信息交换和流动循环

---

① [美]德内拉·梅多斯:《系统之美》,邱昭良译,浙江人民出版社 2012 年版,第 22—23 页。

中发挥着特定的作用。从局部来看,生物有机体之间呈现出共生、寄生、抗生等多种复杂关系;从全局来看,各种生态因子的相互依存、相互作用、相互制约构成了系统的整体功能,形成了密切联系的利益共同体。生物体之间这种互动性整体功能的好坏或者系统中其他构成因子的兴衰似乎与人类个体或群体没有什么明显利害关系,但如果人类深入了解自身与生态系统、与其他存在物的关系,就会明白人类与他们有着"唇亡齿寒"的内在联系。皮之不存,毛将焉附?① 人是万千世界中的一类存在物,像其他动物一样栖息在生态大系统之中,是这个共同体中的一员,如果共同体分崩离析了,人也就失去了自身生存的条件。生态学所揭示的生物食物链关系就是一种明证。正如史怀哲所说:就像波涛不会独自存在、始终只能是海洋的组成部分一样,人也不可能独自体验自己的生命,他始终必须与我们周围的生命一起共同体验生命。② 罗尔斯顿认为大自然承载着生命支撑价值、使基因多样化的价值、多样性与统一性的价值、稳定性和自发性的价值,实际上是从不同的角度阐释了大自然作为一个系统整体对于生命(包括人的生命在内)所产生作用。他认为人的出现、人的价值只是地球上更大的并且客观存在的价值体系上的一个子集,各种生物因子保存着对生态有机体平衡有重要影响的丰富的基因,基因物质是自然界按其规律自然选择的结果(其产品能够承载对人类有益的经济价值但绝不仅有经济价值),它有利于有机体生存,使大自然呈现出种类繁多、气象万千的样态,人类复杂的心灵世界正是基于这样的背景而生成的(当心灵反观大自然时就会意识到这些事物的独特性,但在罗尔斯顿看来,没有心灵的存在自然物依然固有自己的价值),大自然的稳定与秩序提供了生命和心灵的基础。

---

① 有这样一个典故,说是有 3 个跳蚤在吵架,从旁边经过的一个跳蚤问:你们在争吵什么呀? 其中一个跳蚤答到:我们都在争占猪身上最肥美的地方。旁观的跳蚤说到:你们就想不到腊月来临的时候这头猪就要被杀掉了? 猪都不在了,你们还吵什么? 争什么争! 皮既不在,毛长哪里? 事物存在的基础灭失了,附着其上的东西如何存在呢? 生态共同体难以为继了,生活于其中的人类何以存续?!

② [法]阿尔贝特·施韦泽:《文化哲学》,陈泽环译,上海人民出版社 2008 年版,第 316 页。

生态价值是一种间接的、非消费性的价值,它指向整体,既关注现实,也面向未来。

在《人类生态学》一书中,哈迪斯蒂(Donald L.Hardesty)认为生态环境是人类事务运行的"原动力",复杂性是生态系统的显著特征,自然界不是自然物的简单集合,它选择性地展示自然物并实现各种可能性。哈迪斯蒂通过人们对待美洲灰狼和美洲鳄的事例说明了某一自然存在物对于生态和人类的影响。他设想了关于美洲鳄的存在情形:一只身处天然沼泽地的美洲鳄、一只位于养殖场的美洲鳄和作为游乐场玩物的塑料美洲鳄,沼泽地里的美洲鳄既有前生,也有来世,既有当下,也有历史,它是自然界中独有的一个物种,是生态环境中的一个构成要素,自然发展史中的某个片段也许就蕴藏在它的身体里;养殖场里的美洲鳄在物理构造上虽然与野生的没什么不同,但它被剥夺了多数自然习性,已无法像野鳄那样生活在自然生境中,成了被改变的动物,等待人们以皮包、鞋子、肉饼等方式去消费;塑料鳄则早已成为一种概念,人们看到它时,既不会想到鳄鱼的可怖凶残,也不会联想起恐龙时代自然历史的变迁。① 自然状态下的存在物既发挥着个体的独特作用,创造着其他物种存在的条件,每一个物种的存在对于生态系统的稳定和平衡都发挥着作用,整个生态系统的稳定平衡也是人类生存的必要条件,尽管这种作用有时人类还意识不到或认识不够充分,但生态环境对人类的原初性、根基性影响的确是存在的,生态价值不可不信。

(2)科学价值。科学价值可以从自然科学和社会科学两个领域来分析,是指生态环境作为人们探索自然奥秘和人文价值的对象所具有的意义。对自然界本质与规律的探究是人以实践方式生存的本质所需,也是人作为"思者"具有的能动特性。罗尔斯顿认为自然科学研究是人从自然界获得智慧的闲暇性追求,可以分为实用性科学研究和纯粹性科学研究两种类型。实用性科学

①　[美]唐纳德·L.哈迪斯蒂:《人类生态学》,郭凡等译,文物出版社 2002 年版,第 235—243 页。

研究关注的是科学研究的功利效果,它通过研究对象带来的实际利益体现它的价值;纯粹性科学研究感兴趣于自然事物本身,陶醉于研究自然事物这一过程,把发现生态环境神秘的复杂性看作高贵、神圣的一项工作,当然这种感受是因为大自然本身就是一个有着迷人魅力、丰富多彩的宝藏,吸引着有意者前去探索,同时也使人们获得价值的体验,正如罗尔斯顿所说,大自然是价值的初级母体。侏罗纪时期的化石始祖鸟,对于一般人来说是没有什么价值的,但却有着重要的科学研究的价值,它可以为人类理解生命的发展及延续提供宝贵的自然线索。生态环境对于人文科学的发展亦有重要作用。环境考古学使用环境科学的方法与技术探究远古时期的人类如何生活,说明早前的人类如何应用技术进步适应环境,为探讨人类史前史和无文字记载的历史提供了方便。① 人类古生态学通过与人类联系的动植物及气候变迁等因素尝试回答曾经存在什么样的人类群体,人类群体与介于其中的生态环境关系如何。用于解答这些问题的自然物主要是人类遗存、动植物遗存和沉积物。② 人类古生态学认为,现在脱胎于过去,而过去的遗迹封存在自然环境之中,自然界为满足人的好奇心搭建了平台。荒野所引起的人文关怀也是自然人文科学价值的一种表征。美国自然主义者、环境保护主义者都曾关注和强调过荒野具有的生态价值和人文价值。在19世纪美国人讨论黄石国家公园法案时,许多人站在财产权的立场上提出反对意见,支持者则不仅说明这里的土地不适合开采和耕种,公园"不会对公共领地的价值有任何减损,也不会给政府的钱财带来些许损失",而且还从人文价值上予以肯定:"但整个文明世界将认为,这有助于我们的国会和民族的进步和荣耀。"③怀特尼(J.D.Whitney)对比黄石公园(1872年建立)早八年的约塞米蒂公园做过系统研究,作为研究自然带来的人

---

① 包茂红:《环境史学的起源和发展》,北京大学出版社2012年版,第26—27页。

② [美]唐纳德·L.哈迪斯蒂:《人类生态学》,郭凡、邹和译,文物出版社2002年版,第178—186页。

③ [美]尤金·哈格罗夫:《环境伦理学基础》,杨通进、江娅、郭辉译,重庆出版社2007年版,第62—63页。

文科学成果,他于 1868 年出版了《约塞米蒂大全》。① 生态环境的科学研究价值使人从自然界得到了探索的满足。

(3)道德价值。大自然的宽广、壮美与生动还给人带来德性的启迪,具有一种道德价值。生态环境的道德价值是指生态环境具有陶冶情操、塑造性格、砥砺意志、诱发善意和心灵之美的作用。曾被爱因斯坦誉为 20 世纪唯一能与甘地比肩的具有国际性道德影响的人物、生态哲学的创始人之一——阿尔伯特·史怀哲,其著名的"敬畏生命"伦理原则的提出既是长期理论思考的结果,更是他在非洲丛林感悟生命、体会伦理真谛的产物。② 他终生忘不了那个瞬间:落日时我们正在伊根德伢村附近,在一千多米宽的河道中沿着一个小岛前行,在沙滩的左边,4 只河马和它们的幼崽也在向前游动,这时我的脑海里突然出现了一个概念:敬畏生命! 我立刻意识到这就是令我伤透脑筋的问题的答案,只涉及人与人关系的伦理学是不完整的……由于敬畏生命的伦理学,我们与宇宙建立了一种精神关系。③ 大自然是一座隐藏着丰富智慧的宝库,常以人们意想不到的方式引出灵性的光芒。自然主义者梭罗(Henry David Thoreau)也早已认识到自然的纯洁、简朴、美丽能够砥砺人类的道德本性,使人的心灵得到更新和提高,甚至可以医治世俗的道德罪恶。在《瓦尔登湖》中他描绘了无比迷人的田园风光:轻柔的细雨、潺潺的溪流、明丽的湖水、起伏的山峦、朦胧的地平线……在自然的怀抱中感受自然的美妙,体味人生的真谛,思索生活的意义,他写道:"我到林中去,因为我希望谨慎地生活,只面对生活的基本事实,看看我是否学得到生活要教育我的东西"④,他赞叹自然在永恒

① [美]尤金·哈格罗夫:《环境伦理学基础》,杨通进、江娅、郭辉译,重庆出版社 2007 年版,第 61 页。

② 陈泽环:《敬畏生命——阿尔贝特·施韦泽的哲学和伦理思想研究》,上海人民出版社 2013 年版,第 27—28 页。

③ [法]阿尔贝特·施韦泽:《敬畏生命——五十年来的基本论述》,陈泽环译,上海社会科学出版社 2003 年版,第 7—8 页。

④ 杨通进:《生态二十讲》,天津人民出版社 2008 年版,第 22 页。

中蕴含着崇高,在荒野中散步对精神有滋补作用,可以给人带来宁静,抛却偏见、妄想、传统,找到生活的真实所在。19 世纪美国的自然主义者认为,人类精神是超验的,未开垦的荒野自然是我们与超验真实最亲密的接触,代表着从工业文明的破坏性影响回归至上帝创造的纯洁世界。当代环境伦理的倡导者罗尔斯顿认为自然环境对于塑造人的品性有重要影响,他指出,像是单纯、谦卑、节俭、自立、宁静这样的美德只有在乡村的环境中才能得到较好的培养;人类在自然进化过程中形成了一些根深蒂固的需要:挑战、冒险、劳作等,这些内在的冲动可以通过荒野或乡村得到满足,同时也使人类的精神健康得到维护;大自然是一种宗教资源,可以避开尘俗,接近终极实在的圣地,熏陶接近者的灵魂;环境伦理学的重要任务是"保持生命的神奇",这一任务的完成需要大自然源源不断地刺激和拨动人的心灵,自然本是一个神奇之地,当道德代理人与之谋面时,神圣的道德感便可能显现。①

综上可见,生态价值具有多样化的表现形态,有作为人类生存家园的环境价值、赖以谋生的经济价值、满足情志的审美价值、维持生态的系统价值、蕴含奥秘的科学价值以及砥砺品性的道德价值等,生态环境对于人的意义是多方面的。对于诸多生态价值,我们应以变化的、发展的、全面的观点,辩证地认识其价值所在。正像每个事物都有其两面性一样,生态价值既有其对人有利的一面,也有不利的一面,或者说既有正向价值,也有负向价值,人类对它的认识将会随着实践水平和认识能力的提升不断完善。

(二)整体主义的生态价值观

生态价值多种多样的表现形态是由生态环境本身的特性所决定的。生态环境最大的特点在于其整体性。生态哲学视域下的世界观摒弃传统伦理学思维方式与价值理念的偏狭,以宏大的、长远的、全面的、深刻的思维境界探索和

① [美]霍尔姆斯·罗尔斯顿:《环境伦理学》,杨通进译,中国社会科学出版社 2000 年版,第 21—35 页。

构建生态整体主义价值观。整体主义价值观的肇始与早期自然主义者的情怀与呼吁有密切联系。

1. 对自然灵性的赞美

当人类从自然界脱颖而出,开始解读自己之外的大自然时,由于对自然的依赖和认识能力所限,人并没有很明晰地意识到自身与自然万物有何不同,反而以神秘的方式相信万物跟人一样都是有灵魂的。著名文化人类学家 E. 泰勒(Edward Burnett Tyior)在解释万物有灵时指出,不仅人类具有灵性,自然界的一切动物和植物皆有灵性或灵魂,灵魂信仰是宗教形成的基础。① 在人类文化演进的历程中,万物有灵的信念首先呈现为自然神的故事,其后是英雄神的故事。在人类文明的早期,人对自然的认识停留在表层的、仅知其然而不知其所以然的水平上,当人们尝试观察和理解自然界时,所能想到的就是以灵魂信仰去解释包括人和其他自然物在内的一切。那时的人常常奢望通过某一自然物的魔力,使自己的生活顺利富足,因此出现了自然宗教和图腾崇拜。人们希望通过祭祀与祭拜处理好与自然的关系,获得自然的恩赐或者借助于自然物(如树)以神秘的方式寄托某种愿望。在中国古代,桑生神话颇具例证意义。据说商汤时期有个名臣,叫伊尹,他母亲怀他时曾有神托梦,说"灶台生蛙,亟去无顾",此话果然应验;伊母以神的指点向东走去,结果周围都是水,后来溺水而亡,化为中空的桑树;水退之后,有人听到有小孩的啼哭声,就把他救出抚养,没想到这孩子长大后有奇谋大智,后来得到了国君的重用。伊尹生于中空桑树之事,隐含着古人对桑树的特别之情。上古时代的中国将桑树视为具有不死与再生力量的圣树,它是男耕女织生活方式在神话中的体现,桑树是具有象征意义的社树。桑生神话所反映的是早期人类将对自身的理解与对自然的神秘想象混融的思维模式,他们以万物有灵、万物一体的信念认知和对

---

① [英]泰勒:《原始文化》,连树声译,上海文艺出版社 1992 年版,第 56—57 页。

待整个世界。① 钦佩自然、赞美自然、神化自然进而敬畏自然是此时的人们处理人与自然关系的基本方式。

随着历史的进步和科技的发展,近现代的有识之士注意到了自然界事物的相互依存关系,主张将自然看作有机统一的整体,倡导人与自然的和谐共处。法国哲学家卢梭在《自然遐想录》里这样写道:"当我跟天地万物融为一体,当我跟整个自然打成一片时,我感到心醉神迷,欣喜若狂,非言语所能形容。"②梭罗受欧洲浪漫主义和美国超验主义的影响,提出人应该尊重其他存在物,追求人与自然同一和谐的田园梦想。③《瓦尔登湖》对大自然给予人的生命、灵性、道德启迪大加赞赏,认为亲近自然是人类精神健康的构成要素,他感叹道:"自然,在永恒中是有着真理和崇高的。"④爱默生(Ralph Waldo Emerson)十分敬仰这位"自然的赞美者",认为"他的灵魂是应当和最高贵的灵魂作伴的。……无论什么地方,只要有学问、有道德的、爱美的人,一定都是他的忠实读者"⑤。

自然主义的代表人物约翰·缪尔(John Muir)以热爱自然、"感动过一个国家的文字"为人类的环境保护事业留下了宝贵的精神遗产,他认为自然界是一个有机的整体,自然存在物都是完美的,自然物是为了它自己而存在的,"大自然是一种必需品",它不仅具有满足人物质需要的工具价值,也有净化心灵、愉悦情绪的精神价值,有其自身的内在价值,地球是一个拥有精神的、充满活力的、人与其他存在共有的大家庭,人类没有理由凌驾于他物之上,过分抬高自己的地位与价值。人类不是野生生物的造物主,仅仅是它们的同伴,野生生物有生存的权利。⑥ 缪尔提出应该对自然面貌特殊的地区进行保留,政

---

① 尚永亮、张强:《人与自然的对话》,安徽教育出版社 2001 年版,第 27—28 页。
② 杨通进:《生态二十讲》,天津人民出版社 2008 年版,第 5 页。
③ 包茂红:《环境史学的起源和发展》,北京大学出版社 2012 年版,第 25 页。
④ 杨通进:《生态二十讲》,天津人民出版社 2008 年版,第 27 页。
⑤ 杨通进:《生态二十讲》,天津人民出版社 2008 年版,第 48 页。
⑥ 杨通进:《生态二十讲》,天津人民出版社 2008 年版,第 74—84 页。

府应该建立更多的自然国家公园,保护荒野土地。为此,缪尔与一些志同道合的环保主义者于 1892 年成立了现今有重要影响的环保组织——塞拉俱乐部。20 世纪初,旧金山政府规划在约塞米蒂国家公园建造水坝以提高城市用水,缪尔考虑到此举对野生环境的破坏,据理力争,竭力反对,表达了一位环保主义者的坚定立场。①

还有一种万物有灵论或生态有灵论,从跨宗教的角度出发又采用宗教的常用方式,通过对大地的神秘之爱,通过祈祷、默念及其他虔诚方式调动内心的信念,克服对物质的占有欲望,以一种厚重的责任感,建立人与非人共同体深刻的内在联系,他们认为这种联系的建立出自生灵。② 前人富有生态情怀的远见卓识为后来生态整体主义的出现提供了可贵的思想资源和道义基础。

2. 对整体之好的论证

20 世纪后半叶,随着人们对环境问题带来的生存危机的警觉,环境保护运动成为社会运动的重要内容,在环境科学知识的帮助下,整体主义思维方式应约登台,人们的价值取向也由功利性、工具性向多维性、整体性转变。整体主义价值观的核心,是将自然界的整体利益置于最高地位,以维持和保护生态系统的完整、稳定、平衡和美好,摒弃以人的利益为中心的价值评判标准。整体主义价值观的主要代表人物及其理论成果有:利奥波德的大地伦理学、蕾切尔·卡逊的生态整体主义、罗尔斯顿的自然价值论和阿伦·奈斯为代表的深层生态学。其中利奥波德的伦理整体主义尤其值得我们重视。

奥尔多·利奥波德终生都在寻求生态学与伦理学的融合,他是第一个倡导以新的生态科学的观点从根本上思考伦理问题的人。利奥波德早期曾从事

---

① [美]J.唐纳德·休斯:《世界环境史:人类在地球生命中的角色转变》,赵长凤、王宁、张爱萍译,电子工业出版社 2014 年版,第 179—181 页。

② [瑞士]克里斯托弗·司徒博:《环境与发展:一种社会伦理学的考量》,邓安庆译,人民出版社 2008 年版,第 220—221 页。

野生动物管理,也在耶鲁大学林学院专业学习过,随着在林业管理领域经验的积累,他逐渐体会到美国当时推行的自然保持主义(将一些掠食者视为有害动物,用人力减少其数量以增加有益动物的产量,狼越少其他动物就越多)的弊端,指出这种机械论的方法严重低估了自然界物质之间的相互作用,人永远无法确切地知道自己对自然的控制会导致什么生态后果,把地球当作"死"物是错误的(即使是一捧"脏土",其中也蕴含着活的生物),"那种主观地认为自然界只有摒除那些毫无经济价值的物种才能有效运转的想法实在可笑"①。随后他开始从伦理的角度审视人对待自然的态度:"在人与土地之间存在着很密切而深刻的关系,不能仍沿用机械主义的土地概念。""于是哲学告诉我们,为什么不能以道德上泰然的态度去破坏土地;'死'的土地其实是个有机体,拥有某种程度的生命。从直觉上看我们应当尊重它。"②利奥波德告诫人类应该以高屋建瓴、胸怀全局的态度关注自然、理解自然。他意识到人们关于道德身份认同的范围在不断扩延,主张进一步将道德关怀的对象引申至包括动物、植物、土地在内的整个生态系统。利奥波德以自己的实践经验和理论研究对生态整体进行了严肃的道德思考。他认识到整体主义的伦理观是资源管理决策中最好的方法,也是生态科学整体性原则在伦理领域中的体现,同时也映射出对世界整体的辩证把握。他认为无论是生态学还是哲学,对自然界事物的认识都离不开这样一个前提:相互依存、相互制约的个体或群体趋向于全体的进化模式,组成彼此影响的共同体。利奥波德把这个共同体比作"土地金字塔",底层是土壤,然后是植物、昆虫,以此类推,最高层由较大的食肉动物组成,人是这座塔中处于高位、极其复杂、但又只是成千上万个添加物中的一物。这是一个高度组织起来的结构,有机体之间相互依赖、互为资源、共生共存,整体功能的实现有赖于各个组成部分的相互配合和竞争。利奥波德通

---

① 　[美]利奥波德:《沙郡年记》,岑月译,上海三联出版社 2011 年版,第 197 页。

② 　[美]戴斯·贾丁斯:《环境伦理学》,林官明、杨爱民译,北京大学出版社 2002 年版,第210 页。

过"土地"表达对生态群落的道德认同,提出了整体主义价值观的基本原则:"当某事物倾向于保护整体性、稳定性及生物群体之美时,它就是善,是正确的,否则就是错误的。"①这种生态伦理观标志着人类开始从生态整体的宏观视野审视人与自然之间的关系,关注自然生态的整体利益和长远利益。

受利奥波德整体主义价值观的影响,美国作家、生物学家蕾切尔·卡逊于1962年出版了被称为环境保护"报春鸟"的名作——《寂静的春天》。② 这部唤起全球环保意识的畅销作品,以农药污染为现实切入点,进一步运用、阐释和发展了生态整体主义价值理念。卡逊从杀虫剂原理、水循环圈、土壤系统、植被系统等方面说明了自然界物质的普遍联系与相互作用,特别揭示了以杀虫剂DDT为代表的化学农药对生态环境的危害,认为杀虫剂实际上是杀生剂,伤害了遍及全球的每一个与之接触的生命。她恳切地告诉人们:土壤、地下水、绿色植被、动物以及人类都处于同一个生态之网中,其中任一环节的破坏,都将造成整个系统的紊乱与损害。"核爆炸向空气中释放出的锶,或随雨水进入土壤,或以放射性尘埃形式落到地表,进而被草、玉米或小麦吸收,最终进驻人类的骨骼中直至其死亡。同理,农田,森林以及花园里喷洒的农药会在土壤中长存,接着进入生物体内,在中毒和死亡的链条中不断地传递下去。"③在以人类主体价值为导向的观念下,控制自然、利用自然是人的特权,而卡逊却认为人类享用了自然的馈赠,却用统治和破坏来回报自己的恩人。生物多样性是自然自行运转的结果,但"我们对待植物的态度是异常狭隘的。如果我们看到一种植物具有某种直接用途,我们就种植它。如果出于某种原因我

---

① 〔美〕戴斯·贾丁斯:《环境伦理学》,林官明、杨爱民译,北京大学出版社2002年版,第212页。

② 蕾切尔·卡逊的生态思想也深受20世纪生态伦理学家史怀哲(Albert Schweitzer)"敬畏生命"伦理观的影响,《寂静的春天》扉页上写着:"献给阿尔贝特·史怀哲"。卡逊在出版自己这部著作一年后获史怀哲勋章。Albert Schweitzer又译阿尔贝特·施韦泽、阿尔伯特·史怀泽、阿尔贝特·施韦策等。其实译为阿尔伯特·史怀哲更妥当,"史"为汉姓,"怀哲"可释为怀念先哲,既符合汉语习惯,也蕴涵与这位生态伦理学家精神气质相合的寓意。

③ Carson, Rachel: *Silent Spring*, Beijing: Science Press, 2014: p.5.

们认为一种植物的存在不合心意或者没有必要,我们就可以立刻判它死刑。" "是谁在天平的一个盘中放了一些可能被某些甲虫吃掉的树叶,而在天平的另一个盘中放入的是可怜的成堆杂色羽毛——在杀虫毒剂无选择的大棒下牺牲的鸟儿的无生命遗物!是谁对千百万不曾与之商量过的人民作出决定——是谁有权力作出决定,认为一个无昆虫的世界是至高无上的,甚至尽管这样一个世界由于飞鸟奄拉的翅膀而变得暗淡无光?"①这位坚定的环保主义勇士呼吁人类将自身置于生态大系统,肩负起维护整个系统平衡与稳定的责任。卡逊认为不仅鸟儿和榆树,地球上所有物种的命运都掌控在人类手中,如果人类不重视其他物种的生存权利,利令智昏地企图控制自然,结果可能导致生态系统的崩溃,人类的末日也就随其而至。《寂静的春天》激起了人们环境意识的觉醒和声势浩大的环境主义运动。卡逊的生态整体主义为人类环保意识的树立、环保行为的选择提供了有益的价值引导,产生了重大、深远的社会影响。

生态中心主义伦理学家罗尔斯顿认为,生态系统对个体生物的限制相对于个体生物对系统的作用更为重要,每个生物都有自己活动的上限与下限,是在受限的生存空间中生活的,生态系统从更高的组织层面制约限制着有机体。生态系统叙写着宏伟的生命故事,促成新的有机体产生。生物个体以既定程序去繁殖自己的同类,而生态系统力图创造更多的物种,它超越了认为生态系统只选择最值生存的理论图式,选择个性、分化,足够的遏制生命的数量及质量,借助于冲突、分散、概然性、演替、秩序的自发产生和历史演进,构建其共同体层面的整体力量。② 为了维护共同体的整体利益并使人类"诗意地栖居于地球",罗尔斯顿希望人这个位于生态系统顶峰的、高级的进化成果,不要使自己成为超越于地球生态系统或他物之上的主宰,不能成为对他物不负责任的特权物种,人应该看到他之外和之下的其他存在物的价

---

① Carson, Rachel: *Silent Spring*, Beijing: Science Press, 2014: p.55.

② [美]霍尔姆斯·罗尔斯顿:《环境伦理学》,杨通进译,中国社会科学出版社2000年版,第224—253页。

值,"保持生命的神奇"①,形成开放的地球整体观,产生对自然具有贵族气派的责任感。他说人类需要一种对其自然环境精心呵护的伦理学,使得存在于心灵中的理性、情感、意志创造性地回应地球对人的恩惠,生发出对地球的整体关照之情。他提醒我们,人在大自然中的地位并不是最重要的,自然反馈给人类最重要的教训是:只有适应地球,才可能分享地球奉献的一切。②

奈斯(Arne Naess)的深生态学将人与整个生态系统视为一体。在他看来,生态自我是"我"的最高境界,这个境界的实现是人不断扩展自我认同对象的范围,由个体的"小我"到社会自我再到生态"大我",随着这个范围的不断扩大,被认同的他物的利益渐渐成为自我利益的一部分,而"我"也会意识到自己只是更大整体的一部分;当"小我"认同的范围及其认识深度达到生态"大我"的程度时,便能在他物中看到自我,也能在自我中看到他物,"认识到自己与地球的同一性","我""物"深度融合。③

与上述整体主义生态观相契合的,还有著名的"盖娅假说"。1979年大气化学家杰姆斯·拉夫劳克(James Lovelock)在《盖娅:对地球生命的新看法》中提出了"盖娅假说"(Gaia hypothesis),认为地球是一个自我调节的平衡系统,生物圈有能力通过对化学和物理环境的控制而保持地球的健康。"盖亚假说"认为地球上的各种生物有效地调节着大气的温度和化学构成,各种生物体影响着生物环境,环境反过来影响生物进化,生物与自然界之间主要由负反馈环连接以保持地球生态的稳定,大气的稳定不仅取决于生物圈,在一定意义上也是为了生物圈。地球这个"巨生命系统"(Mega-life System),既意味着个体生命的代谢和繁殖,也涵盖着可以进行能量与物质变换并使内部维持稳定的物质之间的总体性关系。地球就是一个生命有机体,利用太阳能量并依照

---

① [美]霍尔姆斯·罗尔斯顿:《环境伦理学》,杨通进译,中国社会科学出版社2000年版,第34页。

② 杨通进:《生态十二讲》,天津人民出版社2008年版,第328页。

③ 雷毅:《深生态学:阐释与整合》,上海交通大学出版社2012年版,第156—160页。

行星的尺度进行新陈代谢,其中生物的作用至关重要。假如生物从地球上消失,那么,构成地圈、水圈与大气圈的各种元素将会彼此共同反应,直至更进一步的反应不复存在而达到一种平衡状态,这时,这颗星球将成为一个炽热的、无水气的死寂之球。拉夫劳克以希腊神话中创造世界和人类的地母——盖娅,预示作为自然整体的地球与其之上的存在物之间的本质联系。"盖亚假说"后经美国生物学家林恩·马格利斯(Lynn Margulis)与拉夫劳克的共同推进,受到科学界的重视并对人们的地球观产生了重要影响。包括人在内的所有生物都是地母的孩子,人类并不是地球的主人,只是这位女神的后代之一。①

现代生态伦理学家以不同视角论证和说明生态整体主义的价值观。德国美因兹大学哲学教授汉斯·萨克塞通过对人、社会、技术的历史考察,揭示了共同生活于地球的各种生命物质的相互联系,指出人不仅是自然界的主体,更是自然共同体中的客体,"由于广泛的生态关联,每个人都在更高的程度上成为整个体系的一部分"②。的确,如果深思熟虑地考察我们与其他事物及整个自然界的关系,那就不得不抛却以"我"为"主"的价值观,维护整个生态系统的平衡与美好。

3. 对生态价值的反思

在传统价值论中,价值是一个属人概念,指的是客体对于主体的意义,是揭示外在于人的他物满足人类生存发展程度的关系概念。从价值关系的本质来看,它体现的是主体与客体之间的意义关系,既不是与主体无关的客体属性和功能,也不是与客体无关的主体欲望和情趣,而是兼具主体特征与客观基础的一种特定关系。价值关系的构成总与人特定的需要相关,会因主体及其需

---

① 王正平:《环境哲学——环境伦理的跨学科研究》,上海人民出版社 2004 年版,第 223—234 页。

② [德]汉斯·萨克塞:《生态哲学》,文韬、佩云译,东方出版社 1991 年版,第 4 页。

要的不同而不同。当客体对象适合某一主体的某种需要时,我们会给予这种客体以"好"的评判。这种"好"评,可能是由于客体的某种良好性能(如这是一把好刀),也可能是由于某一自然现象对人带来的益处(如这是一场好雨),抑或是基于客体间特性的比较得出的审美评价(如这是一盆好花)。对客体意义的评议总离不开人的欲求与需要,尽管意义的生成离不开客体的性质、结构和属性。

诚然,价值评价与人相关,但如果我们对"人"的界定是个体的人、或由人构成的群体,对"好"的断定建立在个体利益、群体利益或眼下利益之上,"人"恐怕就会利令智昏地干出许多出格的事来:过分开垦导致土地荒漠化,过分渔猎导致无鱼可捕、无兽可猎,滥伐森林导致洪水泛滥、疾病流行,等等。只顾眼前利益,忽视自然的本性与自然界的整体利益,最终会招致自然的"抗议"!从环境史的角度看,全球气候变暖便是对人恣意妄为的一种"报复"。研究表明,"20 世纪中期以来的全球平均气温的升高很大程度上可能是由人类导致的温室气体浓度升高引起的。仅仅由自然气候过程导致这一现象的可能性不到 5%。……21 世纪,气温可能会升高 1.1—6.4℃,海平面会上升 18—59 厘米。无疑世界上会有更频繁的温暖期、热潮,一些地区会有更多强降雨天气,干旱、热带气旋和极高潮也很可能会增多。……通常政府和大企业是决策人,他们则是根据自己所能看到的作出符合自己短期利益的决策。很不幸,人类和地球的共同利益沦为了次要考"①。价值的评判与选择如若囿于本位或目下利益,缺失对自然本性与整体的认知与考量,人自身的根本利益就很可能面临颠覆性的损害。从认识论的角度上说,处于主体地位的人,始终将他物视为可以随意利用与征服的客体,只有工具价值,没有自然本身存在的意义,也没有考虑到自然物对于大自然具有的生态价值。如果只考虑自然物对人眼前带来的好处,只考虑它当下的经济价值,就会以偏概全,因小失大。"一棵树的

---

① [美]J.唐纳德·休斯:《世界环境史:人类在地球生命中的角色转变》,赵长凤、王宁、张爱萍译,电子工业出版社 2014 年版,第 295—296 页。

价值到底有多大?"这个问题曾在网上引起热议。据说印度加尔各答农业大学的一位教授从一棵树的经济价值和生态价值两个角度算了一笔账:一棵正常生长 50 年的树,如果当木材卖掉,市场价值最多 300 美元;而以生态价值来算,则达到 20 万美元,其中每年可以生产出 31250 美元的氧气、2500 美元的蛋白质,可以因减轻大气污染带来 62500 美元的价值,涵养水源带来 31250 美元的价值,为鸟类及其他动物提供栖息地带来 31250 美元价值。① 这样一算,一棵树的价值就扩大了近 700 倍。

肯定的价值评价在日常语言中往往以"好"来表达。"好"评针对的既可以是道德之外的一般意义上的价值评判,也可以指向道德领域。通常情况下,当被评价的对象由外在的物转向主体人时,我们所说的"好"便开始勾连起道德上的"善"。道德是一种价值追求,对道德领域中价值本源的追寻是现代伦理学的重要议题。传统伦理学中的功利主义以幸福快乐为道德价值取向,看中的是人作为感性存在的意义;理性主义伦理学强调的是人作为普遍理性存在的特点,将道德义务定义为无条件的道德命令,认为道德追求的应该是人性的崇高;也有人以上帝为善的根据,将道德价值引向超验的天国。理论立场不同,价值观念便有差异。

道德领域的善包括行为的善和人格的善。作为行为之善,道德的出现有利于维系社会的稳定、保持有序化的社会顺利运行,满足社会的特定需要,也能通过个体的利他行为促进他人或群体价值的实现;道德之善更以自我完善、自我超越的方式表征出人自我的内在德性,并使其伦理精神在德性的修炼中不断提升。行为之善具有外在性和工具性,道德主体的行为是对他人或群体需要的满足,呈现为满足他人或社会目的的手段;德性之善则是一种内在的品质,包含着对他人价值的肯定和自身人格境界的提升,道德主体的自我价值成为重心所在。但是"对自我存在的价值的肯定,并不意味着导向自我中心,道

德上的自为,也不能理解成对为他的否定。……行为的为他性相应地以确认他人的主体性并肯定其作为主体的存在价值为前提,而并非仅仅给他人提供利益上的满足。……当自我履行对他人的道德责任时,他同时也展示了自身人格的崇高性及存在价值:行为的'为他'可以看作是自我所达到的人格境界的一种外在确证。"①这就是说,道德价值最深沉的意蕴在于人自我价值的实现,在于"作为人而成为人"②。

对于人之外他物的价值,对于生态环境价值的认识,需要克服传统价值观中唯人独尊、以人为大的傲慢态度,以宽广的胸怀、长远的眼光、崇高的品格珍视和善待与人类息息相关的他物及整个生态环境。传统观念将人之欲望的满足作为衡量价值大小的唯一标准,满足的方式也是简单粗暴的,自然物成为人的对立面;同时,在经济活动中,自然资源被看作大自然的恩赐,是无价的,无尽的,可以免费使用。人的主体"中心"定位延伸出价值倾向上的"中心"选择,他物因人而在,为人服务理所当然。传统价值论的逻辑习惯,加强的是人对自然的权利,忽略的是人对自然的义务;着眼的是他物对人需要的满足,遗忘的是他物对人存在的制约。这种思维方式和价值理念渗透在知识体系、技术体系以及人的生产方式和生活方式中,是导致人类生态困境的深刻根源。虽说人之外的"物"不具备传统意义上的主体资格,但它确有自身在自然界的应有地位与作用,人类对待他物的态度也是衡量其道德水平的重要指标,因此,当人与他物打交道时应有道德上的警惕与关怀。人作为道德主体,作为道德代理人,应该自觉自愿地以道德规范处理好包括自然在内的各种关系。传统伦理将自由意志作为道德选择和道德评价的基础,折射出人对自我尊严、自我价值与道德责任的深层领会,由此出现了规制个人意志的道德上的"应该"。人类面对的生态环境是开放的、外部的、综合的巨大系统,要缓解或消除这一巨系统的问题,如果没有整体利益观念,没有对人类整体负责的道德责

---

① 杨国荣:《伦理与存在——道德哲学研究》,上海人民出版社 2002 年版,第 71 页。
② 参见孙正聿:《塑造有教养的自我》,《中国新闻出版广电报》2018 年 6 月 22 日。

任感,不可能从根本上解决问题。按照人非社会性的欲望,对自然的占有趋于无限大,但理性反思的能力促使人慢慢觉知到自己存在的问题,从"我应当做什么"的角度开始修炼和规范自己的行为。① 正确处理与他物的关系,需要人不断超越自我,追求道德人格的完善与崇高。

这里有一个"大我"与"小我"的关系问题。胡适先生曾提出"小我"和"大我"的概念,说个体的"小我"是会灭亡的,而人类社会的"大我"、自然的"大我"是永存的。"小我"虽小且会死,但其一切作为及功德罪恶都会留在"大我"之中。② 在生态系统中,整个人类只是个"小我",是大自然中的一分子,大千世界构成的整体才是"大我"。"小我"对于不朽的"大我"会产生种种影响,须对"大我"的未来负起责任。何兆武借用康德的话说:"人类具有'非社会的社会性'。世界是上帝的作品,所以它的历史是由善而开始;社会是人的作品,所以它的历史是由恶而开始:'大自然的历史是由善而开始,因为它是上帝的创作;自由的历史则由恶而开始,因为它是人的创作。对个人来说,由于他运用自己的自由仅仅是着眼于自己一身,这样的一场变化(指由自然状态进入公民状态——引者注)就是一种损失;对大自然来说,由于它对人类的目的是针对着全物种,这样的一种变化就是一种收获。'"③若人类能够领悟由善开始的大自然的智慧,"小我"便可与"大我"融洽相处,舒心地依偎在"大我"的怀抱中。

---

① 樊小贤:《道德"应该"的生态伦理归向》,《西北大学学报》(社会科学版)2009年第5期。

② 何乃舒编:《胡适随想录·实用人生》,中国戏剧出版社1991年版,第36—48页。

③ 何兆武:《历史理性的重建》,北京大学出版社2005年版,第12—13页。

第五章 由"经济增长"到 "人性提升"

生态环境对人类的生存与发展既具有直接意义,也具有整体的、长远的、深刻的间接影响。长期以来,对于生态环境之于人类社会的作用,我们更多地是从当下的功利性、工具性价值着眼的,把对自然的占有和利用带来的经济增长视为人类活动的最大成功和最终目的。发展的目的何在? 价值何在? 为谁发展? 如何实现"好的发展"? 这种考虑在工业文明时期似乎是一个答案显见的多余问题,但生态文明把这一议题提到了人的存在和人类社会发展终极意义上来考量,这一全球性未解难题,需要人类进行严肃而认真的思考与探索,因为它涉及人类"美丽新世界"与"美好新生活"实现路径的重大选择。① 历史经验与理性的审思告诉我们,人类社会的发展需要实现由"经济增长"到"人性提升"的转变。②

---

① 袁祖社:《社会公共正义信念与发展合理化的价值逻辑》,《北京大学学报》(哲学社会科学版)2018 年第 4 期。

② 这是发展伦理学的杰出先驱德尼·古莱博士提出的观点,他认为伦理学是关于人类行为优劣的学问,道德的目的在于如何最好地生活与行动以达到最终目的,发展的目的在于所有人生活得更富有人性,而不是为了没有止境的通过发展经济占用更多资源与物品。真正的发展不是不断扩大消费规模,也不是技术效能的非人格化提升,它是一种促进人性提升的文化力量。参见[美]德尼·古莱:《残酷的选择:发展理念与伦理价值》,高铦、高戈译,社会科学文献出版社2008 年版。

一、无限增长的执迷与尴尬

进入文明时代的人类是通过生产实践这种方式谋生的。从经济发展的方式上说有自然经济,有商品经济。商品经济的高度发展就是市场经济,市场经济具有促使财富无限增长的内在驱动力。

(一)对物质财富的无尽追求

对物质财富的无限占有是市场经济的内在动力。在自然经济模式下,人们通过对自然规律的依循和自然对象的改造创造出满足自身生存所需要的生活资料。尽管这一时期也有贫富贵贱、财产多寡的不同,但生产的目的主要是满足自己或家族生活所需,人们对财富追求的欲望是比较具体的、有限的。在更早的狩猎采集时期,人们完全没有金钱的概念,生活所需自给自足,部落成员用义务和人情组成经济体系,分享服务和产品。农业文明时期,大多数人的生活依然是狭小而亲密社群形态,"三十亩地一头牛,老婆娃娃热炕头"便是生动写照;即使有土豪财主,无非是吃的更好一些、住的更大一些、用的更多一些,当生活需要满足后生产的动力也就暂时减弱了。随着社会分工和私有制的出现,通过产品交换而获取生活资料及社会财富的商品经济有了越来越广阔的舞台。商品经济的发展分为两个阶段:简单的商品经济与发达的商品经济。发达的商品经济就是市场经济,社会经济发展过程中所需资源通过万能的市场来完成。在社会生产力高度发展之前,在特定的社会历史条件下,市场经济是提高劳动生产率,促进社会财富增加的十分有效的方式。这种经济发展方式既有内在的动力,也有外在的压力,商品生产者会不断地将自己的企业做大做强,因为市场经济活动的直接目的就是获得尽可能多的利润,占有尽可能多的社会财富;如果裹足不前、没有竞争优势就可能破产倒闭,钱财尽失。

亚当·斯密在《国富论》中将商品经济发展的人性基础概括为"经济人",

认为处在商品体制下的人以获取利润为唯一目的,对这一目标的不懈追求会使资本想方设法将其生产物的价值最大化,以获得最大数量的货币。"经济人"作为现代西方主流经济学的基本信条,具有"利益""理性""市场"三个基本要素,这里的"利益"是指经济利益,"理性"是指如何获取利益的经济理性,"市场"是指获取利益的基本平台,"经济人"的价值目标就是获取尽可能多的经济利益和社会财富。① 在资本主义市场经济条件下,人们原来所需要的吃喝住穿等生活资料和财富占有,被简化为市场平台上以价值来衡量、用货币来计量的经济利益。人们基于自身生存所需要的物品的使用价值被抽离、遮蔽为用货币来衡量的价值,并成为人们的首要追求。人本来是有多重需要的感性存在物,而市场经济的逻辑将人引造为资本增值效率至上、人格化的资本存在者。经济理性追求收益的"最大化"。"最大化"所指向的是资本增值量的最大化,对"效率"的追求也指的是资本增值的效率,尽管资本的增值也要通过物质产品的丰富来实现,但产品(使用价值)只是手段,只是因为它是价值的物质承担者,是实现价值增值的必要条件而被生产,绝非资本的目的所在。②

在市场经济条件下,生产的目的就是为了追求尽可能多的经济利益(利润),利润量的扩大要通过扩大再生产来实现,而扩大再生产的资金来源在于利润的资本化。于是资本——利润——扩大再生产——更多的利润——更多的资本——更大的生产规模……成为经济运行的基本轨迹。自然经济遵循的逻辑顺序是需要——消费——生产,因为生存需要,所以进行消费,因为需要消费,所以进行生产;而市场经济进行生产的直接目的不再是人类生存的物质需要,而是通过市场交换获得更高的利润,为了获得更高的利润就要刺激人们

① [英]亚当·斯密:《国民财富的性质和起因的研究》(上),郭大力、王亚楠译,商务印书馆 2012 年版。

② 陈学明:《"经济人"的现实基础、生成途径与扬弃方式——从马克思主义的视角看》,《湖北社会科学》2016 年第 9 期。

去过度消费或"意义"消费（不是为了实用目的，而是为炫耀或表达个人与众不同的社会地位），这就导致生产与人的真实需要联系的断裂。市场经济条件下的经济活动，经营者关注的已不再是产品本身，而是财富快速地、不断地增长，财富的概念也不再是一处庄园、一个工厂和金银财宝，而是以数字呈现出来的财富符号，这种财富的存放方式好似一个无底的巨型钱袋，怎么装都装不满。人人想要，人人都想多要，成为金钱的基本特性。金钱不仅用来换取物品，还用来积累财富。金钱的地位、财富的转换、储存、携带和运输的方便使得商业网络和市场经济快速崛起，金钱渐渐成为人们心理上的一种想象，成为普遍有效的信任系统。而市场经济正是在需要之外找到了动力无穷的源头——对金钱、对经济利润的无尽追求。这种对金钱财富的无尽追求在社会实践中转化为生产无限扩大的趋势，而生产是要有成本的，包括资源成本。生产的无限扩大同时意味着资源需要的无穷增长。

（二）增长的困境与极限

说到增长问题，不得不提及罗马俱乐部的重要报告——《增长的极限》。这份报告最早于 1972 年 3 月在美国出版，虽然不是什么鸿篇巨著，只有区区 150 页的篇幅，但目前印册已达数百万，以超过 20 种语言的版本在全世界发行，引起了学界、政界的强烈反响。罗马俱乐部资深成员乔根·兰德斯在该份报告出版 40 年之后曾专门谈及它的宗旨及要义，认为《增长的极限》所表达的并不是说人类经济不会再增长了，而是强调"人类生态占用"的增长与经济增长之间的关系，提醒人类要以前瞻性的眼光提早提出对策，以防因决策延迟导致对资源的使用超过地球的极限。该份报告在对人类社会未来前景进行分析的基础上，认为全球范围内的经济增长在人类生态占用增长下降之前就可能超过地球承载力的极限；一旦地球资源处于不可持续的状态，人类就要被迫降低资源使用率和排放率，实行"限缩（Contraction）"策略；限缩方式有两种，一是人类组织管控下的降低（如通过 1987 年《蒙特利尔议定书》想法减少化学物质对臭氧层的破坏),一是市场或大自然导致的"崩溃"(如由于人类的滥捕,加拿大鳕鱼业1992年崩盘,甚至在20年停止渔猎后该鱼种群仍未恢复);如若全球每年使用的自然资源超过地球提供的数量,人类社会将永远处于不能持续的状态,不仅未来的发展大受影响,甚至现有的福祉也难于维继。① 虽然《增长的极限》探讨的并非纯粹的经济增长,而是人类生态占用的增长问题,但在现有经济发展模式下,自然资源仍是实体经济存续所需之"米",无"米"难"炊"是不得不依循的定律,而且人类对生活资料的需求就是要通过对自然资源的利用才能获取的。

1. 生态占有的不断增加。人类经济增长很快,对生态的占有增长得也很快。人类认识到全球活动超过地球的承载能力可能需要一段时间,而由认识转为缩减资源使用的行为又需要若干时间。在相当长的时期里,生态占有不会停止增长,一些生态资源伴随着经济的指数增长开始快速萎缩或消失,如蓝鲸、加拿大鳕鱼、印度虎、印度尼西亚热带丛林、澳大利亚珊瑚礁等。与此同时,在资源大规模开发和利用过程中,现代工业体系越来越庞大。1900年美国是世界上最大的煤炭生产国,四分之三的能源消耗依靠煤炭;到了20世纪初,美国又成为石油生产的老大,并依靠石油形成了第二个全国运输体系(公路、小汽车和卡车,第一个全国运输系统是铁路);20世纪20年代美国经济的轴心又转为汽车工业;20世纪美国经济的增长是建立在对石油资源大量开发和使用的基础之上的。② 美国作为当今世界的头号经济大国,对地球资源的开发和利用也是最多的。从全球来看,人类生态占有率增长飞速,1972年差不多只有当今世界的一半,2008年人类对生物圈资源的消耗超过地球生物承载能力的约30%,全球温室气体排放量超过可持续水平约8倍,多数水产资源

① [挪威]乔根·兰德斯:《〈增长的极限〉40年后的再思考》,王小钢译,《探索与争鸣》2016年第10期。

② 田丰、李旭明:《环境史:从人与自然的关系叙述历史》,商务印书馆2011年版,第415—420页。

被过度捕捞。有学者以联合国国际资源委员会全球物质流数据库为研究基础,分析得出了这样的结论:1970—2015 年,全球物质资源开采量从 271 亿吨增加到了 875 亿吨,增长了 2.422 倍;2002—2017 年,全球资源开发年增长率为 3.37%,① 显示出人类的生态占有率依然在不断增长。地球已经处于超过极限的状态,而人类不能在不可持续生态环境下持续太久,假若人类自己不采取积极措施(如颁布法令报废捕捞船只和工具),自然就可能以"崩溃"的方式迫使人类作出改变(比如鱼群消失而导致捕捞社群消失)。② 经济的快速增长一方面使地球上的某些资源如水、石油、木材、鱼类、土地等区域性稀缺,另一方面也使工业生产对生态环境的损害日益严重。③《增长的极限》把世界工业生产、世界经济增长等通过统计分析在数值坐标图上连接起来形成了 J 型曲线,这种 J 型曲线其实是指数曲线,学术界称之为指数增长。有学者对指数增长的性质做了形象的说明:有次国王约阿凡提下棋,结果阿凡提取胜。国王问阿凡提要什么奖赏,他说很简单,只要在棋盘的第一格放 1 粒麦子,第二格放 2 粒麦子,第三格放 4 粒麦子,第四格放 8 粒麦子……以此类推,后一格放的麦粒数是前一格的 2 倍,一直这么增长下去。棋盘共有 64 格,最后一个就是 2 的 63 次方。国王当时并未意识到这种指数增长的可怕,欣然应允,结果以承诺落空告终。据说 2 的 63 次方个麦粒的数量是现今全球小麦产量总和的 500 倍。④ 如果经济以指数的形式增长下去,地球何以为继?中国社会经过改革开放 40 多年的发展,经济总量有了空前的增长,带来的环境问题受到了政

---

① 王红、吴滨:《全球物质资源利用变化趋势分析》,《重庆理工大学学报》(社会科学版)2019 年第 12 期。

② [挪威]乔根·兰德斯:《〈增长的极限〉40 年后的再思考》,王小钢译,《探索与争鸣》2016 年第 10 期。

③ 当然,人类活动与生态环境承载力之间未必一定是负效应关系,有人对中国长江带资源环境承载力的研究表明,经济环境承载力与经济发展水平呈较强的正相关性。参见曾浩、申俊、江婧:《长江经济带资源环境承载力评价及时空格局演变研究》,《南水北调与水利科技》,2019 年 3 月 22 日,见 http://kns.cnki.nrt./kcms/detail/13.1334.tv.20190321.1117.003.html。

④ 陈静生、蔡运龙、王学军:《人类——环境系统及其可持续性》,商务印书馆 2001 年版,第 125 页。

府和公众的日益重视,经济发展开始向高质量方向努力,这种转变也是现实使然。以水资源情况为例,我国大陆 31 个省区市中,有 15 个缺水或严重缺水,缺水原因除个别省份属于资源性原因外,其他均属综合性、过载——工程性、过载——资源性缺水。① 由此可见,资源开发利用对生态环境产生的负面影响形势依然严峻。

《增长的极限》提醒我们,地球在物理上是有限的,而经济的发展使资源与环境问题不断涌现,人类对此不能视而不见!经济规模的无限扩大会给资源环境带来如下影响:(1)伴随生产扩大带来的原材料使用量的不断增加,使资源环境处于被持续加压的状态;(2)利润最大化法则使经营者对资源的利用以效益为决策依据,致使浪费现象大量存在②,出现了大量生产——大量浪费的资源使用模式;(3)“物”不尽其用带来的浪费。为了使生产的东西受到市场的追捧,生产者和经营者通过广告宣传不断刺激人们的消费欲望,诱导消费者“除陈布新”,用过即扔,带来物质财富的极大浪费,也使自然资源无法发挥最大的使用价值,形成了大量消费——大量浪费的不良运行方式。在这种情形下,“这块经济大饼真的能无限制变大吗? 每块饼都需要原材料和能源”③。是的,“每块饼都需要原材料和能源”,可是,生态环境系统的资源供给是有限的,尤其是能源、矿产资源和森林、草原、濒危物种等生物资源,而某些资源类型对人类社会经济的发展具有很大的制约作用。据说美国几乎已用尽本国探明的镍、铬、锰和铝土矿,不得不大量进口铁、镍、铝等,美国本土石油储量虽然很高,但还必须大量进口石油以满足生产和生活所需。有人说如果世界上的

---

① 丁竹英、陈瀛洲、胡陈静:《中国水资源短缺程度及缺水类型研究》,《特区经济》2018 年第 9 期。

② 如对煤炭等矿产的开发,常常将富矿区的资源开采后对贫矿区域弃之不用,致使一个矿区尚有资源但无开采价值,造成浪费;开采过程中伴生的其他资源如煤矸石、瓦斯、矿井水等也被当作废物处理掉,还带来生态灾害。

③ [以色列]尤瓦尔·赫拉利:《人类简史:从动物到上帝》,林俊宏译,中信出版集团 2017 年版,第 314 页。

国家都像美国社会一样,那么人类对资源的需求大概得有 20 个地球才能满足。与此同时,生态环境系统供给的资源在质量上也是有限的,如陆地优质可耕地面积就是有限的①;在空间和容量上也呈现出有限性的特征,如一些土地资源只能承载一定数量的人口,一些水体、大气只能容纳一定数量的废弃物,如果生态系统的某一环节遭到破坏,就有可能带来整个系统崩溃。热带雨林看起来植物繁盛,但实际上土壤贫瘠,只是由于枯枝落叶量大才使得营养元素的循环得以维持,一旦砍伐过量,表土暴露在烈日下,整个生态系统就难以维继,要恢复到原来的样貌是十分困难的。② 但是,要求人们现在的行为给未来负责是不太容易做到的事,正如英国的一句谚语所言:"We never know the worth of water till the well is dry(只有到了井水干枯的时候,我们才知道水的价值)。"③

2. 伴随增长的陷阱与无奈。《增长的极限》在提醒世人生态占有增长过快的同时,还给我们传递出这样的信念:人类的终极欲求不在于经济增长而是增进福祉! 尽管资本的无穷魅力能带来经济规模的无限扩大,但是,发展带来了社会的不公,一些人大量得益,而其他人损失严重。贫穷国家受富裕国家的影响,新欲望增长的速度快于满足它们生产能力的增长并对不平等感到愤懑;富裕国家内部的差距还在不断加大,有人提出"误置的繁荣"和"富裕的异化"问题,甚至有"平等飞利浦"的意愿。④ 少数人"误置的繁荣"与多数人贫穷的

---

① 说到土地面积,笔者对一些基层在道路规划与修筑过程中过度占用耕地的做法难于理解,有些主干道之间的距离只有 1—2 公里,在村村通公路的情况下,大可不必追求处处通衢宽阔。毕竟耕地的再恢复实在是太难了! 当代社会的发展应该考虑到多给子孙后代"留空""留绿",这方面的工作需要政府制定长远的生态规划,也需要民众具有积极的生态环境保护意识,以便对不当行为提出质疑。

② 陈静生、蔡运龙、王学军:《人类——环境系统及其可持续性》,商务印书馆 2001 年版,第 105—108 页。

③ [英]布雷恩·威廉·克拉普:《工业革命以来的英国环境史》,王黎译,中国环境科学出版社 2011 年版,第 209 页。

④ 雷特·飞利浦(Philippe Egalite 1747—1793),同情法国大革命的法国贵族,后人称"平等飞利浦"。

异化之间存在着重要联系,生产优势使少数富国挥霍浪费,缺乏重要货物的其他国家则在结构上受害。有学者痛斥美国把许多汽车废弃在垃圾场,而这些车可以对背负肩扛的世界他国提供有价值的运输,把过时的服装抛弃,这些衣服完全可以供需要衣服的人穿用,美国人在夜总会的花费足够十几个贫困国家的预算开支。对贫穷国家有道德情怀的人认为,不把这些财富用于人类的改善就是一种道德堕落的证据,它对于西方的破坏性如同任何外部革命一样严重。当然,对于财富的态度和处置会因立场的不同而看法各异,拥有财富的主张自己有权保有财富并继续取得更多财富,而没有财富的则坚持自己有权优先现在就得到足够的财富。在经济发展进程中有时会发生深刻的冲突甚至暴力。权力精英坚决拒绝改变游戏规则,而普罗大众则会为了自己的生活打破惯例。① 在这一过程中,整体性的经济增长势不可挡。而历史的演进既有富裕与便利,也有陷阱与无奈。

赫拉利讲过关于奢侈生活陷阱的故事:奢侈品开始是少数人值得炫耀的难得之货,但众人竞相追求,往往最后成为很多人生活中的必需品,习惯了这种拥有,就认为生活中有它是理所当然的,对它的依赖也成为常态。过去寄信是要费一番功夫的,得动手亲笔书写、买信封、写信皮、贴邮票、送到邮局或邮筒寄走,收到回信得等上几天甚至几个星期。如今我们可以随手将一封电子邮件传送到地球的另一边,他也可以马上收到邮件并即时回复。可是,事情发展的结果常常有违人愿,过去写信通常是有重要事情需要联络才动笔,而且会字斟句酌,不会想说什么就说什么,想怎么写就怎么写;收到回信也常常会看几遍,细细品味其中的意思或情感;一般人每年收到的信件都是有数的。电子邮箱的开通可能让你每天收到几封,甚至几十封邮件,而且对方都希望你马上作出回复。我们以为科技发展带来的便利为我们节省了时间,而现实生活的步速实际上超过了过去的数倍或数十倍,人们被带到了奢侈生活的漩涡之中,

① [美]德尼·古莱:《残酷的选择:发展理念与伦理价值》,高铦、高戈译,社会科学文献出版社 2008 年版,第 99—101 页。

整天忙碌不止,焦躁不堪。① 20 世纪 80 年代的中国,谁拥有一部移动电话,绝对是财富和地位的象征,是奢侈生活的标志;众多人对手机的渴望带动了移动通话产业的快速发展,如今举国上下、大江南北、男女老幼几乎人手一机,手机成为随身不离的必需品。手机带来的便利自不必言,给人类生活带来的干扰和尴尬也不胜其数:短信群发带来的大量骚扰信息、电信频发引来的诈骗案件、游戏功能使青少年甚至成人娱乐成瘾、高频度使用带来的情感疏离以及对人想拥有清静生活的打扰……难怪总有勒德分子(Luddite)②对现代化生活提出异议。作为现实和理性的人,我们并不是勒德主义者,但对通过科技发展带来的经济增长给予人类社会的福祉到底发挥着什么样的作用是需要认真思考的,人类到底需要怎样的发展? 发展到底是为了什么?

二、发展伦理的思辨与愿景

按照功利主义伦理学的观点,一个行为的善恶好坏在于它给行为主体带来的是快乐还是痛苦,如果一种行为带来的快乐总量大于痛苦总量,就是可欲求的,就是一种善,反之就是应该避免的,就是恶。边沁的古典功利主义主要针对的是个人的伦理基础问题,现代伦理学者将这一理论应用到社会历史领域,认为功利主义也是一种社会正义理论,社会正义的基础源自对功利总量的计算,凡是能够从社会总量上给人们带来快乐的,就是善和正义的;个人的功利原则促使他尽力推进自己的福利,满足自己的需要,社会的功利目标则是尽

---

① [以色列]尤瓦尔·赫拉利:《人类简史:从动物到上帝》,林俊宏译,中信出版集团 2017 年版,第 384—85 页。

② 19 世纪初,英国一位叫内德·勒德(Ned Lud)的纺织工人因害怕使用新机器而使自己失去养家糊口的工作,砸毁了工厂的新设备,抵制技术发明带给工厂的改变。1813 年,英国政府以"破坏机器"重大罪行将包括勒德在内的十七人处死。后来,人们以"勒德分子"指代害怕或者厌恶技术的人。

可能促进社会群体的利益,最大限度地满足社会成员的总体欲望。① 这样一来,以个人主义为着眼点的功利主义伦理原则就被扩延至社会历史之中,成为以伦理判定一个社会进步还是落后的道德标准。

在表达人类社会进步状态或趋势时,人们选择了一个词语——发展。人类的发展观念自古有之,古希腊的自然发展观念、中世纪的神学发展观念、近代的宇宙发展观念及现代的社会发展观。但是,严格意义上人类发展观的建立是近代以来的事情,是工业革命以后人们思考的一个重大历史问题。工业革命开启了以科技创造为主体性表征的时代历程,在资本逻辑和市场经济的推动下,人类社会运行的各种物态:生产工具、交通网络、通信设施、医疗设备、科研条件、战争手段等,都以前所未有的"速度"和"新奇"呈现出来。② 人们一时对这种变化感到惊愕和满足,似乎社会的进步就体现在这样的"发展"中,人类的幸福就附着在由此带来的、不断增多的物品上。但是,当这样的现实与人类相伴时,真实的感受却并不如愿,更想不到是这样的"发展"还带来了资源短缺、环境污染、社会不公、伦理冲突等越来越严重的自然和社会问题。于是,这样的问题就进入了人们的思考范围:发展到底为了什么? 随着对这一问题深入、系统的探索,一种新的伦理学研究领域——发展伦理渐入学界。

发展伦理学致力于从伦理角度研究当代人生存与发展面临的困境与危机,寻求发展的价值目标以实现人类的持续发展和真实福祉。这种伦理考量是在批判西方形而上学发展观、深切关怀人类命运的过程中建立起来的。

(一)发展成为目的

"发展"一词在哲学上属于辩证法体系中的基本范畴。它常与运动、变化关联在一起使用,用来说明世界万物存在状态的变动不居。但是,运动、变化、

---

① 龚群:《自由主义与社群主义的比较研究》,人民出版社 2014 年版,第 192—193 页。
② 麻海山:《人类发展观念的哲学拷问》,人民出版社 2013 年版。

发展这几个词语是有含义或层级上的区别的:"运动"是从一般意义上标志世界上一切事物和现象会出现与以前不同、有所变化的一个广泛性极强的概念,它表明了物质的一般存在状态;使用"变化"一词时,其含义则涉及变化对象的具体情形,是位置的移动? 场所的变更? 数量的增减? 还是性质的改变等等,它是对象状态的一种说明,一般不包括对这种状态的定性评价,好比是一个中性词,可以理解为褒义的,也可以理解为贬义的;而"发展"却是带有方向、具有价值倾向的一个概念,它指的是新代替旧、新事物战胜旧事物,是一种前进、上升的运动和变化。发展范畴在社会历史领域与"进步""进化"等概念关系密切。"进步"是针对人类社会而言的,它是近代启蒙运动的产物。启蒙学者认为人的理性在不断从各种束缚中获得解放:从宗教的羁绊中挣脱出来,从权威迷信中觉悟出来,从历史重荷中解放出来,历史是不断进步的。"发展"与"进步"具有明显的同质内涵。但发展重点揭示的是事物变化的过程和趋势,而进步关注的焦点在于发展变化的方向和结果或者说是对结果的评价。发展是预设"向好"的运动变化,其结果带来历史的进步;"向坏"的运动变化便是倒退或退化。可以说发展是一种前进的变化(进化),但它又与生态学中所讲的进化是不同的。生态学中所说的进化是自然物质自在自为、向上演进的过程和结果,一般用于自然过程的描述;人类社会发展中的前进变化是在人有意识有目的、有创造性的自觉活动中完成的,所形成的"向好"性结果就是进步,发展与进步通常指称的是人类历史,是一个人文价值概念。①

1. 发展具有工业文明的时代属性。发展与进步的价值趋向不属于原始文明,也不属于农业文明,而是工业文明具有的时代属性。原始文明的价值预设是混沌不清的,多以自然恩赐为皈依,对社会历史尚无明晰想象;农业文明信奉春种—夏耘—秋收—冬藏的生存路径,生产过程主要通过对自然物与自然力的使用来完成,对大自然怀有美好的情感。冯友兰先生曾说,哲学是对于人

---

① 刘福森:《生态哲学研究必须超越的几个基本哲学观念》,《南京林业大学学报》(人文社会科学版)2012 年第 12 期。

生的有系统的反思,特定的环境塑造了特定感受生活的方式,哲学也因之有了特定的强调之处和省略之处。中国是大陆国家,生活于其中的子民只有以农业为生。中国哲学的形成与古代中国的经济活动有内在联系。中国哲学实际上是关于"农"的哲学,是一种内在统一的生态存在论,把人与自然看成是内在有机整体统一体,农时时跟自然打交道,所以赞美自然,热爱自然。在中国哲学家的社会经济思想中,"重本轻末"是占主导地位的价值取向,"本"指农业,"末"指商业,"本""末"地位大有不同。重农不仅表现为生存的物质需要,更延伸为一种人生态度,"农"的简单朴实较之"商"的自私奸诈在人的德性上要好得多,所以《吕氏春秋》有《上农》篇,"上农"即农为上,"农"不仅在经济上高于"商",而且形成的生活方式和伦理道德也比"商"高尚。农离不开天(自然),农对自然的赞美和热爱被道家发挥至极,认为属于天者是人类幸福的源泉,属于人者是人类痛苦的根子。① 自然被视为人类生活的榜样和导师,是纯朴、善良、友爱、和平、宁静、美好的象征,是人类生命的幸福家园。农业文明时期的生产实际上是一种依附自然、顺应自然的"自然性"生产。

2. 现代意义上的"发展"是指由技术进步所推动的经济增长。工业革命,特别是第二次世界大战以来,工业文明的威力使得人类社会发展到一个前所未有的"现代化"时期。近现代以来西方发达国家的发展主要是经济的发展,第二次世界大战后五六十年代的现代化理论也主要是经济发展的理论。长期以来,人们简单地将发展归结于经济发展,并以国民生产总值为核心指标体系来评价社会发展。此时的"发展"是一个纯粹的经济概念,是指一个国家经济上能够相对固定地持续增加国民生产总值,同时也改变整个社会的产业结构,使第一产业(农业)占比下降,第二产业(工业)和第三产业(服务业)比重上升,发展就是意味着国民生产总值和人均国民收入的增长,发达国家工业化带来的经济增长模式是欠发达国家发展的标杆。环境史学家唐纳德·休斯在

① 冯友兰:《中国哲学简史》,涂又光译,北京大学出版社 2015 年版,第 16—18 页。

《什么是环境史》一书中指出,现代意义上的"发展"就是指由技术进步所推动的经济增长,是工厂、能源设备和金融机构的创建,还有因人类需要而不断增多的利用地球资源的产物。① 在此后的经济增长过程中,其他社会问题的显现使得这种发展理念受到一定的程度的冲击与矫正,但其主导地位并非改变。国家作为合法性的领土管理者、保护者和国民美好生活的护佑者,不仅要对经济增长的压力作出反应,也要表现出对国民需要与偏好的关注与尽力满足。地方政府是国家使命的执行者,扮演着"地方英雄"的角色②,也常常将经济发展视为执政的最高目标。长期以来,我国一些地方将 GDP 增长率作为评价官员政绩的唯一标准,迫使地方官员饥不择食、急功近利,引进高能耗甚至污染严重的项目以体现地方经济的发展,将圈占土地、盗卖资源作为财政富裕之道,把建新城区、大广场、宽马路视为标志性成果,使地方生态资源在短期内快速减损。

　　3."现代化"不是资本主义的专利。关于"发展"的观点也经常与"现代化"联系在一起。"现代化"是一个令人向往的社会状态,体现着一个国家的进步和强盛,而现代化的进程往往与资本主义经济发展模式在世界范围的复制连在一起,由此带来的高度发达的生产力、繁荣的经济成为人们谈论现代化的"样板"。一般认为,现代化发端于 18 世纪后期的工业革命,但"现代化"这个概念的出现则要晚得多。我们可以从广义与狭义两个角度理解现代化的含义,就广义而言,现代化作为世界性的历史进程,表现为工业革命带给人类社会的急剧变革,它以工业化为轴心,使传统农业社会向现代工业社会进行全球性大转变,并促使工业主义渗入经济、政治、文化、道德等社会生活的各个领域,带来整个社会的全面变革;狭义的现代化是指欠发达国家采取高效率的途径,通过经济技术改造和学习发达国家的经验,快速赶上先进国家和适应现代

---

① ［美］唐纳德·休斯:《什么是环境史》,梅雪琴译,北京大学出版社 2008 年版,第 56 页。
② ［德］马丁·耶内克、克劳斯·雅各布:《全球视野下的环境管治:生态与政治现代化的新方法》,李慧明、李昕蕾译,山东大学出版社 2012 年版,第 33—34 页。

世界环境的发展过程。① 工业化是现代化的核心,工业革命拉开了人类历史现代化的序幕,而资本的扩张又推进了现代化的进程。生产力的高度发展,广泛的社会分工,开放的商品交易,广阔的世界市场,打破了不同国家、不同民族和不同地域的界限,世界历史呈现在人们面前,一切民族被裹挟在这种潮流当中。如今社会主义现代化已呈现勃勃生机和广阔前景,但是,在此之前,现代化被一些人视为资本主义化,认为它是资本主义的"专利"。资本具有强势扩张的特性即资本必须实现价值增值,为了实现价值的快速增值,市场中的资本总是尽最大可能择取最高利润的产品或产业,活跃在经济生活的各个领域,参与激烈经济竞争,既要考虑吞并他人以实现自身扩张,又要想方设法规避风险稳得最大收益。资本的本质属性就是价值增值,它像一只无比贪婪的巨兽,将其爪牙伸向它能够到的一切对象。按其本性,资本对财富增长的欲求、对财富的占有是永无止境的。

4. 发展不能"拜物而不知人"。北宋大儒、关学大师张载曾对秦汉以来儒门"知人而不知天"之"大弊"做过自觉的清算,提出了重建"天"本体的哲学目标,对后世正确认识天人产生了深刻影响。② 此处借用这一说法,对市场经济带来的"拜物而不知人""为富"而"不仁(忘却了人本)"的发展理念表示质疑。资本在实现自身增值的过程中带来生产力的提高,物质的丰盈,它对社会经济发展产生的巨大作用不可否认。但是,如果据此就把社会发展等同于经济增长,那就如同只会拉货跑路却不知为啥,也不知要到哪里去的驴子一样,是糊涂和盲目的。现代发展观在发展问题上的价值预设就是提高劳动生产率,加快经济增长,创造越来越多的消费产品。在这种价值目标下,人类所做的一切能够带来财富增长、物品丰富的行为都是好的,是合理的、应该的。也就是说,我"能做"的就是"应该"的,发展天然就是合理的。在这个过程中,人只顾占有更

---

① 罗荣渠:《现代化新论》,北京大学出版社 1993 年版,第 16—17 页。

② 林乐昌:《20 世纪张载哲学研究的主要趋向反思》,《哲学研究》2004 年第 12 期。

多的"物",人的眼里只有"物",完全忘记了"人"与"物"的关系。马克思在《政治经济学批判(1861—1863年手稿)》中深刻地指出:"为生产而生产,即不顾任何事先决定的和事先被决定的需要界限来发展人类劳动生产力。……即使资本主义生产是迄今为止一切生产方式中最有生产效力的,但它由于自身的对立性质而包含着生产的界限,它总是力求超出这些界限,由此就产生危机,生产过剩等等。另一方面,为生产而生产因而表现为它的直接对立物。生产不是作为人的生产率的发展,而是作为与人的个性的生产发展相对立的物质财富的表现。"①"为生产而生产"用"物"替代了"人"本身。

传统的发展模式也有价值选择,它选定的是技术理性,看重的是技术革新带来的生产效率的高低、经济增速的快慢、消费指数的起伏,只对发展程度做价值上的评判,而不涉及发展对人的意义问题。为了实现高度的发展,资源的滥用、环境的污染被视作理所当然的自然现象,是必须、也应该付出的代价。康德那句"人是目的"的道德律令在这里失效了。

(二)"富裕的异化"②

传统发展观将发展的手段当成了发展的目的,出现了价值判断上的迷乱和失误,将以占有和掠夺大自然、挥霍与浪费环境资源为代价的经济增长视为文明与进步,把消费越多越幸福当作信条③,对"物"的迷恋越来越深,"做"的事情越来越多,而该"思"的程度却显得肤浅和狭隘。现代发展观的重心始终落在怎样发展问题上,而对"发展为了什么""怎样发展才是好的发展"这样目的性、评价性问题置若罔闻,视而不见。发展的动力机制完全代替发展的评价机制,作为发展手段的经济增长成为发展的目的,陷入"为

---

①　《马克思恩格斯全集》第37卷,人民出版社2019年版,第301页。
②　参见[美]德尼·古莱:《残酷的选择:发展理念与伦理价值》,高铦、高戈译,社会科学文献出版社2008年版,第100页。
③　我国多地出现毁坏林地、建造"豪华墓地"现象,有的墓地占地数千平方米,有的墓地堪比北京天坛。一些人对幸福生活的理解就是比别人占得多,活着是如此,死了也一样。

了发展而发展"的窘境,导致了发展的"价值危机"。① 但是,过往的历史与眼前的现实促使人们不得不考虑这样的问题:什么是我们应该做的? 怎样的发展才是对的? 正如生态史学家沃斯特所说:"不管我们是否选择向过去学习,过去却是我们现实中最值得信赖的导师。……只有通过认识经常变化的过去——人类与自然总是一个统一整体的过去——我们才能在并不完善的人类理性帮助下,发现哪些是我们认为有价值的,而哪些又是我们该防备的。"②

1. 德尼·古莱的"反发展"。德尼·古莱博士作为发展伦理学的杰出先驱,他将自己对现实生活的观察、在不发达地区的实地调研及体会与对道德问题的理论研究结合起来,从人们在无法控制的力量面前束手无策的"脆弱性"和人们处理信息和行为选择的"存在理性"出发,给予了"发展"概念一个社会历史意义。人类历史在其进程中的技术现代化、经济增长以及社会变革与对发展意义的理解紧密相关,其中一个重要的问题是:什么是构成高品质生活与良好社会的必要条件? 他认为发达国家误导了人们的发展价值观,实际上是一种"反发展",而不是真正的发展。

反发展在发达国家表现为"富裕的异化",虽然这些国家为公民的生命需要提供了丰盈的物质条件,但人们追求的尊重与自由却差强人意,技术带来的经济增长反倒使人们的价值观出现了偏失,环境发生恶化现象。在不发达地区,因为富裕地区价值观的渗透,人们把货物的丰盛当作充分的幸福,西方富裕生活的神化具有强大的物质化力量,经济价值遮蔽了其他领域的价值;同时,在针对欠发达地区开展技术援助和财政援助时,捐赠国的优越感及傲慢态度也妨碍了受援国尊严的培植;经济落后国家的领导人也显示出对发达国家

---

① 参见刘福森:《发展合理性的追寻——发展伦理学的理论实质与价值》,《北京师范大学学报》(社会科学版)2007年第1期。

② [美]唐纳德·沃斯特:《自然的经济体系:生态思想史》,侯文蕙译,商务印书馆2007年版,第499页。

价值观的过分追捧而对本民族的价值观产生疏离。这样的情形是与真正的发展、与"人性"形式的发展目标不一致的。发展活动指向的目标应该是增加人谋生的能力、自尊以及所有人的自由。① 从人类进化的历史来看,我们的祖先前几万年都在采集或狩猎,现代人的谋生方式在历史上简直"瘦成一道光",现代人的社会和心理特征早已被塑造成型,我们的身体机能是为采集者和狩猎者设计的,在以后的生活中,人类生命功能的改变非常有限,但生活方式却发生了很大改变,我们吃的越来越精细和讲究,用的越来越方便和高级,人类贪图"嘴福""腿福""手福""脑福"……没想到"现代病"(心脑血管疾病、生命功能退化等)却随之而来,人们已经开始认识到所谓的"幸福生活"与人的生命原则是冲突的,回归生命本性,"绿色"生活开始引起人们的重视。现代人享有更多的物质资源,也拥有更长的寿命,但人与人之间关系疏离,压力剧增,其背后的原因也在于现有的社会关系违逆了人的本性。

2. 发展的"异化"。违背人性的发展是一种异化了的发展。异化是指人类活动的结果与其最初动机和目标相悖的现象。发展的异化表现为它不再是推动人类进步的力量而成为人类生存的威胁,由充满希望的发展到对发展的质疑与悲观,由主动发展蜕化为被动发展,具体表现为:生产劳动的异化、资源配置模式的异化、竞争方式的异化、科学技术的异化以及生态环境作用的异化。按照马克思的说法,劳动本来是人本质力量的体现,应该是人自由自觉的活动,而资本主义的生产劳动却使劳动者创造的劳动产品归资本家所有,劳动者在劳动过程中处于被压迫被统治的地位,人性在劳动中被压抑着,人与人的关系处于紧张状态,总之劳动的本质被异化了。现代社会的资源配置是通过市场机制来完成的,市场经济被视为促进经济发展的最好的经济模式,但是,在人们大赞市场伟力的时候,由市场带来的问题却很现实地摆在人们面前:周

---

① 〔美〕德尼·古莱:《残酷的选择:发展理念与伦理价值》,高铦、高戈译,社会科学文献出版社 2008 年版,第 206—215、315 页。

期性经济危机的问题依然存在,外部不经济①问题愈益严重,人类共同面对的问题被束之高阁,没有整体意识的市场经济将人类社会发展带入歧途。与市场经济相伴而行的竞争,本来是带来经济活力的有力方式,但贪欲的膨胀致使恶性竞争泛滥,带来人力的耗散和资源的浪费,为了在竞争中打败对手,不惜代价、不顾后果甚至以人的生命为代价,源于西方文明的竞争式发展、"零和博弈"导致了现代发展的畸形与异化。

有人提出可以通过发明资源替代品来解决经济增长对于自然资源的需求,认为依靠人类的聪明才智和技术进步就可以解决资源危机或资源匮乏问题,但科技的发展并没有给人类带来充足的信心,有人担忧全球经济可能在获得同样廉价(比如取代石油或煤炭)的替代品之前就没有原来的资源可用。技术万能论已引起越来越多人的质疑。即便科技可以带来新能源,但它的"双刃剑"本性人类不可不防。科学技术是推动社会发展的有力杠杆,但对它的失度使用却可能使其成为不可控制的可怕力量,科学技术给社会带来的间接控制、量化规则、思维方式、伦理问题以致科学迷信使人类成了技术的玩偶,成了科学的奴仆,在数字化时代这种趋势更令人担忧。生态环境本是人类生存延续的基础,是人幸福的栖息地,而它的恶化使它变为人类生存的威胁与挑战,并且已演化为全球性的人类问题,这难道不是有悖"初心"的一种异化?② 异化带来了"丰裕"却使人类迷失了方向,并使人类的未来危机重重。有鉴于此,需要我们立足于经济活动中人的发展,寻找经济与伦理的价值同构。现实的经济活动既体现了人作为"经济人"的利益诉求,也包含着人作为"道德人"的行为准则和理想目标。市场活动需要相

---

① 外部不经济是指市场经济追逐的是个人或集团的内部利益,常常为了自身利益而损害"公地"利益("公地"不为私人或某一集团所有,对于特定主体来说具有外部性特征,这种外在于某一主体权属范围之外的公共资源,往往会遭遇私利的侵害,导致资源短缺、环境污染等诸多问题)。

② 马海山:《人类发展观念的哲学拷问》,人民出版社 2013 年版,第 218—230 页。

应的约束机制,合乎理性的伦理精神是推动经济发展的重要动力,"道德人"把经济发展当作自身道德完善和追求崇高目标的环节和手段,他重视经济活动的社会目标,认同只有合理的获利行为才是具有道德的行为。当然,如果一种机制效率低下,不能满足人生存与发展的基本需要,不能促进人的全面发展,那么,维护这样的体制就是不道德的。经济与伦理的价值同构将促进经济与道德的同步发展视为社会发展的客观要求和社会主体的历史责任。①

发展是好坏善恶极其含混的综合体,需要观念的革新和行为的调整,伦理考量是不应缺少的一种远见和人性关怀。

3. 发展的伦理诉求。"富裕的异化""无法保证利润会以公平的方式取得或以公平的方式分配。而且相反的是,因为人类有追求利润和经济增长的渴望,就会决定盲目扫除一切可能的阻挠。等到'成长'成了无上的目标,不受其他道德伦理考虑的制衡,就很容易衍生成一场灾难。"②因此,人类社会的发展尚需伦理的导引。

发展伦理关注的焦点是人类整体利益及其存续问题。发展的伦理律令把人类提升为对人类历史负责的道德主体地位,要求承担维系人类历史绵延的伦理义务。在人类历史的绵延中,发展呈现出由自在发展到自为发展再到可持续发展的逻辑进程。自在发展是不自觉的自然发展或盲目发展,原始文明与农业文明从整体上呈现为一种自在性的发展。工业文明使人类逐步击败所有对手而成为地球的真正主人,自为发展代替盲目发展成为历史的主旋律。自为发展存在实然发展与应然发展两种基本形式,实然发展把物质财富当作发展的根本目的,应然发展则把以顺应人性为伦理道义的发展作为根本目的。工业文明下的发展是追求物质财富的实然性发展,而

---

① 李抗美:《关于经济和伦理共生点的思考》,《哲学动态》1995 年第 11 期。
② [以色列]尤瓦尔·赫拉利:《人类简史:从动物到上帝》,林俊宏译,中信出版集团 2017 年版,第 311—312 页。

自为发展的另一种形式则是应然性的可持续发展(sustainable development)。可持续发展是对自为发展中实然性发展的扬弃,追寻人类历史进程中的代际公正。① 在这一过程中,对人性的尊重,对社会正义的捍卫是其目标所向,正如罗尔斯所言:"正义是社会制度的首要价值,正像真理是思想体系的首要价值一样。""伦理学的两个主要概念是正当和善。我相信,一个有道德价值的人的概念是从它们派生的。"②可持续的发展伦理认为道德主体应当尊重的最高道德目的,即人类历史的绵延不绝,维护人作为人的尊严与权利,要求人类应当始终如一地对人类历史负责,"人最终将自己理解为对他自己的人的存在负责的人"③。

关于人与人类社会发展的伦理诉求,应体现如下道德理念:

(1)真正的发展在于人性的提升。德尼·古莱博士认为真正的发展应该是"所有人类和社会整体人性的提升",是利用世界资源来满足人类的优先需要,使得人们对生活质量与社会进步形成的理念成为不同文化的共同价值观,使人们的生活从"不太人性"走向"更具人性"的模式之中,整个世界形成一种新型的团结,使得文化与生态的多样性得到维护,人们的尊严和自由得到最大限度的满足,所有人生活得更富有人性。他将伦理学理解为对具有某种责任的人类行为优劣的研究,道德的目的在于如何最好地生活与行动以达到最终目的。他强调道德表现的是人们对目的或方法进行真正抉择所要求的知识与意志的情况,道德规范、道德生活随社会历史条件的变化而变化,道德观念上的差异是区别不同社会生活的关键性方法;道德要引导人们去做"应该做"的事,因而道德规范的落实需要具备自由与责任。发展伦理学致力于完成这样的道德使命:教导人们重视所做之事的道德内容;督促人们做好事不做坏事;

---

① 任丑:《发展观念的伦理诉求》,《哲学研究》2019 年第 8 期。
② [美]约翰·罗尔斯:《正义论》,何怀宏等译,中国社会科学出版社 1988 年版,第 3、23 页。
③ 胡塞尔:《欧洲科学的危机与超越论的现象学》,王炳文译,商务印书馆 2005 年版,第 324 页。

让剥削者感到有愧,使被剥削者有反抗的理性根据;建立起权利、义务明确的规范体系。在他看来,这种伦理学要依靠理智的力量,在复杂多变与非理性充斥的世界里以不同的自觉担当来实现。① 美国堪萨斯大学沃斯特教授以生态学的视域对美国西部环境变迁做了历史性考察,认为英美的生态学思想中一直存在着阿卡狄亚式(Arcadianism)和帝国式(Imperialism)②两种不同的发展观,这两种不同的主张随着环境保护运动的深入延伸到了伦理学之中,成为人们对待生态环境的两条不同标准,一条把自然视为需要尊重和热爱的伙伴,一条则认为自然是供类掠夺与利用的资源。美国的西部史充斥着白人英雄征服自然和印第安人的故事,沃斯特力求把西部历史搬回到世界共同体中去,以环境史学的角度考察人与自然之间的关系。他认为英美国家在过去200多年的时间里,一直致力于通过控制自然以扩大财富与权力,在此过程中,也存在着对发展、工业化和资本主义的质疑。21世纪最重要的问题是人同自然界剩余部分的关系,对人类幸福影响最大的问题也是这个问题。人类需要重新思考和检视自己的文化传统。③ 这即是说,对人类发展问题的认识需要将其放置于历史、文化、道德的视域下予以考察。法国哲学家弗朗索瓦·佩鲁在《新发展观》一书中指出:"发展同作为主体和行为者的人有关,同人类社会及其目标和显现在不断演变的目的有关。一旦接受了发展的观念,就可望出现一系列新的发展,与之相应的是人类价值观念方面的相继变革,在历史上,这些价

---

① [美]德尼·古莱:《残酷的选择:发展理念与伦理价值》,高铦、高戈译,社会科学文献出版社2008年版,第156—158页。

② 阿卡狄亚式是一种环境向往,表现出一种与自然亲密相处的田园生活理想。它出自古希腊一个名为阿卡狄的地方,相传那里的人们生活在如同伊甸园一般优美宁静的环境中,与地球及其他存在物和谐相处。帝国式认为人对自然的角色就如同一个国家要建立对于其他国家的统治一样,就是要尽量扩大自己对自然的控制权。弗朗西斯·培根提出"知识就是力量",认为借助于科学技术的力量,人类能够获得越来越大的对自然界的统治权,这是一种支持知识追求的道德观。参见[美]唐纳德·沃斯特:《自然的经济体系:生态思想史》,侯文蕙译,商务印书馆2007年版。

③ 参见[美]唐纳德·沃斯特:《自然的经济体系:生态思想史》,侯文蕙译,商务印书馆2007年版,第266—253页。

值观念正是以这种方式转化为行为和活动。"①佩鲁的新发展观强调发展的系统性以及向人本身的回归。

（2）追求"人类共同体"的整体利益。发展回归人的过程中遇到的核心问题是关于发展的价值追求，即发展到底为了什么？康德"人是目的"的道德律令似乎早已给我们设定好了答案，但是，发展是"为了什么人的什么目的？"却不是一条道德原则能够表明的。在说明发展的目的之前，这里先对"目的"本身作一探讨。

对"目的"概念的理解要放到人类的实践活动中去把握。人类活动的目的性是人这一存在物与其他存在物相区别的重要标志，它源于人对自身需要的意识，同时也包含着对外在对象的认识，是人们根据自己的主观要求在思维中对外部对象理想的、超前的一种思想改造，形成对结果的预先期待。目的关心的不是外在物的当前状态，而是它将来能否满足人的需要和愿望，在于外物"应当"如何满足人的问题，是对象对人有何意义的问题。目的中存在的基本矛盾是实然性与应然性、现实与理想之间的矛盾。人的活动不是一般的"因——果"转化过程，而是"目的——结果"的追求过程。人的行为并不单纯地由过去的事件所决定，作为自主性的一种活动，还受到未来事件的制约，离开目的性，我们就很难理解人的行为。② 目的是以实现未来理想为目标的，那么，发展的理想目标应该是什么？西方抽象的人道主义提出"发展是为了人"的口号，从一般意义上看，这种提法没有问题，"关键是为了'什么样的'人？是为了人的'什么'？它是为了个人还是为了人类？是为了穷人还是为了富人？是为了人的眼前利益还是为了人的长远利益？是为了人的健康的可持续的生存还是为了挥霍性享乐？"③什么样的发展是"好的发展"？这些问题的

---

① ［法］弗朗索瓦·佩鲁：《新发展观》，张宁、丰子义译，华夏出版社1987年版，第1页。

② 高清海：《马克思主义哲学基础》（下册），人民出版社1987年版，第275—279页。

③ 刘福森：《发展合理性的追寻——发展伦理学的理论实质与价值》，《北京师范大学学报》（社会科学版）2007年第1期。

确是发展伦理需要廓清的视界。在新的历史时期,中国共产党提出了创新、协调、绿色、开放、共享五大发展理念,从价值论的视域看,呈现出的是一种自我省思、自我引导、自我完善的辩证发展理念①,也是以生态的视域对待发展问题的伦理智慧。

发展伦理的提出是基于对当代人类生存危机的关切,是为了"人"作为"类"的持续生存以及"无愧于人的本性"的发展。发展伦理应该是对人类整体行为的反思与规范,针对的是人在利用自然存在物时出现的问题,维护的是人这个物种能够按其本性需要持续的繁衍生活下去。因此,发展伦理维护的是整体利益而非个体或集团利益。从现实目标来说,发展伦理追求的是"人类命运共同体"的整体利益。在博鳌亚洲论坛 2018 年年会上,中国国家领导人强调,中国将积极参与和推动全球治理体系变革,推动构建人类命运共同体。人类命运共同体理念为世界发展提供了思想引导力,为当代社会发展提供了"中国方案"。这个方案涵盖五个方面的努力目标,面向未来——要相互尊重、平等相待;面向未来——要对话协商、共担责任;面向未来——要同舟共济、合作共赢;面向未来——要兼容并蓄、和而不同;面向未来——要敬畏自然、珍爱地球。人类要共创和平、安宁、繁荣、开放、美丽的世界,形成开放、包容、普惠、平衡、共赢的全球共荣格局。②"生态优先,绿色发展"是中国人民对未来发展的郑重承诺。当代社会,人类经济、政治、文化等方面的交流合作已经在"一体化"的框架下呈现出越来越密切的联系,"地球村"的村民也日益感受到"大家好,才是真的好"并非高调亮话,而是实实在在的现实关系。如气候问题,恶化时大家遭殃,良好时共同受益,每个人、每个民族、每个国家都被纳入共同体的大网之中,从长远来看,每个成员休戚与共、福祸共担。

(3)发展的理想目标是人的全面发展。就发展的理想目标来说,它以人的完美为指向,意味着人自身潜在能力的充分展开,意味着人的全面发展。人的

① 刘进田:《新发展理念与价值的哲学自觉》,《人文杂志》2018 年第 9 期。
② 中国经济网,2018 年 4 月 11 日,见 http://www.ce.cn/。

全面发展需要多方面的条件,涉及人与自然、人与社会、人与人等多重关系,有外在条件的基本要求,也有对人性积极品格的确认。发展伦理要认真思考和处理"能够"与"应当"的关系问题,清醒地认识到:(人)能够做的,未必一定是应该做的,人既不能利令智昏的改变那些(自然界)不该改变的事物,也不能贪欲无限地试图占有无尽的"财富"(也可能不是财富而是累赘),有控制、有限度地满足自身的需要并关照他物的利益,应该成为人类这种"高贵"物种的道德风范。追求自身的完善,是道德的本性所在。发展伦理的目的是"为了人"的发展,为了符合人本性的、持续的、全面的发展。这种发展伦理要求道德主体要有全球胸怀和未来担当,不以个人或人类局部利益影响和损害人类整体利益,不以牺牲子孙后代的未来利益为代价来满足当前的人类利益。发展伦理提示我们在与自然打交道时,要注意"留白、留绿、留朴",给生态与未来的人类以足够的空间,尽力使完好的生态存续下来。发展伦理也应该将人基本生命需求的满足放在优先位置,消除贫困,保障所有人的健康生存;减少以附和少数人奢侈生活或虚假生活(追求心理上虚荣的满足)为目标的"高端生产"。发展伦理的基本目标是要维护人的持续生存和繁衍,现实目标是要改变人类发展过程中给生态环境带来的负面影响,建设生态良好的生存环境;终极目标是使社会的进步与人的本性相一致,实现人自由全面的发展。

第六章　由任性"消费"
到尊享"幸福"

　　消费是人类生存的必要方式,但它并非简单的生活问题,而是与资源的节约利用、经济的持续发展、人类的生活福祉密切相关的社会性问题。在人类文明的历程中,经济发展、人口增长、技术进步带来的生态影响已经引起了人们的警觉,而"多多益善"、任性消费产生的负面生态效应却并未受到应有的重视,消费在地球生态平衡中是一个被忽略的量度。日本著名思想家池田大作指出:"从环境的污染和破坏的现状来看,可以分为两大类:一类是由产业的废弃物造成的;另一类是由城市居民的浪费造成的。其中第一类只要找到了成为污染源的工厂和废弃物质,控制其散播途径,是比较容易防止的。但是由城市居民的消费生活引起的污染却很麻烦。所有人都在以某种形式加重污染的发生。而且污染物的种类也极其庞杂。"①事实上,人们的消费行为和日常生活对生态环境的影响更为广泛和深重。在经济发达的现代社会里,人类的生活正在被拖入一种尴尬境地:更多工作——更多生产——更多消费——更多耗费和污染——更多对地球的损害——更多欲望和不满……这种困境的形成与人们的消费价值观以及对幸福生活的狭隘理解有内在的、根本性的关系。

---

　　①　[英]阿·汤因比、[日]池田大作:《展望二十一世纪——汤因比与池田大作的对话录》,荀春生、朱继征、陈国墚译,国际文化出版公司 1985 年版,第 55 页。

一、多少算够:无度消费的陷阱

在美国学者艾伦·杜宁(Alan Durning)《多少算够——消费社会与地球的未来》一书中,有位西德尼先生算了算自己的生态账:家用电器、家具摆设、衣服食品、油漆罐、脱脂油、浇灌草坪的水⋯⋯数千件东西容纳于家中;还有移出屋子的、扔掉的杂志、报纸、旧物品以及厨房排出的烟;再延伸一想,出行时汽车、飞机等运输工具所耗费的汽油、润滑油等能源以及替换零件等;再往前推想,制造和运输那些物品消耗的附加资源——汽车运输、轮船运输、店铺开销、行政机构职能行使时的能源消费等,使用道路、桥梁、停车场、广场、医院,维护社会治安的警车、飞机,还有电视台、宠物医院;等等。这些消费物品叠加起来,使这位西德尼先生脑海中不由浮现出由各种废弃物堆积而成的、伸向天空的一座大山,他惊愕到:我们居住的地球能够承受这样的影响而继续存在吗? 未来的西德尼家庭能够一直这么存在下去吗? 实际上西德尼先生家的状况是美国人数最多的群体最普通的消费情形,也就是说,美国普通家庭的生活就是这么过的,这就是人们心目中的应有生活(还不是他们渴望的、随心所欲的理想生活)。[1] 仔细想想,西德尼先生的担忧并非杞人忧天。

(一)任性消费与环境代价

生物要生存就需要消费,就要从自然界获得生命所必需的基本生存条件。人的生存与发展当然也是需要消费的。然而人类满足消费需要的方式及欲望却与其他生物根本不同。动物以其本能的生理需要进行消费,对自然界提供

---

[1] [美]艾伦·杜宁:《多少算够——消费社会与地球的未来》,毕聿译,吉林人民出版社1997 年版,第2—6 页。按照西德尼先生的思路再往下想想,如今摊饼式扩延、高楼林立的城市,若干年后已经不能使用的建筑物带来的垃圾将如何处理? 集中建设起来的城市是繁华整洁的,到使用期限时,需要集中拆毁的楼房废物会给人类带来怎样的生活景象? 希望到那个时候这只是"杞人忧天"。

给的消费品的需求是比较固定和有限的,而人呢? 不仅对外部对象消费的量在不断增加(包括生活消费也包括生产消费),而且消费的内容也在经常变动,为满足消费需要所开展的活动的范围在无尽的扩展,可以说,人的消费欲望是无限的。人从自然界"脱颖而出"后,其消费观念和消费方式随着社会的发展、文明的更替不断发生变化。在原始文明时期,消费主要解决人怎样存活的问题,消费欲望单纯,消费内容贫乏,被迫消费不足。农耕文明时期,消费的数量和品种大大增加,出现了部分奢侈性消费者。工业文明的兴起,使人类的个性张扬、欲望膨胀、消费形式和消费内容发生了巨大变化,并呈现出消费的异化倾向。消费不再是消费者本来需求的满足,而是受消费文化诱使的消费。越来越多的消费行为成为消费者展现某种社会关系,体现某种社会地位,向社会公众传递自我信息的窗口,包括自己的地位、身份、个性、品位、情趣和认同。消费是为了满足建构身份,建构自身以及建构与社会、他人的关系以体现自己社会地位的需要。在这种文化氛围下,人生目的及其意义的很多方面都被赋予到了物品上面,使得物品的象征意义和文化功能得到越来越多、越来越广泛的体现,消费实质上是追求某种象征意义的、带有表演性的一种行为,是一种被异化了的消费。①

　　任性消费是消费主义文化带来的行为方式。消费主义文化发端于 20 世纪 30 年代的美国。1929—1933 年的大萧条给美国经济以重创,使失业率飙至历史最高水平,凯恩斯的"有效需求原理"提出了化解危机的妙招:国家采取干预手段,扩大社会有效需求,刺激消费,由消费带动生产和投资。凯恩斯掀起的这场消费革命在西方战后经济复苏中的确发挥了重要作用,但同时也带来了人们消费观念的颠覆性改变:消费是在做好事,不消费就衰退,消费越多越幸福。20 世纪 50 年代以后,美国人将消费更多的物品作为幸福生活的最大目标不断追求,及至 60 年代后期,消费主义的价值追求已然成为美国普

_____

① 参见樊小贤:《试论消费主义文化对生态环境的影响》,《社会科学战线》2006 年第 4 期。

罗大众的生活指针。

当人们将高消费视为理所当然、甚至是在做好事的时候,一种人类历史上的新形式——消费主义者社会便开始盛行。人们以为前所未有的消费水平是历史进步的象征,是人类文明成就的终极体现,消费物品的多少成为衡量人生是否成功与幸福的标准。美国销售分析家维克特·勒博宣称:"我们庞大而多长的经济……要求我们使消费成为我们的生活方式,要求我们把购买和使用货物成为宗教仪式,要求我们从中寻找我们的精神满足和自我满足……我们需要消费的东西,用前所未有的速度去烧掉、穿坏、更换或扔掉。"①在消费者群体中,依据其占有社会财富和消费数量的多少,可以分为三个不同的区划:富裕者阶层、中等收入者阶层和贫穷人口阶层。富裕者阶层依托自己厚实的财富基础,任性地拥有和使用着越来越多的物品和服务,不满意就扔掉,求新求异求地位,奢侈生活成为常态,而富有者阶层的消费者也在"你追我赶"、不知倦怠地沉浸于竞争性的消费游戏之中,进入无限的消费意义链条和自愿式的强制系列,从一个商品走向另一个商品:新购买了一套名牌西服,就意味着得有一双新的名牌皮鞋与它搭配,如果手表档次太低,就又滋生出换块名表的想法……与自己实力相当的王老板买了辆 200 万元的新车,自家 100 万元的车子就显得寒酸了,得换! 正如张一兵所言:消费场中,他们被一个看不见的铭记凸状锁链捆住并不由自主地陷入消费漩涡,一种商品与其他同档次的商品之间会形成一个紧密的筑模性欲望诱惑链。② 根据《多少算够——消费社会与地球的未来》作者杜宁 20 世纪 90 年代提供的数据,全世界富裕者阶层(他称为消费者阶层,家庭成员年均收入在 7500 美元以上)大约有 11 亿成员,他们食用大量的肉制品、袋装食品、袋装饮料,家中配有空调、彩电、冰箱、

---

① 转引自[美]艾伦·杜宁:《多少算够——消费社会与地球的未来》,毕聿译,吉林人民出版社 1997 年版,第 5 页。

② [法]让·鲍德里亚:《消费社会》,刘成富、权志钢译,南京大学出版社 2017 年版,代译序第 6 页。

洗衣机、烘干机、洗碗机、电饭煲、微波炉等电能驱动的设施,平日出行开家用轿车,外出旅行多乘私家汽车和飞机,生活被一次性杯子、一次性碗筷、一次性剃须刀、一次性坐垫、一次性口罩、一次性相机等暂时性的物品包围着,他们的收入是贫穷者阶层的 32 倍,占世界总收入的 64%。在富裕者阶层中,还有占比较小的特别富有者一族,他们的生活方式引领着富裕阶层的生活追求。富裕阶层的生活模式由美国漫延到西欧、日本,再不断地扩延至东南亚、中国等较为发达或经济快速增长的地区和国家,成为其他阶层钦羡的标杆,他们心心念念地"欲望着他者的欲望"①,渴望像富有者一样消费,一样"幸福"。

在富裕阶层的带动下,人们替换物品的周期越来越短。如今,人们生活在一个快速替换、不可维修的时尚当中。易替换用品代替耐用消费品在现代生活中随处可见,"在以往的所有文明中,能够在一代一代之后存留下来的事物,是经久不衰的工具或建筑物;而今天,看到物的产生、完善与销亡的却是我们自己"②。用过即扔的消费理念不断削弱着耐用消费品的基础,商品生产者有意将一些生活日用品(如家电)设计成只能维持一定时间,之后就要更换而不是维修的东西,以人为的商品废弃换取更多市场和支付成本(与规模生产相比,修理花费的人力资本可能更大),也使大量物品的循环利用被阻断,带来对地球资源的不应有的浪费。在经济快速发展的中国,物品废弃和随性处理也呈流行趋势,尤其是建筑物的过快淘汰带来的资源浪费常常让人心痛,而策划者和实施者却对此漠然不觉。

包装带来的生态灾害亦未引起人们足够的重视。在消费主义者的眼界中,本来用以商品保护、运输、销售之需的包装本身成为目的,为奢华而包装、为增值而包装,甚至为以次充好而包装,包装的目的就是"包装",过度包装成

---

① 张一兵:《不可能的存在之真——拉康哲学映像》,商务印书馆 2007 年版,第 232—250 页。

② [法]让·鲍德里亚:《消费社会》,刘成富、权志钢译,南京大学出版社 2017 年版,第 2 页。

为破坏环境的一颗毒瘤。20 世纪 90 年代,美国人每年每人花费在包装上的平均费用是 225 美元,一美元的商品大约要支付 4 美分的包装费用,包装带来的固体废弃物将近城市垃圾的一半。① 伴随中国社会的升级转型,城市生活废物的年总量达 1.5 亿吨以上,且以年 8%—10%的速度快速增长,其中三分之一是包装废弃物,包装废弃物中的 70%是由过度包装导致的。在很多商品包装中,包装物用料多、体积大、装饰繁,片面强调包装的装饰功能,过分追求包装的附加值,出现了普遍性的资源不节约现象。② 城市人口食品、饮料的加工、包装、运输和储藏都是以增加地球负荷的方式进行的。食品饮料本身对生态环境没有什么特别的危害,而包装它们的方式却能带来很大的环境问题。很多包装纯粹是一种装饰,如与保持一周左右的西红柿配套出售的是能持续一个世纪的泡沫和塑料托盘,曾经出现的千元月饼就是包装造就的"神话"。

随着全球化过程的快速推进,消费主义文化与消费主义行为带来全球性消费浪潮:扑面而来的诱惑性消费、风靡时下的象征性、漠然无觉的浪费性消费、一哄而上的群体性消费是这个时代消费领域的几大特征。③ 消费主义文化及其行为方式给生态环境带来了巨大的影响,其冲击力表现在人们衣、食、住、行等日常生活的方方面面:

(1)服饰的花样翻新与奢侈追求不断加大着环境的负荷。服装原本具有的御寒保暖、遮风避雨、防晒护肤的功能越来越多地被它的象征与装饰作用所代替,服装与服饰无论是数量还是质量都具有着旺盛的市场需求。满足这种需求的过程意味着资源和环境代价的不断增加:牲畜数量的增多加大了草原的生态压力,过度放牧导致草原的荒漠化;开发各类宝石玉器与金银带来土地植被的大规模损害;饰物风格的求新立异使许多动物惨遭涂炭,犀牛、大象、老

---

① [美]艾伦·杜宁:《多少算够——消费社会与地球的未来》,毕聿译,吉林人民出版社 1997 年版,第 65 页。

② 张锦华等:《设计伦理与绿色包装设计》,《绿色包装》2017 年第 8 期。

③ 樊小贤:《试论消费主义文化对生态环境的影响》,《社会科学战线》2006 年第 4 期。

虎、羚羊、鱼、骆驼、孔雀等动物身上特殊的器官与皮毛,作为身份、地位、财富的象征性饰物流行于富有者阶层,"虎死于皮、鹿死于角"便是这些动物惨痛经历的写照。年轻一代求新求异、不爱即扔的服饰消费习惯给人力物力、资源环境带来的负担应该引起社会的严正关切。

（2）食物需求的猎奇与浪费带来了不应有的环境破坏。"民以食为天","食"乃性也,无可厚非。问题是消费主义文化下的食物来源与摄取方式令人不齿,猎取和食用保护物种直接损害地球的生物多样性;食物中添加三聚氰胺、瘦肉精、苏丹红等化学制剂给人的"生态"带来安全隐患;食而不完、不喜即倒的食物浪费现象本身就是对资源的不珍惜;食品的过度包装和传送也必然增加资源压力;还有一些食品烹制方法也与对生命的关爱格格不入。人作为生态系统中食物链中的一环,要使自己永远"吃"得开心,必须对自己的行为有所节制和规范。

（3）居住要求的不断提高带来资源环境的紧张。城市化进程带来城市空间的迅猛膨胀,各类建筑物的扩张侵吞着太多生物的栖息地,许多生物系统中活力盎然的部分变为坚硬的不毛之地;筑建所需水泥、钢材、铝材、石材、木材等矿产开发加剧了资源与环境的压力;水泥、钢材等生产本身属典型的高能耗、高污染的产业,是重要的环境污染源;住宅建筑的持续蔓延,城镇规模的不断扩张在一定程度上是以牺牲环境质量、消耗不可再生资源为代价的。

（4）交通方式的变化对地球资源提出了挑战。工业文明以来,交通运输工具和动力系统不断发生着质的飞跃,人类的出行和运输方式由步行、马车,到轮船、火车、汽车、飞机,煤油等化石燃料成为运输主要动力。从马到火车到汽车到喷气式飞机,每一次升级都增加了对燃料的需求。私人汽车和飞机必然引起耕地的减少和大气的污染,尤其是汽车的生产与使用,对石油、金属材料、橡胶等的大量需求,都需要从自然界索取基本的原料和场地。在美国,石油提炼的毒性发射名列行业第四。在1990年,制造一辆标准的美国轿车需要1000公斤的钢铁和其他金属以及100公斤的塑料。道路、停车场、车库等用于轿车的地方占据了城市空间的一半。田地变成了停车场,森林变成了汽车道。① 1979 年至 2018 年,我国铁路营业里程增长了近 2.6 倍,由 5.3 万公里升至 13.7 万公里;公路里程由 1979 年的 87.58 万公里增至 2018 年的 484.65 万公里。交通基础设施建设不仅意味着对土地资源占有的增加,也使一定范围的生态环境的稳定性受到影响。② 同时,交通机动化水平的快速提高,使得能源消耗大量增加,也使空气质量面临严峻挑战。"北京市 2017 年 PM2.5 源解析结果显示,以机动车排放为主的移动源在本地源中贡献已升至 45%,机动车污染控制的重要性愈发凸显。"③ 交通进步带来的不仅是快捷,还有常被人们忽视的环境隐患。

改革开放以来,中国经济发展取得的成就举世瞩目,已跃居世界第二大经济体位置。与此同时,我国也是全球资源耗费和污染排放大国,面临着巨大的资源环境压力和环境外交压力。据世界权威数据库和国际组织提供的数据,我国煤炭、水电等一次性能源,铁矿石、钢材、水泥、有色金属,原木和人造纤维、纸和纸板、化肥、渔产品等耗费量,二氧化碳、氢氧化物、甲烷等排放量均排在世界首位。④ 这些生态负担固然与经济发展密切相关,但其背后隐藏着消费观念与行为方式的消费主义偏好。

(二)消费的符号操纵与流行趋势

消费主义文化的盛行有其社会历史原因,也有深层的心理动机。消费主义者所消费的不再是物品或服务的使用价值,而是这些东西的"符码象

---

① [美]艾伦·杜宁:《多少算够——消费社会与地球的未来》,毕聿译,吉林人民出版社 1997 年版,第 52—56 页。

② 陈杰:《交通基础设施建设、环境污染与地区经济增长》,《华东经济管理》2020 年第 9 期。

③ 王韵杰、张少君、郝吉明:《中国大气污染治理:进展·挑战·路径》,《环境科学研究》2019 年第 10 期。

④ 中国科学院可持续发展战略研究组:《2015 中国可持续发展报告——重塑生态环境治理体系》,科学出版社 2015 年版,第 269 页。

征意义",关心的不是生活实际需要的满足,而是不断被刺激出来、制造出来的社会"意义"。富有者阶层是获取这种社会意义的领头羊,"新兴中产阶级在生活中采取了学习的模式,他有意识地培养自己的品位、风格和生活方式"①。各种奢侈品牌成为高水平生活的表征。在现代消费场中,消费者与物的关系不再是人与物品使用功能的关系,而转变为人与作为"全套的物"的有序消费对象的被塑形奴役关系了。在标识着地位和成功的品牌诱惑之下,生成了炫耀式的景观表象对人的深层心理筑模的下意识统治和支配。消费结构中包含的消费品系列,是由符号编制出来的、具有暗示个人威信、风格、权力、地位等功能的结构性意义和标识性价值,人们消费时瞄准的"不是物,而是价值。需要的满足首先具有附着这些价值的意义"②。消费不是人的真实消费而是意义系统的消费,"消费的逻辑被定义为符号操纵"③。消费逻辑通过象征性的符码关系诱使人们陷入欲望深处企盼的消费游戏,以购买的形式,通过高档品牌的凸状符号意义使自己进入一个较高社会地位的团体之中。消费呈现为地位与身份的有序性编码,而正是这种编码使人获得某种认同,从而被划分为不同的阶层,符号的差异生成了现实生活中人的存在状态的不同。④ 对高档消费品的追逐,隐含着人们深层心理结构中对高位阶层的向往。

　　具有经济实力的消费者在消费场中往往张扬出一种无所不被拿下的"气场",但他们的消费取向其实在很大程度上受制于广告的浸染。广告不仅是消费主义的助推器,同时也消耗不小的自然资源。美国佛蒙特州一位计算机

---

① ［英］迈克·费瑟斯通:《消费文化与后现代主义》,刘精明译,译林出版社 2000 年版,第 7 页。

② ［法］让·鲍德里亚:《消费社会》,刘成富、权志钢译,南京大学出版社 2017 年版,第 59 页。

③ ［法］让·鲍德里亚:《消费社会》,刘成富、权志钢译,南京大学出版社 2017 年版,第 120 页。

④ ［法］让·鲍德里亚:《消费社会》,刘成富、权志钢译,南京大学出版社 2017 年版,代译序。

老板戴维·布拉斯决定计算一下出现在他邮箱里的计算机供应目录及对地球的危害,在经过一番调查之后得出了这样的结论:每年一个公司寄给300万人的双月目录册所使用的纸,需要砍伐28公顷土地上生长了70年的木材,还有59亿升水和2.3万兆瓦的电力和蒸汽动力。生产过程将向空气或水中排放14吨二氧化硫和345吨的有机氯化物。① 而这些耗费其实可以通过其他联系方式(比如电子邮件)的采用而得以避免。当然,广告对于生态环境最深刻的影响在于它对人们消费心理的控制。

在法国社会学家鲍德里亚看来,广告的本质在于它的象征和幻象功能,看起来无特别动机的广告"阳谋",实际上是欲望的制造者,对受众有着巨大的驱动力,是一种看似无意识的诱劝,是"温柔地对你进行掠夺",让你不断地购买,不管你是否需要(通过"赠品意识形态"诱你上钩)。使用巨资广告费的资产者使社会结构和基础由生产主导型转为消费主导型,广告的目的不在于增加而在于去除商品的使用价值,去除商品的时间价值,从而使消费者屈从于时尚价值并快速更新。广告就是要制造时尚,而时尚所遵循的逻辑是对消费游戏的"指导性废除",以利益追逐者的欲望指向把人们带入不断购买新的、同样会很快过时的时尚消费之中。②

高档消费对社会资源的消耗比一般的朴素生活高出若干倍,在城市运行系统中,公共汽车、地铁和有轨电车每人每公里使用的能量是私人轿车所用能量的1/8,长途旅行中火车和公共汽车只需用商业喷气式飞机能量的1/10,私人飞机能量的1/27。③ 可见消费与资源环境之间的紧密关系。在当下中国,出现了"两栖"消费现象:既节俭又阔绰,为了"一点豪华主义"或"奢侈"目标

---

① [美]艾伦·杜宁:《多少算够——消费社会与地球的未来》,毕聿译,吉林人民出版社1997年版,第89页。

② [法]让·鲍德里亚:《消费社会》,刘成富、权志钢译,南京大学出版社2017年版,第20—29页。

③ [美]艾伦·杜宁:《多少算够——消费社会与地球的未来》,毕聿译,吉林人民出版社1997年版,第5页。

的实现,在某些方面采取"节俭"手段,似乎遵从着"节俭主义"与"享乐主义"两种对立的消费路线,实为消费主义、享乐主义、符号消费的变形。"两栖"消费者在传媒促销、时尚效应、高位认同的心理动机下,通过对"奢侈"品的占有与炫耀展现自己与他人的差异化,凸显自己优于他者的社会地位。为了保持自己想要的高位身份,他们往往选择在更短的时间内追求和占有更多的奢侈物品,消费更多的商品,而对此种消费是否满足了内心的真正需要、是否感受到了真实的幸福则忽而略之,实际上依然是一种符号性消费。① 消费就像一个踏轮,人们用谁在前面和谁在后面来判断自己的位置。在消费主义文化支配下的社会里,一个人得到的承认和尊重往往需要通过消费表现出来,购买既是自尊的一种证明,也是一种社会接受的方式,是"金钱体面"的一种标志。消费需要的满足是通过攀比或胜过他人的方式实现的,需要是被社会定义的,也是会上瘾的,一件奢侈品很快就可能变成必需品,并且又要尽快发现一个新的奢侈品……②每件奢侈品都意味着更多的原料、能源和劳动付出,意味着物力与人力的多倍付出,意味着资源利用的增多,意味着地球负担的加重。

二、怎样算好:幸福生活的高尚追求

人的幸福生活应该是怎样的? 是拥有的金钱无人能比? 还是享用的物品无人可及? 这个古老话题及至今日仍然需要我们认真思考和审慎选择。

古希腊历史学家希罗多德讲过一个梭罗与吕底亚国王的故事。梭罗是雅典人,有次去拜访吕底亚僭主克洛伊索斯。这位国王征服了许多地方,拥有无数财宝,在让梭罗参观完自己的豪华宫殿后,他向来访的梭罗提出了这样一个问题:谁是你所见到的最幸福的人? 他很希望这个答案落在自己身上。可是

---

① 吴金海:《"效率性消费"视角下的"两栖"消费现象》,《江海学刊》2013 年第 6 期。

② 〔美〕艾伦·杜宁:《多少算够——消费社会与地球的未来》,毕聿译,吉林人民出版社1997 年版,第 20—21 页。

梭罗的答案却是一个雅典公民——特鲁斯,因为他生活富足,享有儿孙的天伦之乐,战死疆场,收获了城邦予以的荣耀。这个回答让这位国王暗暗吃惊,因为它使一个普通公民的幸福凌驾于国王的财产与权力之上。克洛伊索斯又追问了一句,那次好的幸福之人是谁呢? 梭罗这次提及的是阿尔戈斯人克列欧毕斯和比顿,他们是两兄弟,运动员和孝顺的儿子。有一次,他们的母亲要参加一场祭奉赫拉的节日盛典,碰巧没有牛拉车,兄弟两便把牛轭套在自己身上飞跑到了神殿。当人们欣羡和赞美他们的时候,他们的母亲向赫拉女神祈祷,希望赐予他们能享有的最高福祉,结果两兄弟就长眠离世了,阿尔戈斯人给了他们最高的荣誉。在听了上面两个故事后,这位国王想知道为什么他壮丽瞩目的幸福还不如一个普通人? 梭罗的回答是:一个人的幸福,必须"看到最后"。后来吕底亚被波斯人居鲁士征服,这位克洛伊索斯即将被烧死时,想起了梭罗的断言。梭罗讲的第一个故事,将幸福建立在对家庭和城邦的忠诚得来的积极生活上,第二个故事蕴含神妒好运的意味,对神来说,好人的死亡比活着对他(她)更好。在梭罗看来,只要一个人还活着,没到最后那一刻,就不能说他是幸福的。① 梭罗的幸福观受那个时代特定文化的影响,未必完全正确,亚里士多德就不完全赞同他的观点。但是,这则故事给后人一个基本的启示,即幸福不等于富有。

消费主义文化的泛滥加重了生态环境的负担,破坏了我们生活的家园,危及人类的生存发展与幸福绵延。人们需要对幸福本身进行认真思考。

(一)幸福是什么

人是一种意义动物,追求幸福生活是人生的正当需求与美好愿望。那么幸福是什么? 幸福生活包括哪些基本要素? 怎样理解幸福? 这些问题是人这种高级动物不断思索的重要课题。

---

① [美]伯格:《尼各马可伦理学义疏——亚里士多德与苏格拉底的对话》,柯小刚译,华夏出版社 2011 年版,第 318—319 页。

有人将幸福定义为感性欲望得到满足后的快乐,幸福人生意味着厚味、美服、好色、音声等欲望的满足;有人则将幸福感与人的理性追求结合起来,认为幸福在于不断追求人生的理想境界,在理性的升华中获取精神的满足与愉悦。亚里士多德所讲的幸福是与善一致的,他立场鲜明地反对把善与金钱、荣誉或快乐等同起来,幸福(善)指一个人自爱并与神圣的东西相关时所拥有的良好生活状态及在良好生活中的良好行为状态。其中,对人生形而上学的哲学沉思是生活中的本质目标和必不可少的成分,是幸福的根本所在。① 杨国荣认为,幸福反映着人们对自身整体生活状况的满意程度,往往与感性体验联结在一起。满意蕴含着对生活状况的认识,更涉及对自身生活状况的评价。评价必然离不开一定的价值观念和认识原则,关涉生活手段与生活目标的关系,其中价值观念规定着生活的目标和理想。实现了目标与理想,便会体验到一种人生的满足与幸福。在人的生命存在中,生活实践和生活境遇是幸福的本源性基础,对生命的维护与担保是幸福的底线。无论是源于"乐"的幸福还是由于"崇高"的幸福,总离不开人的生命存在。在人类的历史进程中,早期的幸福往往更直接地与维持生命存在的基本生活资料以及获取的方式密切相关,随着人类力量的增强,人类满足感的获得除了物质资料外,还包括了文化、精神、社会需要等其他内容。② 俞吾金认为幸福是一种综合性现象,可以概括为人们生活中的外在因素和自身因素。外在因素包括环境、出身、子女、朋友、社交、财产、地位、权力、荣誉等;自身因素可分为身体因素与精神因素,身体因素包括体质、容貌、身材、情趣、体能等,精神因素包括理智、思想、心态、闲暇、思辨等,这些因素都会对人的幸福产生影响。幸福感是相对的,不同的人对幸福的感受是不同的,同一个人在不同境遇下对幸福的感受也可能迥然有异,我们可以通过一种合理的比较方法追求幸福,抛却烦恼,那就是:对于外在因素,与

---

① ［美］阿拉斯戴尔·麦金太尔:《追寻美德:道德理论研究》,宋继杰译,译林出版社 2016 年版,第 187—200 页。

② 杨国荣:《伦理与存在——道德哲学研究》,上海人民出版社 2002 年版,第 256—262 页。

那些比自己差的人比较,从而引发珍惜已经拥有的各种条件的心理反应;对于自身因素,与那些比自己强的人比较,激发自己奋发向上的潜能,创造获取幸福的外在条件。不过他更看重获取幸福的自身性因素:"幸福恰恰隐藏在人们对自身的幸福感的相对性的领悟中,隐藏在合理的思维方式和比较方法中。"①王海明对幸福进行了系统阐述,认为幸福是人生重大需要、欲望和目的实现后的心理体验,它是人的生存与发展达到某种完满状态的美好体验。幸福有三大规律:幸福等级律——高级幸福与发展价值成正比,与生存价值成反比,低级幸福与生存价值成正比,与发展价值成反比;幸福实现律——欲望要与天资、努力、机遇、美德结伴而行,幸福才会完满实现,幸福=才力命德欲;德福一致律——德福大体一致,德福的正相关大于负相关。据此,王海明提出了追求幸福的行动原则:对幸福的认知与幸福的客观本性相符,对幸福的选择与自己的才、力、命、德一致,求幸福的努力与修自己品德相结合。而所有的幸福体验皆以自身生命的存在为根基。②

综上可见,幸福既是一种感性的、经验的人生体味,也是包含着理性的、崇高的精神向往,同时也与人的价值追求息息相关。幸福是人生的目的,也是一种价值形态,呈现为主体的价值创造,在此过程中,人确证了自己不同于动物的本质特征,也慢慢获得了对自身存在的肯定性评价,从而获得满足感和幸福感。但是,人的价值创造过程绝不仅仅是物质产品的堆积,还包括了文化的、精神的、艺术的等多样化的内容。幸福是对自身生存状态的一种总体性满足,不同于感官声色之乐的充盈,它既以过去和现在为实现根基,又以对理想的渴望与追求指向未来。

(二)消费不等于幸福

对于消费主义者来说,幸福的获取似乎通过购物、拥享高档次的物品就

---

① 俞吾金:《幸福三论》,《上海师范大学学报》(哲学社会科学版)2013 年第 2 期。

② 王海明:《伦理学原理》,北京大学出版社 2006 年版,第 266—295 页。

可实现。而实际的情形却是:消费的满足很快便被不满足代替,真正的幸福总难降临。消费满足的一般路径是与他人攀比或以胜过他人的方式来实现,而消费是会上瘾的,尤其是网购越来越普及、越来越方便的今天,无论是日常用品,还是饮食玩物,又或许是高档奢侈品,只要打开购物网站,各种推介便会扑面而来,购买了一种商品,与它相关的商品马上会映入眼帘;这次你买了件高档物品,要不了多久,你会发现更高级的产品已经替代了它;奢侈品很快就会变成必需品,新的奢侈品也不断地花样翻新、推陈出新。一些年轻人每天要花数小时用于浏览购物网站。在中国,"80后""90后""00后"的上班族有不少都是"月光族",他们的"嗨"建立在消费基础之上。一些年轻人将消费视为一种仪式化的社会活动,吃穿用度、饮食起居拼档次、追品牌,被物包围和奴役而不自知;一些人在沉迷休闲娱乐、感官刺激性的消费活动中失去了对创造性生活的渴望;一些人以名人名牌消费为自我认同和自我发现的通道,将幸福的体验建立在对目标物化的占有与炫耀上。与此同时,心理焦虑、精神萎靡、理想迷失、审美情趣低下等问题不断出现,年轻一代并未因高消费感受到更多的幸福。弗洛姆(E.Fromm)将享乐型消费称为消极性消费,这种消费以外在物质刺激为诱导,行为本身不是自主性的,不会带来人理智能力和精神境界的提升,反而因为外在刺激难于满足人们不断膨胀的物质欲望,行为主体一直处于不满足、不满意的心理状态,不断寻求新的物质替代。这样一来,对物质需要的无尽追求便导致资源消耗的不断扩大。就行为主体的个人感受而言,只有享受与娱乐,没有自我实现带来的幸福体验。人的享受欲望被一次次刷新,而真正的生活品质并未得到实质性的提升。心理学研究成果表明,消费对个人幸福的影响是微乎其微的,人类获得满足感的主要因素有两个——社会关系和闲暇,令人尴尬的是,这两个因素似乎在奔向富有的过程中已经枯竭或停滞。受消费主义文化蒙蔽,现代社会的人类一直徒劳地试图用物质的东西来满足不可或缺的社会、心理和精神需要。父母都希望给自己孩子一个幸福的生活,但必须认识到,幸福生活不可能完全是由更大的房子、更高级的轿车、更先进的智能产品、更多的冷冻食物以及商业街构成的。我们的幸福生活应该是一种量入为出的生活,我们提取的应该是地球资源的利息而不是本金,我们应该在友谊、家庭和有意义的工作中寻求充实满意的生活。①

在消费主义文化主导的消费社会里,消费者享有历史上前所未有的物质财富和个人独立,但人际之间的彼此依恋与相互交往却越来越少。许多时候,人们挣得的金钱越来越充足,但自己能够自由支配的时间却越来越少。我们已经变为私家车的驾驶者、手机的拥有者、精美包装的购买者、一次性物品的使用者,但是,"对这个巨大转变的悲剧性嘲弄在于消费者社会的历史性兴起对于损害环境有着重大影响,却并没有给人民带来一种满足的生活"②。纯粹的物质享用很难给人以内心的满足,因为需要什么和需要多少是被特定时期的社会所定义的,是随着经济的增长而逐步提高的,正所谓水涨船高,欲壑难填,总有缺失。在消费主义者掌控的社会里,只存在消费的几何场所——玻璃橱窗,在那里,人不再反思自己,而是凝视不断增多的物品(符号),陷入了物品及其表面富裕的陷阱之中,沉浸到对社会地位的奢望之中,自我则在其中被取消。物品什么也不是,琳琅满目的物品背后,滋长着的是人际关系的空虚、物化生产力对人内在需求的蔑视。③ 其实,对自己工作的热爱、对家庭的满意、对自身潜能的发挥等是获得幸福感的重要砝码。

倡导和培养深层的、非物质性满足,是幸福生活重要的心理条件。这种心理条件可以通过一种生态世界观的建立与我们的日常生活联系起来。如果我

---

① [美]艾伦·杜宁:《多少算够——消费社会与地球未来》,毕聿译,吉林人民出版社1997年版,第6页。

② [美]艾伦·杜宁:《多少算够——消费社会与地球未来》,毕聿译,吉林人民出版社1997年版,第17页。

③ [法]让·鲍德里亚:《消费社会》,刘成富、权志钢译,南京大学出版社2017年版,第198—203页。

们认识到物质上的过度消费给地球环境带来巨大压力,影响他人及后代的生存与发展,心理上便有可能感到愧疚与不安;如果为解决生态问题作出了努力,采取了行动,就有可能得到社会与他人的认同,也使自我心理形成一种肯定的情绪,使自我精神产生愉悦感。精神上的愉快既有空间上对"充塞"式生活方式的删减,也有时间使用上的质量与效果问题。北美、欧洲,包括中国等地,一直存在一种对简单且满意的生活的向往;幸福生活不应是对时间的花费(无尽的物品制造与消费)而应是对时间的享用,在生活物质条件有了保障的基础上,将时间用于身心的放松、精神追求的满足方面。在欧洲,大部分商店晚上 6 点钟便打烊,周末营业也有一定限制,这种做法使经营者有了自己更多的闲暇时间,也在公共时间的形式要件和精神取向上有利于限制消费主义的扩张。

无论是西方还是东方,在古老的价值观念中,过分消费都被视为一种异质性、甚至是罪恶的。在希腊神话中,有关于国王弥达斯点石成金的故事——他因为救了酒神的老师而被赋予了想要什么就有什么的权能。这位国王选择了拥有点石成金的本领并如愿以偿,凡是他所点之物立刻都会变成金子。但在高兴之余,他很快发现这是个巨大的灾难:经他碰的食物都变成了他无法吃的金锭,他肯定要被饿死;更没想到的是无意中碰了自己的女儿,把她变成了一尊金像。贪财的弥达斯国王后悔莫及。还有波兰民间"渔翁与鱼"①的故事,折射出的都是对过度贪婪的否定。我国传统文化也有此类观念的经典表达。《道德经》中关于"祸莫大于不知足,咎莫大于欲得""五色令人目盲。五音令人耳聋。五味令人口爽。驰骋略猎,令人心发狂。难得之货,令人行妨""知足不辱,知止不殆"等生活智慧深刻地表达出过分的物质追求对于幸福的

---

①　"渔翁与鱼"的故事流传甚广,大意是这样的:渔翁钓到一条会说话的金鱼,这条金鱼央求渔翁放了它,承诺他想要什么就可以得到什么。渔翁把金鱼放回了海里,回家时遇到的事告诉了他的妻子,结果被他妻子逼着向金鱼提出了各种要求,那条金鱼都答应并兑现了,但是渔翁妻子最后贪心地要作海上的霸王让金鱼听命于她,结果她的贪得无厌致使她又回到了以前的贫苦生活。寓言故事中的处世道理日常而深刻,是节制伦理观念的很好诠释。

妨碍。

随着消费主义的盛行,社会压力与个人压力已严重制约着人们幸福感的获取,"超过半数的人们宁愿选择环境质量而不是经济增长","从物质需要的满足转向非物质需求的满足,制定一种简单且满意的生活方式"①。低消费的价值追求在人类集体脑海中有着深刻的历史烙印,古老的家庭纯朴的社会、良好的工作和悠闲的生活状态,对手艺、创造力的尊崇,对几代人生活场所的记忆与留恋,也是一种幸福生活的"景观",以至于到了 21 世纪的今天,一些葆有田园情结的人士选择了一种似乎与现代化生活格格不入的生活方式——"废于都,归于田"。其实,当基本生活条件具备之后,心灵的舒适与宁静是拥享幸福更为根本的元素。

(三)消费需要伦理规约

幸福的伦理目标是以人的完美为指向的,意味着人自身潜在能力的充分展开,意味着人的全面发展。人的全面发展需要多方面的条件,涉及人与自然、人与社会、人与人等多重关系,有外在条件的基本要求,也有对人性积极品格的确认。在人追求幸福的漫漫旅途中,在人类社会不断发展的历史上,幸福的获取需要一定的道德规约,因为幸福中的感性欲望容易使人冲动放纵,而通过对人的尊严和理性本质的确认,可以使幸福确立起无愧于人的本性的道德担保。

在社会生活中,消费道德问题尚未引起人们足够的关注。日常消费活动具有一定的私人性和隐秘性,不易受到外在强制力的监视与束缚,享受着较高的自由度。自 20 世纪 70 年代以来,随着环境问题的凸显,环境伦理学随之产生。环境伦理学家开始从环境与人类未来的角度探讨消费中的道德伦理问题,认为消费不仅取决于经济状况,也取决于伦理承受力,倡导人们放弃片面

---

① [美]艾伦·杜宁:《多少算够——消费社会与地球的未来》,毕聿译,吉林人民出版社 1997 年版,第 110—112 页。

的经济增长模式和消费观念,把注意力集中于生活质量的真正提高。德国社会学家贝克(Ulrich Beck)提出了第二现代化理论。贝克认为,第一个现代化体现了"征服之欲望"和"制造之能力",主要是指经济增长、科技进步、阶级状况,集中在物质资料方面的竞争,经济发展表现为工业文明中以矿物原料为基础、以汽车工业为核心、一次性物品充斥市场的运行模式;第二个现代化体现对生态环境的"同情""体味"和"梦想之能力",强调时间的自行支配、活动的自我决定、内心的情感体验以及人际之间的交往对话等,追求个性化的发展方向,重视非物质性的竞争,经济模式以再生能源为基础,实行循环利用资源的可持续发展模式。第二现代化不以物质财富的占有量作为衡量生活质量的依据,是追求人的本质力量实现的一种新的生活方式,贝克称之为"自我生活的时代"(Zeitalter des eigenen Lebens)。①

在"自我生活的时代"里,人们将改变由获利欲望驱动,并将消费主义当作生活最高目标的价值选择。这种改变,需要培育一种对生态环境的义务感、敬重意识和自我约束的"放弃之伦理"。这种伦理对超出必要界限的挥霍性、炫耀性、浪费性物质欲望与物品享受作出自愿的限制和放弃。20世纪 70 年代,德国、英国、瑞典、荷兰、瑞士等国即出现过"放弃之伦理"的实践团体——"生活方式小组"(Lebensstil-Gruppen),他们严格区分必要消费和享受性消费,使自己的消费控制在合理的范围之内,从而使人们都能过上有尊严的生活,包括为了后代人的生存与幸福而自觉放弃某些享乐型的消费。"放弃之伦理"是一种利己利人的行为选择,它不仅告诉人们应当怎样,而且说明愿意采取这种行为的原因,使人们愿意接受这种应当。"生活方式小组"成员为资源环境和他人主动限制自己的消费,为社会发展作出了贡献,同时他们又体会到,简朴的生活反倒使身体更加健康,精神更加愉悦,通过良心的安顿和社会的认同引发出种种快乐,从而获得一种满足与幸

---

①　[德]乌尔里希·贝克:《世界风险社会》,吴英姿、孙淑敏译,南京大学出版社 2004年版。

福。这样，放弃伦理就不仅是利他的，也是利己的，是一种自利—利他的互利共赢行为。放弃伦理之所以选择放弃享乐型消极的、非自主性的消费方式，就是因为它既不能使人实现自我价值，又带来生态资源的大量耗费，是一种没有责任意识的行为。选择自主性的消费方式，消费不再是物质刺激的被动满足，而是自我实现的一种方式。这种消费使人的内在力量得以展现，人们通过从事某种基于心理能量的活动（如艺术创作）获得一种深刻的生命体验，使自我成为更加精致、更为丰富的复合体，获得一种独特的、与众不同的、不可替代的价值展现。这种消费行为具有高度的自控力和强烈的责任意识，其行为不会超过社会与生态环境的承受力，它所达到的自我实现是精神层面的。在这样的时代里，人们不一定拥有大量的金钱，但自我发展以及从事的自然的、宗教的、艺术的、历史的、哲学的活动使人们赢得满足和充实，从而获得一种新的、富裕的、幸福的体验。自主性消费方式的建立，需要克服第一个现代化里形成的竞争性、攀比性消费主义心态，培养依据自我内在消费需要而非外在诱使的消费习惯。"自我生活"的本意就是在自身内部找寻消费行为的动机，强调自我的独特性，人应该以自己作为自己行为的尺度。这样的时代并不追求人人在财富拥有上的均等，而是崇尚以非物质消费为水准的高质量的生活。①

日本学者间间田孝夫提出了"第三种消费文化"的理论主张，认为消费文化分为三种历史形态：第一种历史形态注重物品的功效和数量，与人类社会的现代性紧密相关；第二种历史形态注重商品的符号意义，与社会发展的后现代性相关联；第三种历史形态关注人的内心需要和兴趣爱好，表现为"一点讲究主义"，具有非效率性特征。"一点讲究主义"不同于"一点豪华主义"，其目的在于人潜能的发挥和实现，不是为了拉开与他人的社会地位，显摆自己的优越性。②

---

① 甘绍平：《论消费伦理——从自我生活的时代谈起》，《天津社会科学》2000 年第 2 期。
② 吴金海：《"效率性消费"视角下的"两栖"消费现象》，《江海学刊》2013 年第 26 期。

现代社会出现的"小资"式生活、"背包"式旅行、LOHAS 一族①就是这种生活方式的现实写照。"第三种消费文化"是一种科学的、符合人本性需要的、未来消费取向与"效率性消费"（消费所追随的是更短时间内消耗更多商品）不同的"非效率性消费"。这种消费关注人自身的真实需要和个性爱好，追求商品的精神价值，避免对社会和自然造成不良影响。"第三种消费文化"为人们生态化人格的培养、生态化消费观念的构建提供了很好的思想启迪。

消费涉及道德选择、道德评价以及对相关道德准则的践履问题。如果我们在消费过程中对违反人权或破坏环境的产品采取拒绝购买的行为，对不当行为就是一种道义上、经济上的惩罚。这种基于道义的禁购行为一旦成为具有广泛影响的社会行为，就会促使当事者因蒙受经济损失而改变其计划或做法，从而达到有利于社会与生态环境的目的。英国的"妇女环境广播网"开展过一个"包装就是敲诈（Rip-off）"的运动，强烈要求他们的会员在填装他们的购物车时从食品上撕掉过多的包装，使可再灌装的饮料瓶恢复原有地位。②消费伦理要认真思考和处理"能够"与"应当"的关系问题，认识到：我们能够做的，未必一定是应该做的。人不能贪欲无限地试图占有无尽的"财富"（也可能不是财富而是累赘），应该有控制、有限度地满足自身的需要并关照他物的利益。追求自身的完善，是道德的本性所在，人的消费行为亦需一种道德的引导与规范。罗尔斯顿指出："人的生活要遵循自然：即意识到大自然对我们

---

① LOHAS 即乐活族，又叫乐活生活、洛哈思主义，是一个新兴生活型人群，是英语 Lifestyles of Health and Sustainability 的首字母缩写，表达了以健康及自给自足为行为选择的生活理念。乐活族关心有病的地球，也担心自己生病，选择吃健康的食品与有机野菜，穿天然棉麻衣物，利用二手家用物品，步行或骑自行车，听心灵音乐，练瑜伽健身，通过健康消费生活实践，希望自己有活力。乐活族的生活方式席卷欧美日并产生了全球效应。乐活族乐观包容、支持环保、身心健康，族群中的人充满活力，幸福感增强。有人概括为：Dogood、Feelgood、Lookgood（做好事，心情好，有活力）。

② ［美］艾伦·杜宁：《多少算够——消费社会与地球的未来》，毕聿译，吉林人民出版社1997 年版，第 47 页。

的影响以及大自然对我们的行为的承受极限。否则,我们的生活将处处碰壁;我们会不知天高地厚。大自然没有为我们的人际事物提供伦理指导,但人类的行为必须采取一种适当的方式以适应我们的环境,适应世界给我们提供的条件。这是环境道德的核心,也是爱默生的观点——道德行为就是与自然律保持一致——所力图要表达的智慧。"①消费伦理要抵制消费主义文化浸染,构建一种生态消费文化。这种生态消费文化要求消费者要有人类胸怀和未来担当,不以个人或局部利益影响和损害人类整体利益,不以牺牲子孙后代的未来利益为代价来满足当前的利益,它将人基本生命需求的满足放在优先位置,保障所有人的健康生存;减少以迎合少数人奢侈生活或虚假生活为目标的"高端消费"。生态消费以人与自然的协调发展为出发点,消费内容和方式符合生态良好的要求,有利于环境保护,倡导健康消费、适度消费、绿色消费、可持续消费和高尚消费。

(1)健康消费。健康消费是指消费心态与消费行为的积极向上性质,就是要克服"符号"消费、"意义"消费的心理误区,使消费满足自身的真实需要,做到理性决策;消费行为符合自然规律和人体生态规律的要求,不以"口福""衣福"的满足而求新、求奇、求奢华,不因追豪华、讲排场而大修坟墓、大建祠堂、大操大办红白喜事等,认识到夜间消费、"人工白昼"生活习惯并非时尚,既不利于身体健康,也造成了能源的过度消耗。健康消费追求的是人自身的身心康健和对生态环境的积极维护。

(2)适度消费。适度消费不是要人们做禁欲主义者,而是反对浪费性消费和奢侈性消费,倡导崇俭戒奢的生活,建设节约型社会。适度消费着力营造勤俭节约光荣的氛围,以节约为荣,浪费为耻,使人们认识到不是贫穷才需要节约,节约是一种修养,一种文明的生活方式,也是人对生态环境的一种责任。节俭不是对人们生存与发展合理欲望的禁止,而是对无谓浪费的抵制。在生

①　[美]霍尔姆斯·罗尔斯顿:《环境伦理学》,杨通进译,中国社会科学出版社2000年版,第56页。

态伦理中,消极的道德律令依据生态环境的脆弱回应人应当做什么的问题,面对自然的"无知之幕"①,不懂得禁止的行为主体,很可能陷入盲目危险的境地,不可能形成促使人类持续发展的能力。生活中的适当消费应当成为人的一种修养和习惯。

(3)绿色消费。绿色消费包含消费过程中的绿色产品选择、绿色行为决策、绿色消费模式等多层含义:消费者在购买消费品时,选择未被污染或有助于身体健康的绿色产品;消费时注意对垃圾的处置,不污染和破坏环境;在崇尚自然、追求健康舒适生活的同时,将资源节约、环境保护作为日常消费的行为原则,养成绿色消费习惯。绿色消费是健康消费的技术性保障,也是消费行为选择的理念指引。

(4)可持续消费。可持续消费要求确立人类恒久发展的理念,为后代人的生存与发展着想,不使人类文明发展链条因当代人的贪欲而中断。可从广义和狭义两个层面来理解,广义的可持续消费包括可持续的自然资源消费、生活资料消费、劳务消费、公共产品消费等,狭义的可持续消费主要是指可持续的商品消费。无论是广义还是狭义的可持续消费,都需要在消费时顾忌整体与后代的利益,如果一座千年古刹影响到某一住宅区建设,我们就不能因为眼前的需要毁掉古刹,我们也不该因为利益的驱动在风景优美的自然保护区随意建造馆舍楼台。可持续消费建立在人类整体利益和长远利益之上,提醒人们不要苟且当下、鼠目寸光,生态伦理现实目标就是为了更好地维系人类历史的绵延。

(5)高尚消费。人是一种追求高尚的动物,对美好心境与精神充实的追求是人区别于动物的重要特质,也是人高品质生活的一种表征。"我们需要

---

① 在罗尔斯那里,"无知之幕"是指人们对于决定自己能力和身份的特殊事实、社会环境以及形成社会地位不平等的因素等一无所知,似乎被遮上了一层面纱,认识不到自己所处的有利位置,从而促使人们在平等的基础上考虑问题;而人在认识自身与自然之间的关系时,也存在无知与被遮蔽的情形。参见约翰·罗尔斯:《正义论》,何怀宏等译,中国社会科学出版社 1988年版,第136页。

从大自然中获得科学的、娱乐的、美学的、塑造性格的和宗教的这类高质量的体验。"①自然的简朴、纯洁和美丽能够砥砺我们的道德本性,更新和提高我们的灵性,亲近自然、感悟自然的消费是人的自然需要,也是提升生命境界的有益选择。人应该追求一定的精神价值以充实和完善自己,无论是对真理的探求、艺术的创造、道德的升华,还是开发沉睡在人体内的潜能,都会丰富人类对生命意义的体验,深化对生存价值的认识,体验高尚的幸福生活。高尚消费不同于"高端消费",提倡在基本生活需要满足的前提下,将消费的对象转向更有利于人性提升和圆满活动,真正体验人作为人的存在价值。

---

① [美]霍尔姆斯·罗尔斯顿:《环境伦理学》,杨通进译,中国社会科学出版社 2000 年版,第 161 页。

第七章　由本位"治理"
到环境"正义"

　　肇始于 20 世纪上半叶的生态环境危机,从以八大环境公害为代表的第一次危机①,到 20 世纪 70 年代以后法国阿摩柯卡的斯油轮泄油、美国三哩岛核电站泄漏、苏联切尔诺贝利核电站泄漏、瑞士莱茵河污染、美国莫农格希拉河污染、美国埃克森·瓦尔迪兹油轮泄漏等为例证的第二次人类环境危机②,直到今天局部好转整体堪忧的生态环境局面,环境问题呈现出越境转移、由区域性和中等规模向全球大规模演变的趋势。面对严峻的环境问题,人们从经济、政治、文化、生活方式等各方面做过不同的分析,也提出了一些应对措施,对防止问题进一步恶化发挥了积极的作用。但是,在认识和处理生态问题时,也存在重局部治理、重技术开发与应用,轻整体布局、缺人类意识的本位立场问题。罗马俱乐部称生态环境问题为"世界问题复合体",对这一复合问题的解决,需要彰显出正义的理性光辉。

一、环境问题的本位化诊治亟待改变

　　环境是一个巨大的开放系统,人及人类社会属于其中的构成要素和生态

---

① 　八大环境公害见前文"序"注解。
② 　刘维屏、刘广深:《环境科学与人类文明》,浙江大学出版社 2003 年版,第 2—5 页。

因子。环境问题对生态环境产生的影响可能是局部性的,也可能是全局性的。如果从问题的累积、蔓延或长远影响来看,环境问题是一个全球性的、整体性的问题。在现实生活中,对环境问题的"靶向"诊治是必须的,但若从全局和长远的视域上看,仅有头痛医头、脚痛医脚的"对症"处理方式而忽视整体性环境治理与环境状况的改善,环境问题的最终解决还是难以兑现。

(一)环境问题归位的具象化

环境问题的具象化是指对环境问题的认识与处理仅限于对某一具体领域或某一具体环境事件的应对与解决,忽视对整体性生态环境以及人类总体性行为形成的环境问题的认识,没有形成综合性和统筹式的处理方式。需要说明的是,针对具体问题的解决而言,问题的归位和定性以及解决方案的确定与实施是重要且必须的,但就解决环境问题的思想认识和价值取向而言,人类应将视野放到具象化的问题之上,注意到具体环境问题与整个生态环境以及人们享有的环境权益之间的关系。

最早引起人们注意的环境问题是一些环境公害事件,随着地球环境的恶化和人们对环境问题的重视,研究者常常从不同的角度对生态环境问题作出不同的划分,进而提出有针对性的解决方案。从地理样态上看,生态问题可以分为森林生态问题、草原生态问题、荒漠生态问题、湿地生态问题、淡水生态问题、海洋生态问题等;按照气候特征可以分为湿润地区的生态问题、半湿润地区的生态问题、干旱地区的生态问题、半干旱地区的生态问题、寒温带地区的生态问题、温带地区的生态问题、暖温带地区的生态问题、亚热带地区的生态问题、热带地区的生态问题等;根据行政区划的不同,分为城市生态环境问题、农村生态环境问题;根据行业分类,可以分为工业中的生态环境问题、农业中的生态环境问题、林业中的生态环境问题、畜牧业中的生态环境问题、渔业中的生态环境问题、商业中的生态环境问题等;还可以从生产与生活的不同,区分为生产活动中的生态问题、日常生活中的生态问题等。当然,也有许多人始终聚焦于生态系统中某一具体问题的研究(对科学研究来说是必要的,但理念设定与政策制定得将眼光投向更广的地球共同体和人类共同体),如从生态学研究方法的角度,对生态问题的选定及如何开展研究做深入分析,瞄准的是生态环境中具体的、片断性的问题。① 也有人基于不同制度将生态问题分为资本主义生态问题、社会主义生态问题与一般生态问题三种类型。② 中国科学院可持续发展战略研究组在《2015 中国可持续发展报告——重塑生态环境治理体系》中,将生态环境问题分为"绿色化"问题、"污染防治"问题、"生态保护"问题和"自然资源管理"问题等类型③,从中国社会现有的生态环境问题现状入手进行了归纳、整理和分析。

环境问题的具象化是解决生产、生活领域中环境破坏、环境污染、资源浪费等具体问题的操作性前提,其成效往往是显而易见的。但就人类面临的整个生态环境问题而言,我们不能只见"树木",不见"森林",只顾及本位责任和利益,忘却生态系统的有机联系和人类的整体利益。在现行的人类社会结构中,人总是按某种标准处于特定的、或大或小的社会组织中,这种组织有其活动的范围、方式和利益诉求,也要承担相应的职责。对于职责的理解,一般限于自身担当的具体任务,对于职责之外的社会义务则有意无意地忽略而过。但是我们知道,生态环境具有开放性、边界不清晰性、外部性、综合性、反应的迟滞性与累积性、巨大性等特征,与具体系统或存在物存在的问题是不一样的。若人们的眼力只放在具象化的问题上,较大的或整体的生态问题便不能得到很好的解决。如一条河流,它流经许多区域,归不同的行政区划管辖,涉及生产与生活诸多方面,可能面临水环境危机、水资源危机、水生态危机等不同问题,如果治理办法是"铁警办案,各管一段",或"环保不下河,水务不上

---

①　[英]大卫·福特:《生态学研究的科学方法》,肖显静、林祥磊译,中国环境科学出版社2012 年版。

②　何畏:《生态问题的研究范式及其类型划分》,《马克思主义研究》2017 年第 1 期。

③　中国科学院可持续发展战略研究组:《2015 中国可持续发展报告——重塑生态环境治理体系》,科学出版社 2015 年版。

岸",采取各行其是的应对举措,势必导致"九龙治水难治水"的尴尬局面,使得水污染的防治、水资源的保护、水环境的改善、水生态的修复难以实现。中国政府在河湖治理领域实行的河长制即为对具象化处理方式的一种制度性改进。这种制度目前采取的是党政领导领衔的政府主导型模式,由各级党政主要领导出任所在辖区某条河流的河长,统筹履行河流治理与水环境保护的责任,从而改变了责任不明、职责交叉、监管不力、执法难行的河流环境管理困境。河湖的污染具有流域性、综合性的特点,只有全流域联控、联防、联治,打组合拳,综合施策,才能产生全局性、持久性的功效。否则,上游管上游的事、中游管中游的事、下游管下游的事,污染源底细不清,治河治不了源,缺乏对河流上下游、左右岸、干支流及河湖状况的整体考量,改善一条河的生态环境就难以实现。同时,河流污染问题的治理,还要理顺河道管理和区域行政的关系,关照河这条"线"与辖区内环境"点"的关系,包括企业废水的排放、规模养殖畜禽企业的污染问题、城乡生活污水的处理问题、薄弱生态的修复问题等,涉及区域内经济发展的定位、主导产业的扶持、对整体环境的评价、资源的开发利用等各种综合性因素,需要通盘考虑,系统决策。① 当然,我国目前实施的政府主导型河长制还存在机制需要完善的问题,也可以考虑由社会贤达担任河长的社会主导模式,由企业家担纲河长的市场主导模式,或者是组建由以上三方构成的综合治理河长制。②

由河长制制度的实施可知,环境问题的处理必须统筹谋划、全盘考虑,如果采取类似西医治病的"靶向"诊治,恐怕就会出现按下葫芦浮起瓢、首尾不一,甚至相互拆台的情况,环境的整体美好就难以兑现。但是,环境问题往往与特定的人类集群联系在一起,在处理问题时,考虑的是集团利益、地方利益、区位利益和本国利益,即关注的还是"小环境",而事实是:"小环境"的恶化迟早会影响到人类居住的地球这个"大环境",城市的垃圾运到了乡下、发达国

---

① 刘鸿志等:《关于深化河长制制度的思考》,《环境保护》2016年第44期。
② 沈满洪:《河长制的制度经济学分析》,《中国人口·资源与环境》2018年第28期。

家的污染企业转到了欠发达地区、富裕阶层对地球资源的过多占有,最终都会使人类赖以生存的生态系统受到损害。因此,人类需要站得更高、看得更远,用赤子之心呵护人类共同的家园。

(二)环境治理对策的功利化

环境问题的凸显迫使人类必须直面环境问题并提出对应之策和处理办法。在此过程中,作为环境治理主体,常常首先考虑的是对利益相关者的影响,关注的是局部利益、眼前利益而非对生态环境的整体影响和长效呵护。环境治理主体有其职责范围内的责任和义务,针对具体环境问题"靶向"诊治,对化解冲突或减少损害、维护生态环境的良好无疑是有效的、积极的。但是,如果在治理中将注意力完全聚焦于当下的"任务"或工作的"业绩"而忽略活动中的社会义务和道德责任,甚至出现功利化、表面化的趋向,就会使环境治理的整体效果和环境保护最终目标的实现大打折扣。

环境治理对策的功利化有如下几种表现形态:

1. 以"点"代"面",浅尝辄止。这种现象主要是指环境治理主体认识不到位或态度不端正,只是迫于政府或社会压力而不得不对环境问题有所应对,解决的是社会反响较大,或易于出成效的环境事件或问题,对于深层的、潜在的、涉及面广泛的问题则得过且过,不予严格追究和认真处理。这种情形无论是在大城市还是小乡村,也无论是政府行为还是企业对策都程度不同的存在着。如大城市的生态环境问题,街道马路的环境卫生、绿化植被可能很受重视,而乱拆滥建导致的资源浪费却很少有人问津;农村化肥农药的过量使用缺乏监督管理,显而易见的垃圾清运可能被视为莫大的政绩;地方政府为了树立形象会斥巨资建设环境工程,而对生产生活中污染或损害生态环境的现象可能睁一只眼闭一只眼;一些企业虽然建有防止污染的环保设施,可只是偶尔使用,甚至只是为了应付检查或掩人耳目。在一些人的心目中,环境问题实在不是什么大事,做好做坏都没太大的关系,做上几件事,有点"显示度"也就可以了,获取因环境问题带来的"业绩"是他们的本心。这种心理动机不改变,环境问题将会越积越大。新中国成立以来,我国的生态环境建设经历了人定胜天——生态失衡——生态底线——生态文明建设等不同时期,从随意排放到总量控制再到质量控制①,由对问题的"聚点"处理转变为生态文明的制度建设,坚决制止生态治理中的应付主义和官僚主义,总体效果正在逐步好转。

2. 地方保护,利益至上。这里的地方是对中央以下各级行政区划的称谓,保护则指对自己利益的维护。在环境治理过程中,常常会出现经济发展与环境保护之间的冲突,而当冲突发生之时,有些地方政府、有些企业、有些个人的选择是以牺牲生态环境为代价换取自身利益,以地方保护主义敷衍或变相抵制中央政府的国家权力和国家利益。一些地方对耗能多、污染大的小煤矿、小炼油、小水泥、小玻璃、小火电、小冶炼等小企业面上禁止,实际不管,甚至在上级环保检查时还通风报信,充当污染企业"保护伞"②。"公地"是大家的,利益是自家的,尽管明知行为不当,却在利益的诱惑下背道而为。地方保护主义最突出的表现还在于跨界污染及其治理问题。上游污染,殃及下游,或者是一起都往某一公地弃物排污,导致公地污染。地方保护,表面上维护了当地的利益和形象,但假以时日,最终造成的是本地的损失和环境的破坏,可以说是搬起石头砸自己的脚。

3. 本位包庇,敷衍公众。本位主义也是生态环境治理中功利化的一种表现形式。这里所说本位,主要是指以部门利益为重,忽视国家利益、人民利益和公共利益的工作态度、工作作风和价值倾向,表现为国家利益部门化,部门利益单位化,单位利益个人化,部门自我意识明显,在组织的掩护下欺上瞒下,使大政方针"下不接地""上不达天",甚至"钓鱼执法"、贪赃枉法,当事情败

---

① 参见潘家华:《新中国70年生态环境建设发展的艰难历程与辉煌成就》,《中国环境管理》2019年第4期。
② 谢玉华:《论地方保护主义的本质及其遏制策略》,《政治学研究》2005年第4期。

露时,以官僚主义为挡箭牌,大事化小、小事化了。①　面对国家的治理决心,一些地方和部门不认真落实,而是用虚假整改、表面治理敷衍应对。本位包庇不仅是环境职责落实不到位的工作态度问题,也是环境道德觉悟不高的具体表现,如若不做改变,必将给全局环保成效产生消极影响。

环境问题本位化诊治的实质,是对生态环境部分与整体辩证关系认知的偏失,是对生态环境眼前利益与长远利益错位处理的结果,是在生态环境面前自私自利、缺乏公义的表现。目前,人类面对的生态环境问题林林总总、形形色色,涉及城市与乡村以及工业、农业、林业、木业、渔业等各个领域,也渗透至社会生产、生活的各个环节,同时也涵盖了国家宏观布局、总体发展和国际义务、人类利益等历史定位,除了在政治制度、经济制度、技术发展、社会保障等方面要体现生态文明、维护生态良好外,亦需关照人类内心对生态环境权益与责任的正义追求。

二、人类意识下的环境正义

生态环境问题作为全球性问题的凸显,带来了人的类意识的觉醒与扩延。环境问题的整体性特质与人们解决方法的局部性和本位化之间存在着不相协调的诸多矛盾,要求我们树立人类意识,从全球着眼,正确处理国家、种族、地域、城乡、贫富之间的关系,体现环境权益与环境责任的公平与正义。

人的意识是主体对客体自觉认识和心理体验的统一,是对客观世界的主观映像。类意识是人作为有意识的社会存在物具有的一种能力和特征,是从人类整体的角度对相关客体的反映。全球生态问题的严重化带来了大自然的反主体效应,迫使人类要从类存在的角度、从类整体利益出发来认识和处理人与自然的矛盾与冲突。类意识把人类当作一个总类、一个整体来看待,关注人

①　竹立家:《用公共精神消除部门本位主义现象》,《人民论坛》2018年1月(中)。

这个类的本质特征、生存现状、利益诉求、发展前景、未来命运等。① 在类意识中,正义感常常被视为道德觉悟的标杆。正义是人们对社会秩序和利益分配最基本的价值诉求。环境正义虽有狭义、广义之分,其实质是以生态环境为介质的人与人之间的权益与责任平衡问题。正义是人作为社会性存在者对其尊严、权益、机会、平等地位等得到社会认同的一种渴望与捍卫,它是人在意识觉醒后对自身与他者同"类"性的心理期盼。认识主体的价值取向不同,反映的利益关系往往相去甚远。人类在处理生态环境问题时,不可避免地会牵扯到不同的利益关系和情感诉求,当此之时,需要认识主体站在整个人类的角度提出解决问题的思路与办法。因此,对环境正义问题的探讨需要铺垫人类意识的话语平台。罗马俱乐部报告——《人类处在转折点》早就指出:"狭隘的民族主义是无济于事的","每个人都必须意识到人类合作及生存的基本单位已从国家民族这一层次上升到全球水平。"②也正如以对环境保护进行辩护而出名的美国布莱克门大法官所言(借用约翰·多恩语):"谁都不是一座孤岛,自成一体;每个人都是广袤大陆的一部分,都是无边大海的一部分,如果海浪冲刷掉一个土块,欧洲就少了一点;如果冲刷掉一个海角,如果你朋友或你自己的庄园被冲掉,也是如此。任何人的死亡都使我受到损失,因为我包孕在人类之中。所以不要问丧钟为谁而鸣,它为你而敲响。"③全球性环境问题的解决,需要有关照人类命运的情怀,也需要有捍卫环境正义的勇气!

(一)人类对正义的追寻

人类对正义的追求与人类理性的觉醒是相伴而行的。

---

① 李生龙:《儒家仁学、礼学及人生哲学所隐含的类意识》,《湖南师范大学社会科学学报》2009 年第 3 期。

② [美]米哈依罗·米萨诺维克、[德]爱德华·帕斯托尔:《人类处在转折点》,刘长毅等译,中国和平出版社 1987 年版,第 134—135 页。

③ 汪劲、严厚福、孙晓璞:《环境正义:丧钟为谁而鸣——美国联邦法院环境诉讼经典判例选》,北京大学出版社 2007 年版,开篇导语。

1. 作为德性的正义。在古希腊时期,人们在交互交往中便意识到了"正义"存在的必要性,并且对它的认识逐渐由分配与秩序的适当与规范转升为个人的德性品质。在早期的希腊文化中,先哲们通过内含冲突、富有激情和言辞机巧的神话故事,以口头传诵的方式将教诲功能与礼仪修复融于其中,体现共同体认可的基本原则。"正义"的表达也是通过这种形式展现的。在《伊利亚特》中,描述了这样的情形:在由公民大会对战利品进行分配时,武艺高强、足智多谋的迈锡尼王阿伽门农得到一个被俘的女孩。没想到她是一位祭祀的女儿,身为祭祀的父亲向阿伽门农及希腊人祈求赎回自己的女儿(其他希腊人认为应该答应这一请求),遭到了阿伽门农的拒绝,结果希腊军队遭到了瘟疫的侵袭。阿伽门农意识到自己行为的不妥,安排了专门的仪式将女孩送还给他父亲。但是作为对自己应得而又失去的补偿,他带走了英雄阿基琉斯身边的一个侍女。阿基琉斯十分愤怒,宣布自己和其军队退出战斗,致使希腊人面临新的危机。阿伽门农很快后悔自己的这一决定,承认自己被"祸害女神"注入了可怕的迷乱,失去了应有的理智,并愿意承担责任。他听从了另一位英雄——奥德修斯的劝解(这是一种得体性声音),将赔偿阿基琉斯的礼物带到公民大会上并发出庄严誓词,阿基琉斯也很正式地回应了阿伽门农的道歉,表明自己的怨恨已消。至此,荷马式的正义在冲突解决中得以彰显。① 在这个过程中,一方面,人们对能够给利益相关者都增添福祉的冲突解决方案的认同与支持,具有普遍适用性而不是在施用时排除异己的原则,体现了正义深厚的心理基础,也可以说正义是由人的理性能力流溢出的交往原则,具有某种不可抗拒的神秘力量,是对人道德素养的基本要求;另一方面,正义的实现需要正当的秩序和方式。因为道德和法律规范常常会被个体化的欲望、决定、野心甚至嗜好所干扰,它需要某种保障形式(如古希腊的公民大会),也需要公开公正的表达途径(如集会辩论)。在《伊利亚特》所述述的故事中,冲突的解决是通过召

---

① [英]哈夫洛克:《希腊人的正义观——从荷马史诗的影子到柏拉图的要旨》,邹丽、何为等译,华夏出版社 2016 年版,第 149—168 页。

集公民大会完成的,其间包括了会议的召集、辩论过程、建议的提出与驳回、违抗与调节、解散会议等公式化的议程,对手之间的和解也是在仪式化的场域中实现的,隐含着程序正义的历史基因。在古希腊人那里,正义表现为对人类关系得体性的恢复,在利益和荣誉被侵害后通过一定程序又得到补偿,是对侵犯行为的纠正。在纠错时,责任人要承担自己的责任(或受到惩罚)。荷马史诗中的正义既是道德之人应有的德性,也是处理人与人关系的得体性程序。

苏格拉底作为将哲学由宇宙玄思拉向人间关怀的哲学家,发现了人灵魂中处于主导地位的正义,它使灵魂的谋算部分主管推理,意气部分则在谋算部分的管理下命令和控制人的欲望,正义就是灵魂中的秩序,它借由自制来实现。① 柏拉图《理想国》的副标题就是"论正义",他是以正义为指引来论述希腊的伦理本性的。② 他继苏格拉底之后,进一步完成了正义的人性内在化,不仅将其视为社会道德的共同体正义,也将它作为一种个人品质,作为灵魂中的一种"德性",刻画出正义中人的品德属性。这位哲人指出:"(有)一种潜在的规范,那就是,每个人做自己的事情;这是与智慧、节制、勇敢三种城邦的品德相媲美的(事物)。——的确如此。——难道你不认为这一能与城邦的品德相媲美的事物(就是)正义?——确定无疑。"③这里所说的"做自己的事情"源自希腊城邦建立时调整工匠分工的规则,柏拉图将这种支配技艺的原则延伸至政治领域,并试图以此对维护当时社会稳定的传统规范作出积极回应,每个人做自己分内的事情,没有超出被分配的部分就可以避免过分或极端行为,各司其职、各得其所就是正义的体现。在柏拉图看来,正义是一种可靠的概念性实体,它包含绝对的善和应得准则,正义准则来自人自己,"正义并非关系到某人献身于自己的外界事业,而是关系到他的内心事物,正如真正地关系到

① [美]伯格:《尼各马可伦理学义梳——亚里士多德与苏格拉底的对话》,柯小刚译,华夏出版社 2011 年版,第 170 页。

② 邓安庆:《正义伦理与价值秩序》,复旦大学出版社 2013 年版,第 12 页。

③ [英]哈夫洛克:《希腊人的正义观——从荷马史诗的影子到柏拉图的要旨》,邹丽、何为等译,华夏出版社 2016 年版,第 403 页。

他本人、关系到他自己的一切事物……它会处理好本质上是他自己的事务,会自己统治自己,会把一切安排得整体得当,会成为他自己的好友"①。这样一来,正义便不仅是社会结构与秩序的基本原则,也成为个体的人的内在品性的重要内容,是维持具有能动性的灵魂内在秩序的一种能力。亚里士多德曾借用提洛斯岛上的铭文说明正义、健康、快乐对于人的重要意义:正义是最美的,健康是最好的,欲望的满足是最令人快乐的,而幸福是三者的统一体。正义的事物被解释为"造就和保存幸福的东西,以及在政治共同体中与幸福相关的部分"②。"正义是社会性、政治性的品德,是树立社会秩序的基础。正义总是关系到他人,正义分为两类,一是分配财富和荣誉,即分配的正义;二是在交往中提供是非的标准,即纠正的正义,正义是中道、平衡、均等和相称,正义就是把各种人应得的给个人。"③亚里士多德把正义区分为分配正义与矫正正义两种形式,分配正义是指分配物有限时按照比例原则进行分配,使相等的份额分配给平等的主体;矫正正义则是对不公正的调整与纠正,改变人际交往中对公平的侵犯,从而使遭受不公正待遇一方的损失能够得到另一方的补偿。亚里士多德所强调的正义更倾向于城邦的正义,合法的事物在一定意义上就是正义的事物,因为法律维护的是所有人的利益。与正义相对的是不正义,它表现为占有比自己应得份额更多的利益或荣誉,而正义是公平的。亚里士多德还讨论了自然正义问题。这里所说自然正义并非关于自然的正义,而是探讨正义除了源自人类长期生活中形成的习俗外,是否存在不受人的意志决定的来自事物的内在能力,这种出于自然的东西不分利益关系、不分地域,处处都拥有相同的力量或潜能,人们认可也好不认可也好,它都存在着。这是一种超越合约正义标准之上的东西,它是一种最好的政制,仅以"天上的范本"(人所设想的理想化社

---

① [英]哈夫洛克:《希腊人的正义观——从荷马史诗的影子到柏拉图的要旨》,邹丽、何为等译,华夏出版社 2016 年版,第 409 页。

② 转引自[美]伯格:《尼各马可伦理学义梳——亚里士多德与苏格拉底的对话》,柯小刚译,华夏出版社 2011 年版,第 150 页。

③ [古希腊]亚里士多德:《尼各马可伦理学》,廖申白译,商务印书馆 2003 年版,第 11 页。

会)而存在。① 对此可以做这样的演绎:亚里士多德的正义观中包含着对社会完善状态的设想与追求,也暗含着对现实正义相对性以及何以可能的思考。

2. 作为行为规则的正义。休谟认为正义与非正义不是由善恶动机带来的,而是源于共同的利益感。他认为共同利益促使人们产生了设计和建构正义规则的决心和行动,并对制约行为的正义规则有充分的信心。在这种信心的基础上建立起节制和约束人们行为的协议或规制。休谟认为人的私心和有限的慷慨是形成正义的主观条件和心理动机,自然提供给人们的资源的稀少性是正义产生的客观原因或物质基础。人作为社会动物不能单靠自己达到自我满足,社会提供给人所需要的"善物"难于满足每个人的需要和欲望,于是便有冲突发生,而冲突必然使各方利益受损。人们意识到需要一种规则和秩序,以便更好地维护和促进每个人的自身利益与社会公共利益,并且使人类的社会生活处于和平有序的状态。正义是人类按照自己的意图构建的规则和制度,用于解决人类社会现实或潜在的利益冲突,使人们之间互不侵犯,安享各自凭幸运和勤劳所获得的财物,各得其所。休谟认为,遵守并维护正义规则就是道德的;违背它就是不道德的。正义作为德性是指正义感和正义行为。从心理机制上说,休谟将正义感建立在人对公共利益同情的基础之上。有了这种对公共利益的同情,人们便能够认可并愿意接受正义的规则和制度。② 在休谟那里,正义是人们调整利益关系的一种规则和制度,它要维护每个人及整个社会的利益。18 世纪资产阶级启蒙思想家以人性和理性为逻辑预设,将政治上的平等权利当作社会正义的完美体现,遮蔽了私有制基础上人们经济上、实质上的不平等。

3. 作为社会制度的正义。马克思对正义问题的思考与展望独辟蹊径,他跳出了体制内的权衡与分配,以"人类社会或社会化的人类"为着眼点,以消

---

① 〔美〕伯格:《尼各马可伦理学义梳——亚里士多德与苏格拉底的对话》,柯小刚译,华夏出版社 2011 年版,第 148—169 页。

② 〔英〕大卫·休谟:《人性论》,贺江译,台海出版社 2016 年版,第 522—549 页。

灭私有制为社会理想,以"自由人"的社会合作为社会基础,提出了人类社会的最高正义原则。① 在《关于费尔巴哈的提纲》第十条中,马克思指出:"旧唯物主义的立脚点是'市民'社会,新唯物主义的立脚点则是人类社会或社会化的人类。"②"市民"社会建立在私有制与私有财产天然合理的基础之上,人们通过市场化的平等方式获得自己利益的满足,追求自己的"应得"权益。但是,表面化的平等形式掩盖不住事实上的不公与压榨。在马克思看来,私有制下的资本主义在本质是非人的、异化的,在道义上是非正义和反人道的。在这种制度下,人们为了利己的目的,将他人视为工具与手段,将自然当作获利的条件和要素,出现了人与人、人与自然关系的紧张与对抗,无法达到正义之实。只有站在"人类社会"的高度,把人看作"类存在物",使个人以"社会化的人类"融入社会整体,人与人、与自然、与社会的和谐统一才可能兑现,真正的自由平等才可能获得,符合人性需要的正义才能在真实的意义上得以实现。马克思建立在"人类社会或社会化的人类"上的正义,正是人类的理想社会——共产主义追求的正义事业。马克思提出的正义思想,体现了他一贯具有的批判、超越的理论特质,与他整个理论的宗旨是一致的。

4.作为纯粹程序的正义。在罗尔斯那里,正义被视为社会制度的首要价值,对正义的探讨是基于对公民权利和义务、利益与负担的公平分配。他提出了正义的两个基本原则:"公平自由原则"和"机会的公正平等原则和差异原则的结合",前一原则优于后一原则,而后一原则中的机会平等原则又先于差别原则。③ 这两种平等分配的原则适合于所有人,只是在用于补偿最少受惠者时才允许"合乎最少受惠者的最大利益"④这种不平等分配的存在。在他

① 王新生:《马克思正义理论的四重辩护》,《中国社会科学》2014年第4期。
② 《马克思恩格斯选集》第1卷,人民出版社2012年版,第140页。
③ [美]约翰·罗尔斯:《正义论》,何怀宏、何包钢、廖申白译,中国社会科学出版社1988年版,第60—65页。
④ [美]约翰·罗尔斯:《正义论》,何怀宏、何包钢、廖申白译,中国社会科学出版社1988年版,第83—84页。

那里,平等地分配自由与机会、收入和财富、尊严与权利是一个社会最基本的善,它体现在社会政治权利和经济利益两个方面。在涉及正当与善两个基本范畴时,罗尔斯强调正当优于善,"无知之幕+相互冷淡"①的形式具有的正当性要比"仁爱+知识"的崇高目标更简洁合理。他用分蛋糕做了通俗的解释,假若从至善的角度来说,什么人"应得"多大一块蛋糕在分配时会涉及许多复杂的情形,其标准是隐晦不清的,而"正当"表现为事先有个符合善的标准——人人得到一块大小相同的蛋糕(也许有人实际上应该得到更大的一块),然后按照一定的程序落实这一标准——选一个人切分蛋糕,要求他必须是最后一个拿到蛋糕的人,为了保证自己得到可能的最大一份,他会将蛋糕按人头分为均等的几份。程序正义是实现社会至善的有效手段。② 在论及关于公共利益问题时,罗尔斯关于公平的正义为共同体价值安排了中心地位,指出公共利益具有不可分性和公共性两个特点,为了避免"逃票乘客问题"③的出现,需要有强制性的制度安排以弥补个人在孤立状态下作出的无法体现普遍利益的弊端。关于代际正义问题,罗尔斯提出了正义的储存原则,他以人类社会原初状态为基点,认为如果每一代都把一定比例的福利留给未来一代,人类就不必始终不断地追求最大积累。在分配正义问题上,罗尔斯不赞同按照道德上的"应得"来实现,提出了"合法期望"的正义安排,认为个人和团体只要拥有由公认规则设定的相互之间的权利要求,正义的分配份额就会受到尊重,正义的社会体系是分配正义的可

---

① "无知之幕"前已注解;"相互冷淡"是指人是有理性的存在者,人与人之间就像陌生人一样无利害关系,彼此之间也没有偏见,人不必以一己私利反对别人。参见[美]约翰·罗尔斯:《正义论》,何怀宏、何包钢、廖申白译,中国社会科学出版社1988年版,第136页。

② [美]约翰·罗尔斯:《正义论》,何怀宏、何包钢、廖申白译,中国社会科学出版社1988年版,第82—96页。

③ 指在包括大量个人的公众团体中,人们都有逃避履行其职责的企图。"乘客"是团体中的一员,他认为自己无论做什么都不会影响总体效能,其他人的集体行动已经以某种方式确定了,公共利益是既定的,如果它已存在,自己对这一利益的享有就不会因为自身的不作为而减少,如果公共利益还未形成,那自己无论如何努力都无法改变局面。

行之道。① 桑德尔认为,罗尔斯的正义是建立在政治自由主义之上的,他的正义观抛却了道德观念和宗教观念的目的论基础,旨在寻求一种"重叠共识"的支持。② 罗尔斯的正义是一种纯粹程序上的正义。从特定的现实关系来说,这种考虑有其合理性,但正义是一种伟大的公共善,对它的追求的确需要伦理基础和高尚道德的指引,正如加拿大学者尼尔森在谈到马克思主义的道德观时所言:"无论是马克思还是马克思主义者,都没有革'伦理基础'的命,也没有说道德不能拥有一种理性基础和立足点。"③他认为正义在于道德的相互性,它的基础不是互利合作,而是道德平等。人类对正义的追寻不能没有道德的支撑。

5. 作为现实性与超越性统一的正义。正义在人类价值观中占有非同寻常的重要地位,对它的探索从未停息,对正义社会的追求从未间断。直至今日,中国学者在不同的背景下仍然对正义问题进行着不懈的探索,有学者提出了正义路径由道德到历史、由法权到制度、由分配到生产的思维转向④;也有学者从分配、承认、参与和能力四重维度对正义提出自己的理解,认为参与正义的前提和条件是承认正义,参与正义是承认正义的表征和体现,承认正义和参与正义是实现分配正义的基础和保障,分配正义则以能力正义为最终旨归⑤,为环境正义及其他社会正义问题的解决奉献了理论识见。王新生关于马克思超越性正义理论与应得性正义理论辩证关系的论述颇具新意。他认为就人类历史的未来前景看,超越于资产阶级私有制的共产主义正义是"人类社会"的

---

① [美]约翰·罗尔斯:《正义论》,何怀宏、何包钢、廖申白译,中国社会科学出版社 1988年版,第285—315 页。

② [美]迈克尔·J.桑德尔:《自由主义与正义的局限》,万俊人等译,译林出版社 2011 年版,第215 页。

③ [加]凯·尼尔森:《马克思主义与道德观念》,李义天译,人民出版社 2014 年版,第2 页。

④ 李佃来:《历史唯物主义与马克思正义观的三个转向》,《南京大学学报》(哲学·人文科学·社会科学)2015 年第5 期。

⑤ 杨云霞:《分配　承认　参与和能力:环境正义的四重维度》,《自然辩证法研究》2017 年第4 期。

必然,但是,作为"连续性与间断性"统一的人类历史,在其发展过程的某一时期对正义的探寻与设计亦是必要的。①

古希腊神话中正义女神狄刻的形象是一手持天平,一手持剑,后来还加上了蒙住双眼的布,以表无贵无贱、一视同仁。中国古代常用用一个"义"字表达正义之意。《孟子·离娄上》称"义,人之正路也。"遵义而行就是行得正,否则就是歪门邪道,这与西方主流正义观的主张是一致的,"义"是以无差等和名分为前提的。无论是正义女神的形象昭示,还是中国传统文化的仗"义"主张,都蕴含着平等、秩序、无私和神圣的美好追求。正义是道德上最大的善,是人的内在德性,是处理利害冲突的平衡机制,是合理分配权利与义务的制度设计,是把人当作"目的",实现其全面发展的社会进步的表征。从"连续性与间断性"同一的视域出发,对正义的践履与探索可以从两个层面上进行考虑,一是现实层面,一是理想层面。从现实性正义着眼,需要遵循权利原则和贡献原则,以此确立"应得"权利与利益的多寡;从未来理想的层面上说,则要遵循一种超越性正义,根据人的本性和全面发展的需要,形成完善的社会整体,使社会各个部分有机合作和良好运行,实现制度上、程序上、分配上、实质上的社会正义,这就是马克思所申明的共产主义的正义。当然这种正义的实现既需要足够强大的物质基础,也需要人们精神境界的高度提升。

(二)环境正义的社会期望

正义是人类社会古老的价值追求,现实生活呈现出的冲突与矛盾期望在这一神圣的旗帜下得以消融。环境正义问题的提出与 20 世纪 70 年代环境运动相伴而生并不断向纵深发展:从资源保护到对荒野自然价值的重视,从对自然环境的关注到对人类健康和居住环境的关切,从对区域性、族群性环境权益的维护到对整个人类生存环境的焦虑,使得人与自然关系的正当

---

① 王新生:《马克思正义理论的四重辩护》,《中国社会科学》2014 年第 4 期。

性与公平性渐渐成为不可回避的全球性议题。就环境正义运动的发展历程看,20 世纪 70 年代肇始于美国,80 年代有了较快发展,90 年代出现了兴盛之势,对后世产生了广泛而深远的影响,随后关于环境正义的理论与现实探索在世界范围内成为重要议题。环境正义问题是环境正义运动现实目标的理论表达。

1. 拉夫运河案中的正义介入。关于环境正义问题的缘起,得从两个有关联的案例谈起:拉夫运河案与沃伦抗议案。拉夫运河(Love Cannl)案在环境正义运动中具有里程碑意义,这是美国西方石油公司的一个子公司——胡克化学和塑料公司引起的事件,具有讽刺意味的是,它在煤矿方面的利益代表为高举环保主义旗帜的美国前副总统戈尔的父亲——老阿尔贝特·戈尔。洛夫运河是美国加利福尼亚州境内未曾完成的、一条废弃的运河。1942—1952年,这家公司在尚未竣工的拉夫运河填封了约 21000 吨包括多氯联本和二噁英在内的有毒废弃物,这个地方后来被尼亚加拉教育董事会强行购买,胡克公司在交易中制定了象征性的 1 美元估价并标明免除以后的法律责任。1976年,该地区在开发利用过程中,有毒废弃物密封的黏土层遭到了破坏,有毒物质泄漏,致使纽约州宣布该地区"一环路"内居民健康处于紧急状态并疏散了房屋正好建在原来垃圾场上的居民。"一环路"内的情形使得与其临近的区域内的居民产生了恐惧,他们由洛伊丝·吉布斯(Lois Gibbs)领导发起了一场环境正义运动。在事件后续的发展中,污染的出现并非源于早期那些有毒物质埋藏不当,而是后来的建房、排水等造成的,由此引发了谁该负责和负什么责任的广泛讨论。纽约州卫生署没有找到该地区因污染出现问题的强有力证据,但运动参与者发现该社区存在着高于平均水平的流产和出生儿缺陷、儿童发育矮小、多种疾病等问题。责任的认定非常复杂,社会多个机构介入,成立了"一般工作组"。这个事件的处理是"一个道德和伦理难题,要求市民站出来为受到影响的个人和家庭言明污染者、国家机关、法律工作者和其他公民社会组织的责任,而不是袖手旁观","一般工作组"的"主要使命就是使回应如何具有敬畏意识和前瞻性";"如果没有愿景,人就会毁灭"①。拉夫运河案产生了长期的影响。洛伊丝·吉布斯成立了"危险废弃物公民信息交换所",1981 年更名为"健康、环境和正义中心",为成千上万个社区提供技术帮助和组织支持,并发动了针对日常环境危险品的运动,在广泛层面上分享相关策略和知识。拉夫运河案主要是白种人和蓝领工人的运动,社会不平等结构中的利益诉求在环境危险物处置过程中通过政治活动得以回应。1987 年,美国"种族正义委员会"发布了《美国有毒废弃物与种族问题研究报告》,表明在废弃物处理过程中存在着与非白人家庭的正相关性。1994 年"种族正义委员会"进一步的调研报告显示,环境危险废弃物处理与存放的区域多集中在非洲裔和拉丁裔居民聚居区,经济上贫穷的居民和废弃物处理点间有着密切的联系,使得环境政策不断强化种族分离和不平等的环境质量。拉夫运河案促使美国主流环保组织开始关注弱势群体的环境利益,在民间组织的积极努力下,美国政府最终对生活在该区域的居民进行了安置。当年胡克公司收了 1 美元的地皮款,到了 1995 年,根据因拉夫运河事件而产生的《综合环境应对、赔偿和法律责任》,即 1980 年特别基金法案相关条款,西部石油公司向环境保护局支付了 1.29 亿美元用于运河清理。拉夫运河社区的斗争取得了最终的胜利。② 拉夫运河事件的领导者吉布斯认为,拉夫运河案实际上是一场争取公民合法权益的民权运动,是环境正义运动,是对公民健康的关注,是社会弱势群体对正义和人权的追求。它将阶级、种族等社会问题与环境正义结合起来,促成了环保运动与社会运动的联袂。③

2. 沃伦抗议案中的平等诉求。沃伦抗议案事由为:美国北卡罗来纳州沃伦县肖科镇居民(主要为黑人)在当地教会的支持下,举行大规模游行,抗议

---

① 引自[英]马克·史密斯、[英]皮亚·庞萨帕:《环境与公民权:整合正义、责任与公民参与》,侯艳芳、杨晓燕译,山东大学出版社 2012 年版,第 15 页。

② 高国荣:《美国环境正义运动的缘起、发展及其影响》,《史学月刊》2011 年第 11 期。

③ [英]马克·史密斯、[英]皮亚·庞萨帕:《环境与公民权:整合正义、责任与公民参与》,侯艳芳、杨晓燕译,山东大学出版社 2012 年版,第 12—19 页。

州政府将本地区作为废弃物填埋场。北卡罗来纳州沃伦县肖科镇的居民基本都属于经济收入低下阶层,黑人比例在本州是最高的,是该州最贫困的地方之一。在确定该镇为有毒废弃物处理点之前,政府也曾考虑将有毒垃圾运往他处,但因成本高昂而搁浅,最后没有顾忌该地实际情况(地下水位高易受污染),将填埋点定到了该地。有人认为政府作出这种决策是由于此地的黑人和穷人在经济、政治上都处于弱势,无什么权利,容易被欺负。但他们也有觉醒的时候。1982 年 9 月 15 日,在教会负责人的领导下,当地居民聚集在社区教堂门前,举着标语、高呼口号,向距离居住地 2 英里之外的垃圾处理场进发,阻挡向这里运送垃圾的卡车,遭到当局的管治,双方发生冲突,55 人被捕。抗议活动得到了来自各地的志愿者的声援,包括拉夫运河案运动领导者吉布斯,美国国家环保局官员圣胡尔(William Sanjour)等。抗议活动引发的冲突进一步加剧,523 人被捕。沃伦抗议案促使人们认清了一个事实:由污染导致的环境质量问题是一种社会不公。美国众多社会团体也因此展开了关于种族与环境风险的调查,其中影响最大的是联合基督教会种族委员会的一份报告,这份报告 1987 年完成并公布,名为:《美国有毒垃圾与种族:关于有害废弃物处理点所在社区的种族和社会经济性质的全国报告》,该报告已经成为人类环境正义史上具有深远意义的经典文献。该报告揭示了少数族裔居住地受潜在恶劣环境威胁的事实,认为美国社会存在环境种族主义,提出要制定切实可行的政策解决环境问题,产生了广泛的社会效应。1991 年 10 月,首届美国有色人种环境领导人峰会(First National People of Color Environmental Leadership Summit)在华盛顿举行,来自全国 300 多个环境组织的 500 名代表参会,会议就环境正义展开了热烈讨论,达成了环境公民权、反对污染和战争、有色人种不应承受更多环境公害等方面的基本认同,并最终制定了"环境正义 17 条原则"(Seventeen Principles of Environmental Justice)。① 这些原则提出国家在制

---

① Cox R.,Environmental Communication and the Public Sphere,Sage Publications,2006,p.232.

定公共政策时不应有任何形式的偏见和歧视,而应体现对所有人的尊重和正义,所有工人的工作环境都应是安全健康的,应该对环境歧视受害者的损失予以赔偿,为人们提供多元性的社会和环境教育等。① 这次美国有色人种环境领导人峰会产生了积极的社会效应,它大大提升了人们的环保意识,使环境权益逐渐纳入基本的人权范畴,也使各类环保组织之间有了进一步的沟通与联系,环保运动的社会基础进一步扩大,大会将"环境正义"理念宣传给了更多人,通过的"17 条原则"对环境正义运动的进一步推进发挥了深刻而长远的影响,环境正义观念越来越深入人心。

环境正义运动促进了美国社会对环境正义问题的重视。20 世纪 90 年代,联邦环保局对环境正义做了界定,即"在制定、实施、执行环境法律、规章和政策时,确保所有人不分种族、肤色、原国籍和收入水平都享受公正的待遇并且能够有意义地参与"②。1992 年,美国联邦环保局成立了环境正义办公室,在其后的几年间,国家将环境正义作为环境战略的一项指导原则,减少有毒废弃物处理点在少数民族聚居区的设置。1994 年,克林顿政府颁布了12898 号令,用以规范环境不正义现象。2009 年 6 月,俄亥俄州辛辛那提市制定了"环境正义条例",为环境不正义受害者提供了法律保障。随着环境正义运动的深入发展,人们的关注点与认识水平也在不断提高,由对弱势群体居住地环境利益的捍卫到保护所有公民免遭环境污染的侵害,由争取实际生活中的环境平等对待发展为对内涵丰富的环境正义的追求。③

3. 环境正义运动的持续与发展。美国的环境正义运动为世界环境正义开了先河,引发全球环境正义问题的讨论,也带动了发达国家、欠发达环境正义运动的兴起。中国社会经济迅猛发展的同时,生态环境问题日益凸显,人们的

---

① 高国荣:《美国环境正义运动的缘起、发展及其影响》,《史学月刊》2011 年第 11 期。

② 参见刘为先:《美国环境正义理论的发展历程、目标演进及其困境》,《国外社会科学》2017 年第 3 期。

③ 刘为先:《美国环境正义理论的发展历程、目标演进及其困境》,《国外社会科学》2017 年第 3 期。

环境保护意识不断增强,出现了不少环境事件,其中也包括一些环境正义案件。

随着环境正义运动的深入,世界范围内的环境正义理念渐成共识。人们的视野超出了国家和民族的界域,对于欠发达国家、发展中国家在经济全球化过程中遭遇的环境不公给予关注,认为发展中国家对全球环境问题的成本分摊是不公平的,环境正义责任逐渐上升到国家层面。发展中国家往往过多地承担了全球性环境问题带来的有害后果和应对成本。一些发达国家将环境污染产业和有害废弃物转至欠发达国家。1989—1994 年,从经合组织国向非经合组织国输出的有害废物达 2661677 公吨,而被输入国家监督和控制废物处理的技术往往比较缺乏;在国家环境决策程序中也存在一些不平等现象,如在政府间气候变化工作组评估中,发展中国家对评估进程和内容的影响就很有限[①];在平衡气候变化责任、能源利用政策和各方面关系时,环境的非正义现象亦引起学界的关注,对分配正义、程序正义和恢复正义提出了跨学科融合的新建议。[②] 这些情况表明,环境正义的理念在全球范围内已逐渐树立。尽管有人认为环境正义本身就是个伪命题,是不存在的概念炒作,试图解决的环境不正义是一种人为虚构,统计数据在反映环境指标问题时存在方法上的偏向与误导,早期的调查只是静态而非动态和全方位的考察,用以说明不正义现象的指标是单一要素作用的结果而非对环境风险的综合性评估,等等,得出实现环境正义无可行之路的结论[③],然而,毋庸置疑的是,对环境正义问题的广泛讨论本身,就显示出这一问题广泛的社会基础。

　　① 薄燕:《国际环境正义与国际环境机制:问题、理论和个案》,《欧洲研究》2004 年第 3 期。

　　② Darren Mccauley,Raphael Heffron,Just Transition:Integrating Climate,Energy and Environmental Justice,Energy Policy,Vol.119,August 2018,pp.1-7.

　　③ 刘卫先:《美国环境正义理论的发展历程、目标演进及其困境》,《国外社会科学》2017 年第 3 期。

（三）环境善物与环境恶物的恰当对待

《环境正义论》一书的作者彼得·S.温茨（Peter S.Wenz）对环境正义问题的探讨，是从北美殖民地居民砍柴故事谈起的，由此说明：人在环境中扮演着重要角色，既是其中的一员，又是它的观察者。因而当我们讨论环境问题时，其实很大程度上是在讨论我们自身，这种观察和思考所要涉及的问题有时甚至比我们当初意识到的程度更深。① 温茨对环境正义的探讨主要从资源、利益稀缺，环境负担过度时的分配方式上着眼，提出了他的多元化理论设想。对正义问题的考察可以设定多种视角：德性的正义、法律的正义、程序的正义、分配的正义、生产性的正义、制度性的正义等。立足点不同，正义的价值目标便千差万别。在我们看来，环境正义问题的提出是基于环境恶物分担的不平等，在后续发展中，环境正义议题主要是围绕对环境权益的捍卫和享有、环境责任的担当和纠错展开的，因此，这里主要以对环境善物与环境恶物的恰当认识与处理为视点，探讨环境正义的基本内涵、总体原则和价值追求。

1. 环境善物与环境恶物

本书"绪论"部分曾谈到，法律意义上的环境主要指物化性的对象，包括大气、土地、矿藏、水、海洋、森林、湿地、草原、野生生物、自然遗迹、人文遗迹、自然保护区、风景名胜区、城市和乡村等，指的是影响人类生存和发展的各种天然和经过人工改造过的自然因素的总体构成。从认识论和价值论的意义上说，环境是相对于作为主体的人而言的，主体不同，环境的指向便不同。人类面对的环境包括自然环境和人工环境，自然环境涉及大气圈、水圈、生物圈和岩石群及其运动形成的物质，人工环境主要是指由人类自身活动所形成的物

---

① ［美］彼得·S.温茨：《环境正义论》，朱丹琼、宋玉波译，上海人民出版社 2007 年版，前言。

质、能量、文明成果、信息、社会结构和社会关系等。从环境的空间范围来说，可以把环境分为全球环境、区域环境和聚落环境等；按照人类活动方式的不同，环境可以分为工业环境、农业环境、乡村环境、旅游环境……就一般意义而言，环境是指与人的生活、生产相关的各种外部条件，包括非生物环境和生物环境，既可以是自然界，也可以指向人类社会创造的各种物质与条件，有宏观的形态也有微观的样式。环境是人类生活的基本场所和"家园"，为人类提供生存和发展必要的、经常的基本条件。

内容丰富、林林总总的环境对人和人类社会的影响与作用是不同的、可以起积极的促进作用，也可能起消极的阻碍作用。从价值评价的角度、按照对人之生产和生活所起作用的不同，可以将环境分为环境善物和环境恶物两种性质上相反的对象性存在（根据王新生的说法，也可以概括为环境善品和环境恶品①）。从历史的角度看，环境正义始终体现着对环境恶物的排斥和对环境善物维护的价值追求，涉及环境善物与环境恶物冲突时如何协调和平衡的问题。这里的"物"既包括可以看得见摸得着的具体对象，也涵盖社会化的、能够对环境产生直接影响的行为。

环境善物（environmental goods）顾名思义就是环境中善的事物，是人们"可欲"②、对人类有利的环境物品与资源，包括清洁的空气、秀美的河川、安全的食物、优美的环境、多样性的动物植物、可持续的自然资源以及有利于生态环境稳定和平衡的行为等，环境善物能够给人类带来安全舒心的生活，有利于

---

① 王新生认为"应得正义论"是"在应得者和善品之间确立合理关系并依此关系为人们确立行为规范的道德价值……应得者之所以应得，完全在于善品对于应得者而言具有的特殊所属关系"。罗尔斯在《正义论》中将人类可以享有的善品分为权利和自由、权力和机会、收入和财富，前两项属于与政治权利相关的善品，后一项收入和财富属于实质性的善品。对"善品"的判断，有时候是明眼可见的，有时候则需要深入认识之后才能给出断定。不管怎样，在环境对象的价值评判上，是可以有善恶分类的。参见王新生：《马克思正义理论的四重辩护》，《中国社会科学》2014 年第 4 期。

② 朱熹对善恶的解释是："天下之理，其善者必可欲，其恶者必可恶"，参见朱熹：《四书章句集注》，中华书局 1983 年版，第 370 页。

维持人们的身心健康,能够为高质量生活提供保障。① 环境恶物(environmental bads)是指对人和人类社会产生负面影响的环境物品,如有毒有害物质、污染的河流湖泊海洋和土壤、温室效应、臭氧层空洞、森林减少、物种多样性减少以及给生态环境带来负面影响的行为等,这些物品给人类的身心健康带来了危险,使人类美好生活的基础条件受到损害,人类改善生活的成本不断增加,使高质量的生活追求遭遇生态屏障,对人类的幸福生活起阻碍作用。环境恶物可分为一般环境恶物与特殊环境恶物两类,一般环境恶物是指对人类整体或群体具有普遍损害的东西,包括固体、液体、气体物污染、温室效应、有毒有害废弃物污染、酸雨、臭氧层破坏等范围广、影响大的众多物态和行为;特殊环境恶物是指对特定人或人群带来危害的环境危险或风险,具有"特定性"的表征。环境善物,"己欲"人也欲,是具有共识性的利益满足,是一种善好;环境恶物,"己所不欲",人亦不欲,是人人拒斥的对象,因而是一种负担、是一种恶。环境正义应该致力于对环境善物与环境恶物权利与责任、利益与负担的合理划分和协调,以实现人们对环境物品的公平享有和公正承担。

2. 环境正义的伦理解读

正如可以从不同层面解释和规定正义一样,对环境正义的理解亦可诉诸相殊的视界与学理。法律科学对环境正义的界定,是将环境问题内化为法律要素,将环境正义与法律规范的制定与实施连接起来,将环境正义转化、上升为法律正义,通过司法过程将正义的价值追求现实化。环境正义的法律宣示一般以人际正义为适用限度,关涉环境善物与环境恶物的分配正义。② 社会学、政治学对环境正义问题的认识是从不合理的社会问题、不平等的社会结构

---

① 杨通进:《全球环境正义及其可能性》,《天津社会科学》2008 年第 12 期。
② 梁剑琴:《环境正义的法律表达》,科学出版社 2011 年版,第 42—52 页。

着眼的,将环境领域的不正义现象归咎于社会的不正义,将其与贫困、弱势群体、种族歧视、性别歧视、失业、企业活动引起的生活质量降低、城市的恶性膨胀等"结构性暴力"关联起来,指出可行路径在于"社会正义"。"社会正义"需要消除特权和剥削、变革资本主义伦理精神、实行广泛的民主参与,重新构筑运行秩序,通过"分配上的正义""程序上的正义"来实现"环境正义"。以"社会正义"促成"环境正义",其价值视域基本框定在代内正义之中。①

法律意义上、社会学与政治学意义上的环境正义是实现环境事务公平、公正的必要而有效的途径。但是,环境问题是复杂问题的综合体,涉及具体性的权益,也关乎总体性的集群利益;面对着当下环境危机,也顾虑未来人类生境;既需要政治法律的"硬性"规制,也应重视伦理道德的"柔性"关怀。同时,政治制度、法律规范的制定亦需伦理道德作为其合理性的价值来源和心理支撑。因此,从生态伦理的角度对环境正义问题发声是一种深刻领会环境问题本质的德性自觉,同时亦是从道德领域维护和检视环境正义的有益探索。关于环境正义的伦理解读,可以考虑将以下几个方面作为理论视点和价值指向:

首先,环境正义预设了道德代理人的正义担当。环境伦理学冲破传统伦理学说仅将人视为道德主体的偏狭立场,以"道德代理人"定义人在环境伦理中的主导地位。道德代理人是指具备理性思考能力、具有自由意志、能够评判行为的好坏、并对自己的行为选择承担责任且能够代表无此能力"道德顾客"利益的特殊存在者,即具有健全心智的人。与道德代理人相对应的"道德顾客"是指道德代理人对其承担一定道德义务和责任的对象,涵盖了包括人在内的所有存在物。人类中心主义与非人类中心主义尽管在人与自然关系上立场相左,但对人的道德代理人身份是有"共识"的。道德代理人与道德顾客的概念设定,意在强调人只是大自然中的一员,道德关怀的界域应延伸至动物、植物及整个自然界。泰勒在《尊重自然》一书中强调,生物有其自身之善,这

---

① 韩立新:《环境问题上的代内正义原则》,《江汉大学学报》(人文科学版)2004 年第 5 期。

一生物事实要求我们实现对这些对象有责任的规范性转变,他认为:"环境伦理理论的中心原则是:当其要表达和体现的具体的最终的道德态度是,我称之为尊敬自然时,其行为和品德就是好的和道德的。"①他通过物的自身之善为人的环境责任找到了逻辑基点。古希腊时期的哲人即将正义视为应受到人们崇尚的一种美德,这种美德在环境正义中体现为道德代理人对没有能力主张自身之善事物的道德关照和利益维护。道德是一种立己为人(包括为他物)的崇高追求,具有超越自我利益、"舍生取义"的价值追求。大地伦理的创立者利奥波德说道:"我不能想象,在没有对土地的热爱、尊敬和赞美,以及高度认识它的价值的情况下,能有一种对土地的道德关系。"②反向理解就是,道德关系能够给予土地及其上面的存在物以尊敬、热爱、赞美和应有地位,有德性的道德代理人会将公正合理的对待他物作为自己的伦理义务。正义是从人的内在本性出发对社会行为和制度建设的合理设计,也是调节利益冲突的恰当的平衡机制。尼尔森认为,人类社会存在一种普世性的"道德公理",使人们能够感悟到特定情境下的善恶好坏,如受苦、堕落、奴役、不能使用自己的非破坏性力量等就是恶;而健康、快乐、仁爱、相互关心、相互尊重、人的自主等就是善,人们拥有那种满足其非破坏性需求、过上那种满足其既不摧残自我也不损害他人需要的生活,也是一种善。③ 对善的普遍性感受和评价是正义德性形成的外部条件,道德代理人具有的广泛性道德责任是环境正义产生的伦理基础。

其次,环境正义突破了部分人对环境善物的独占。人类对于自然而言,不仅仅是享用者和征服者,更重要的是赋有维护和调节责任的管理者。作为富有道德心的管理者,需要将正义的光芒洒向地球,照射万物。环境伦理讨论的

① 参见[美]戴斯·贾丁斯:《环境伦理学》,林官明、杨爱民译,北京大学出版社 2002 年版,第 157 页。

② [美]奥尔多·利奥波德:《沙乡的沉思》,侯文蕙译,商务印书馆 2016 年版,第 251 页。

③ [加]凯·尼尔森:《马克思主义与道德观念》,李义天译,人民出版社 2014 年版,第 13—14 页。

正义不再局限于当下的人际领域,而是将正义扩展到代际之间、种际之间。环境正义既以实现环境利益问题上当代人与未来人环境权益的"类"平等为价值取向,又以宽广的胸怀将人与自然之间的关系安置于公平正义的平台之上,即倡导种际之间的正义。(1)代内正义。代内环境强调不分种族、国别、地域、性别、经济状况、文化程度等差异,所有人在享有环境善物带来的福利,承担导致环境恶物的责任上具有平等的身份。"代内公平既包括当代国家之间在自然资源利益分配上的公平问题,也包括一国内部当代人之间在自然资源利益上的公平问题"①,还包括不同的环境主体对环境恶物的责任分担和化解。代内环境正义的对立物就是代内的环境非正义现象的存在,主要表现为国与国之间的环境非正义,发达地区与欠发达地区的环境非正义,富裕人群与贫穷人群之间的环境非正义,城市与乡村乡之间的环境非正义等。代内环境正义应遵循生存优先、公平而有差别以及崇高主义(英雄主义)的基本原则,反对环境沙文主义、种族歧视和自由主义、个人主义②,以实现人与人、人与自然的和谐共进。(2)代际正义。代际正义是指不同时代、不同辈分的环境主体享有环境善物与分担环境恶物上的平等与正义,它强调尊重每一个人对社会作出的贡献,强调给后一代人自由选择和发展的权利,希望通过代际间的合作实现人类长久存续与进步。代际公平的着眼点于两个方面,一是环境参与者享有自然环境与自然资源的机会平等,二是环境物品分配结果的公平公正。代际环境正义的价值导向,在于当代人对环境物品的占有和享用不对后代人平等的占有和享用带来威胁和障碍,彰显出对人类未来负责的伦理担当。罗尔斯的正义理论提出了代际储存原则,认为一个社会可以通过维持正义制度和保持该社会的物质基础来履行对下一代的正义义务,从而保证上一代生活要求的数量与下一代应有的存储数量之间处于平衡状态。如果大家都遵循正义储存原则,就会使每一代都可从前代获得益处,也为后代能够尽到公平职责

---

① 郑少华:《论环境法律的代内公平》,《法商研究》2002 年第 4 期。
② 韩立新:《环境问题上的代内正义原则》,《江汉大学学报》(人文科学版)2004 年第 5 期。

（除了最先构建正义制度的第一代和不需要这一制度的最后一代）。① 正义储存原则体现了代际之间的相互理解、关心与爱护。贾丁斯说："关心未来人确实是有意义的。尽可能地想象我们处于他们境地时的情形，我们会认识到，若他们不知道野生区或丰富的生态多样性的复杂，他们的生活会缺乏精彩。"② 中国社会科学院研究院甘绍平认为，代际义务的构成乃是由于人的社会性决定的，人类形成的世代链条序列及代际观念使得当代人有义务完好地传递上代的馈赠和财富，后代也是可期待的人类大家庭中的一员，应该享有生存和发展的权利。③ 当代人既要对祖先的贡献表达敬意，也要对未来人类的生活奉献爱心。（3）种际正义。种际正义是在生态伦理学固有价值、内在价值、天赋价值理念的基础上提出的对他物权利和道德地位的一种认同，强调人在处理与他物关系时，不能处处为满足人类利益而损害自然系统及其存在物的利益，要尊重其他物种生存、繁衍的权利，认为其他物种跟人一样，也有被道德关怀的资格。平等不能以身体、智力、天赋、能力等事实平等为前提，平等的基本原则在于关心的平等，"我们应当把大多数人都承认的那种适用于我们这个物种所有成员的平等原则扩展到其他物种身上去"④。"只有当我们把人类仅仅看作是栖息于地球上所有存在物中的一个较小的亚群体来思考的时候，我们才会认识到，我们在拔高我们自己这个物种的地位的同时却降低了所有其他物种的相应地位。⑤""所有物种都是平等的。"⑥种际正义的价值目标在于限制人无节制的力量对他物的伤害，反对物种歧视主义，希望从道德关怀的角度将人与物（动物）视为具有同等道德资格的存在者。当然，这种平等"并不意

---

① ［美］约翰·罗尔斯：《正义论》，何怀宏、何包钢、廖申白译，中国社会科学出版社 1988年版，第 288—293 页。

② ［美］戴斯·贾丁斯：《环境伦理学》，林官明、杨爱民译，北京大学出版社 2002 年版，第94 页。

③ 甘绍平：《代际义务的论证问题》，《中国社会科学》2019 年第 1 期。

④ ［澳大利亚］P.辛格：《所有动物都是平等的》，江娅译，《哲学译丛》1994 年第 5 期。

⑤ ［澳大利亚］P.辛格：《所有动物都是平等的》，江娅译，《哲学译丛》1994 年第 5 期。

⑥ ［澳大利亚］P.辛格：《所有动物都是平等的》，江娅译，《哲学译丛》1994 年第 5 期。

味着我们必须以一刀切的方式对待这两个团体(人的团体与动物的团体)或假定二者拥有完全相同的权利……对不同存在物的平等关心可以导致区别对待和不同的权利"①,但我们在道德资格和道德情感上要给予其他存在物以仁慈与关心。

最后,环境正义是对整个人类负责的"善"念与"善"治。就生态环境与人的根本关系而言,人类是自然界生态系统的高级存在形式,依赖自然展开实践活动求得生存。作为与自然界不同的另一个生命系统,人类构成了生命共同体,形成了共同的利益基础。生态环境问题不是个人、集团、民族或国家层面的单位性事务,而是涉及人类整体和人类命运的总体性问题。尽管我们按照不同的关系类别将环境正义区分为代内正义、代际正义和种际正义,但现实指向其实在于人这个"类"自身的存续与"美好生活",在于每个人从而也是全人类自由全面生存与发展的实质性高阶正义。真正意义上的环境伦理正义,应该如马克思正义观所指向的那样,从"人类社会"出发,以"自由人"的社会合作为路径,通过对过往历史中各类正义原则的扬弃与超越,构划人与人、人与自然和谐共荣的美好愿景。套用马克思的话说,未来的人类社会应该"是人同自然界的完成了的本质统一,自然界的真正的复活,是人的实现了的自然主义和自然界的实现了的人道主义"②。它表明,自然不是孤悬于社会历史之外"自在之物",而是以实践的方式被社会历史中介过的、具有社会历史性的存在;生态环境作为人的生活要素是特定的社会关系中实现的;人的存在与发展离不开自然界,但人与人之间的自然差别并非人与人区别的根本,人的本质由社会历史造就;美好的社会是"自然主义"与"人道主义""完成了的本质统一"③。以"类"美好为根本目标的环境正义,必须摒弃人类沙文主义,也要克

---

① ［澳大利亚］P.辛格:《所有动物都是平等的》,江娅译,《哲学译丛》1994 年第 5 期。
② 马克思:《1844 年经济学哲学手稿》,人民出版社 2000 年版,第 83 页。
③ 樊小贤:《马克思实践维度下的自然观及其对生态文明建设的引导》,《思想理论教育导刊》2014 年第 11 期。

服种际歧视主义、种族歧视主义，需要以"大我"的境界维护好具有整体性、巨大性、有机性和可变性特征的生态环境，体现生态环境正义的普遍尊重与共生共荣原则；生态环境正义应始终以对整个人类负责的"善"念"善"治为行动导引，追求环境善物的最优分配，用"帕累托更优"代替"帕累托改善"①，在自由、平等、法制、民主等实质正义、形式正义、程序正义的不同层面中彰显正义的力量②；生态环境正义还应坚持道德世界主义，将独立个人在道德上的平等与对人类共同体福祉的关切结合起来，放弃仅对个人、民族或地方的忠诚，平等地考虑世界上所有人的利益和需求。③ "类"意识、"类"利益与"类"的崇高性是环境伦理正义的主体性价值定位与道德目标。环境伦理正义更趋于追求人类共同体的高阶正义。社会道德可以分为"向往的道德"和"义务的道德"，向往性道德是应然性道德（如慷慨、博爱、仁慈、无私等），有助于提升人类的生活质量，具有"超法律的价值"，具有利他属性，如果道德主体达到了向往道德的标准，就会得到赞赏和尊重；义务性道德是道德主体应遵守的道德（如避免伤害他人、忠实履行协议等），是社会有序化的基本要求，义务道德层次上低于向往道德，如果达不到义务道德的标准便会受到指责，仅仅达到基本要求不会得到赞赏和敬意，义务性道德与法律规范很接近。法律规范无法迫使道德主体的行为达到优良程度，它需要向往道德的支持与帮助。④ 环境伦理正义以人类共同体的总体利益和长远利益为目标，既有体现在一般层面上的义务性正义要求，也有对更崇高的正义价值的向往与追求，那就是整个人类都享有身心健康、环境优美的善好生活。

---

① 帕累托法则由意大利经济学家帕累托提出，他认为在任何一个组织中，最重要的部分总是占比小的部分（约20%），而次要的部分占比则高得多（约80%）。这种普遍现象又被称为二八定律或重要的少数对次要的多数定律。"帕累托改善"的意蕴在于促使个体境况趋好，而"帕累托更优"强调的则是整体处境的优化。

② 冯瑞梅：《创建我们这个时代的正义理论——访姚大志教授》，《哲学动态》2014年第6期。

③ 俞丽霞：《全球正义、道德平等与全球分配平等》，《哲学动态》2014年第6期。

④ 梁剑琴：《环境正义的法律表达》，科学出版社2011年版，第79—80页。

第八章 由生态道德之"知"
到生态道德之"行"

道德哲学奠基人苏格拉底说:"美德即知识。"①这里的"知识"可以理解为对道德"应该"的一种认识,不同的认识潜藏着不同的态度和行为选择。在苏格拉底看来,无德是因为无知,一个人有了关于善的、道德的知识,就会采取善好的、有道德的行为。他将有关道德的知识与道德行为合二为一,认为道德行为是基于相应的道德知识。对于有人知道某些事情不道德还是会做的现象,他以为是因其尚未真正知晓道德的本意。在苏格拉底那里,道德行为的实施是以道德认识的提高为前提和条件的。这种看法虽说不够全面,但对道德意识与道德行为关系的释解是深刻的。德性是基于道德认识的一种道德觉悟与修养,德行是德性的行为表现,德性与德行均彰显着一种自觉向度,二者都离不开道德认识:从善知到善择,从知善到行善。② 生态问题的解决亦需借助道德的力量,需要人价值观念的革新和行为选择的转变,正如汤因比在谈到环境危机时所说:"要消除对于人类的威胁,只有通过每一个人的内心的革命性变革。"③生态道

---

① 全增嘏:《西方哲学史》(上册),上海人民出版社 1983 年版,第 127 页。
② 杨国荣:《伦理与存在——道德哲学研究》,上海人民出版社 2002 年版,第 138—146 页。
③ [英]阿·汤因比、[日]池田大左:《展望二十一世纪——汤因比与池田大左的对话录》,荀春生、朱继征、陈国墚译,国际文化出版公司 1985 年版,第 59 页。

德对于化解和消融生态环境危机所具有的广泛持久影响已经得到了学界和社会的广泛认可。人与自然良好关系的建构有一个由观念树立到态度改变,由生态道德之"知"到生态道德之"行"的演进过程。

一、生态的伦理认知

伦理学是关于道德的科学。在伦理思想的发展史上,道德是为了化解人与人、人与社会之间的冲突,引导和规范共同体成员行为而形成的基本规范,它以自觉自愿地践行道德准则为其表现形式。传统伦理学将道德关怀的对象限定在人,认为只有人类才拥有道德身份并为这种限定提供"所以然"的判据。这种"由人而德"的道德立场尽管有其成立的缘由,但以发展的眼光看,它是人短视和狭隘的产物,需要在应对现实的生存环境中作出调整。

(一)道德身份的认定

道德是由人而生、因人而成、为人而立的,这是传统伦理学的普遍性见解。"由人而生",意味着道德关怀的对象仅限于人这个特殊的"类",只有涉及人的问题才能谈论道德问题;"因人而成"是指道德主体、道德的担当者在于人;"为人而立"则强调道德的目的在于维护人的利益。对于"因人"和"为人"的主张,从现实性角度着眼,可予以支持。① 但是,将道德客体、道德身份仅限于人类是不合适的,无论从理论依据还是行为结果上都应予以反思。

这里需要对道德主体(moral subject)、道德客体(moral object)、道德代理人(moral agent)、道德顾客(moral patient)等概念进行诠释。传统伦理学认为道德主体是拥有自由意志、理性和判断能力的人,具有对自己的行为选择进行解释的能力,只有人拥有道德地位;道德客体是道德需要认识和爱护的对象,

---

① 从理想和应然的角度上说,人的道德境界升至"忘我""无我",将天地万物视为与自身合一的"大我","为万世开太平"才是至德至善的境界。这里的为"人"指向的是人类整体。

它包括人类中的每个成员及人类构成的共同体。环境伦理学则提出了道德代理人、道德顾客的概念。道德代理人大致与道德主体相同,是指具有健全心智、具有理性判断和清晰表达能力的人,不具备这种能力,虽与人同类,亦不能成为道德代理人;道德顾客则指道德代理人有义务对其进行道德关注和关照的存在物,并可以根据道德代理人对它的态度与行为,进行善恶好坏的道德评价。传统伦理学并未对道德代理人与道德顾客作出角色上的划分,只是将道德代理人看作道德顾客,而人是唯一的道德顾客。环境伦理学站在非人类中心主义的角度,认为道德顾客的范围远远大于道德代理人。① 遵循这一思路,地球上所有物种都是道德共同体中的一员,是像人一样的普通客人,只是他们的长相与存在方式与人不同而已。这两对不同的概念,带来的是对人与自然物"道德身份"(moral standing)的不同认定。那么,我们理应以什么为根据来确认存在物的"道德身份"呢?

传统伦理学站在人类中心主义一边,认为道德是人与人之间相互对待的道理,只有人才是具有内在价值的存在物,其他存在物具有的仅仅是工具价值,只有在服务于人的利益时才有伦理价值,只有人具有获得道德关怀的资格,道德"应该"的选择与评价在于人的利益。亚里士多德说:"植物活着是为了动物,所有其他动物活着是为了人类……自然就是为了人而造的万物。"②奥古斯丁在皈依基督教后,通过对《圣经》中"原罪"的分析,认为上帝赋予人以自由意志,而人的意志有善良与邪恶之分,具有独立自主的权能。人的智慧在于他的灵魂由理性掌控,从而使人处于有序状态,明智、正义、勇敢、节制等美德是以善良意志为前提的。③ 在基督教神学中,人是上帝创造的高于其他

① 何怀宏:《生态伦理——精神资源与哲学基础》,河北大学出版社 2002 年版,第 300—301 页。

② 参见[美]戴斯·贾丁斯:《环境伦理学》,林官明、杨爱民译,北京大学出版社 2002 年版,第 106 页。

③ 黄裕生:《"自由意志"的出场与伦理学基础的更替》,《江苏行政学院学报》2018 年第 1 期。

存在物的主宰者,人的本性既尊(因而有理由获得尊重与关爱)又贵(需要人之外的他物供养)。这种价值导向的申辩理由是:道德与理性存在物有关,与自由意志相关,道德自制力是获得道德权利、道德关爱的基础。显而易见,人是能满足以上条件的唯一存在者,因而也就成为唯一拥有道德身份的"座上客"。传统伦理学的标准是:什么事物有道德要求,人就有义务在道德关怀中顾及它们。

但是,道德身份只能给予有生命的、有理性的、有利益需求和判断能力的现实的人吗? 胎儿能否获得道德身份? 脑死亡的病人应不应该获得道德身份? 如果当代人带来的环境污染几代人之后才会产生危害,当代人对未来人有没有道德责任? 这些问题需要生态伦理予以回答。西方学者常常以"权利""利益"作为道德身份、道德关怀的根据。美国哲学家乔尔·费因伯格(Joel Feinberg)认为,某物的权利源自该事物有受权利保护的利益、目的或它自己的好,人对某物的道德义务在于完成这种责任对它有好处(如不虐待狗对狗有好处);人对拥有"认知器官"的个体生物负有道德责任,但不包括整个物种;人类的后代有自己的利益欲求,也就应该有其道德地位。美国加州大学教授克里斯托弗·斯通(Christopher Stone)则提出自然客体(如美国的国王大峡谷)的权利主张,认为权利设定的目的在于保护权利拥有者避免受到伤害从而也使权利拥有者不断增加,并提出如同人类道德的范围持续扩大一样,法律身份(Legal standing)的拥有者也在不断增多,由拥有土地的白人男子,扩延至无土地者、妇女、土著人、黑人,以及公司、集团、城市乃至国家,将这种保护拓展到自然客体是理所应当的。① 这种探讨为生态伦理学的形成做了必要的理论铺垫。

道德身份的获取应该突破道德主体或道德代理人的狭隘范围。道德代理人的道德身份是显而易见、易于获得的。道德代理人的职责在于,以自己的认

---

① [美]戴斯·贾丁斯:《环境伦理学》,林官明、杨爱民译,北京大学出版社2002年版,第114—120页。

知能力和判断能力代表他物维护其应有的地位和利益,应意识到:每个存在物都是地球大家庭中的一员,都是有这样那样关系的道德顾客,尽管有些顾客没有语言甚至感知能力,但并不意味它不必受到关注和关爱。对于法律意义上失去行为能力的人,我们常常会以人道情怀关照他们,那么,对于那些没有能力捍卫其利益存在物怎么就不可以呢?

(二)生态伦理的演进

如上所述,人类的伦理认知水平是不断提升的,道德关怀的范围随着文明的进程在不断扩延。生态伦理的产生与发展,是伦理思想自身演进(从某种意义上说对于人之外的自然物的道德性重视是人伦理地相互对待之关系的引申①)和社会历史现实需要的产物。

1. 对动物的道德关注。由于动物与人最为接近,所以对动物的道德关注成为人之外道德扩展的第一个阶段。罗马时期便有"动物法",赋予动物以自身的权利。早在 16、17 世纪,英国人就提出了爱护家畜、反对活体解剖、反对残忍对待动物的伦理主张,出现了早期仁慈主义运动。仁慈主义认为虐待动物会导致人品行恶劣,认为人和动物都是上帝的创造物,人有义务代表上帝维护动物的福利。1824 年,英国成立了"防止虐待动物协会"并通过了防止虐待家畜的"马丁法案";1845 年和 1866 年,法国和美国也成立了类似的组织,也分别于 1850 年和 1866 年通过了防止虐待动物的法律。②

英国功利主义哲学家杰里米·边沁(Jeremy Bentham),是近代西方第一

---

① 澳大利亚著名哲学家帕斯莫尔认为,导致目前生态灾难的主要原因是"贪婪和短视",贪婪被视为一种恶并不是什么新观点,因此人类的传统道德包含着处理人与自然冲突的基本规范,不需要一种新的伦理。言外之意是没有必要建立什么生态伦理。实际上传统伦理与新兴伦理本身就是一种继承与发展的关系,这里所说的"延伸"包含两层含义:一是关于人与自然的伦理关系有赖于人与人的道德认知;二是指作为伦理思想的新发展,必然对传统道德观念有突破和变革。

② 何怀宏:《生态伦理——精神资源与哲学基础》,河北大学出版社 2002 年版,第 375—376 页。

个自觉而又明确地把道德关怀运用到动物身上去的人。他认为快乐本身就是善的,痛苦本身就是恶的,行为的目的就在于获得快乐;一个行为的正确或错误取决于它所带来的快乐或痛苦的多少;在判断人行为的对错时,必须把动物的苦乐也考虑进去;反对把推理或说话的能力当作在道德上区别对待人与其他生命形式的根据。他明确指出,皮肤的黑色不是一个人遭受暴君任意折磨的理由,同样,腿的数量、皮肤上的绒毛或脊骨重点的位置也不是使有感觉能力的存在物遭受折磨的理由。他预言这样的时代终将到来:"那时,人性将用他的披风(指道德与法律)为所有能呼吸的动物遮风挡雨。"①对动物的道德关注是生态伦理思想形成的启蒙阶段。

2. 资源保护主义与自然保护主义。19 世纪末,美国经济迅猛发展,对自然环境构成了极大的威胁和破坏,引起了政府和民间的普遍关注。吉福特·肖平是资源保护运动的倡导者,曾任美国农业局第一任局长,他主政期间提出的控制森林资源开发、保护森林资源的政策得到了政府的采纳和实施。作为林学专家,肖平提出对自然资源的科学利用,反对滥肆开发,强调自然资源对于人类生存的重要意义,他说:"没有自然资源生命本身是不可能的,从生到死,自然资源都给人类提供食物、衣物、住房和运输工具。同时在我们的生活中,我们依靠这些材料的特性,享受舒适和保护,如果没有丰富的资源,这些都是遥不可及的。"②但是,肖平对自然资源的保护是基于人类利益的考虑,是从功利主义角度出发的。以亨利·大卫·梭罗(Henry David Thoreau)和约翰·缪尔为代表的自然保护主义者则有着一种纯粹的、超越功利的情怀。梭罗认为,只有在大自然中,人的精神境界才能得到提升,自然是生命的依赖,是人保持精神独立性的沃土,亲近自然是人类精神健康、社会文明的构成要素。缪尔有过与大自然亲密相处的特殊经历,他注意到工业文明正使荒野处于危险境地,人与自然的距离急剧加大,这种关系亟待调整,而关系的改善既需要个人

---

① 参见杨通进:《生态十二讲》,天津人民出版社 2008 年版,编者序第 5 页。
② 陈博:《吉福特·平肖特》,《世界环境》2016 年第 3 期。

对自然价值的认同,也需要整个社会对自然自身价值的肯定。他提出,为了美国人精神上的未来,必须保护残留的荒野,而建立国家公园和森林保护是一种有效的形式。缪尔提出的国家公园设想有着深刻的生态伦理考虑:一是出于对自然资源保护的考虑,希望通过国家所有的方式挽救正在大规模消失的森林资源;二则体现了他超越工具理性的生态价值观。缪尔认为大自然给予人类的并非仅仅是面包和水,还有大自然的美与勃勃的生命力。他曾对自己在荒野中看到的一株稀有兰花这样感叹道:"它们独自在那儿,我以前从没见过一种植物有着这样充沛的活力。它那种完美的精神状态似乎纯粹是为了显示上帝的神威。"①在缪尔看来,兰花是没有多少实际"用处",但它的存在本身就有价值,这个世界并不仅仅是人类意义上的。在人类应该如何对待荒野的问题上,缪尔一再强调的主题是:人们需要荒野,荒野需要保护! 1872 年,美国成立了世界上第一个国家公园——黄石公园。约塞米蒂公园、大峡谷国家公园也是这一时期设立的。② 缪尔于 1892 年发起组建了塞拉俱乐部,该民间组织以探索、欣赏和保护大自然的美好为宗旨,在美国的自然保护运动中发挥了重要作用了,产生了深远的影响。

3. 环境保护运动与环保意识的觉醒。到了 20 世纪 70 年代,随着环境问题的凸显,社会反响越来越大、越来越强烈。1970 年 4 月 22 日,人类历史上第一次大规模的群众环境保护运动爆发,揭开了世界环境保护事业的序幕。1972 年 6 月 5 日斯德哥尔摩联合国人类环境会议倡导将会议的开幕日期定为"世界环境日"。1971 年,12 名志愿者从加拿大温哥华启航,阻止美国在安奇卡岛(Amchitka)的核试验。船上挂着"绿色和平"的横幅,尽管途遭阻拦,但其行动却引发了舆论和公众对环境保护行动的声援。1987 年 4 月 27 日,世界环境与发展委员会发表了一份题为"我们共同的未来"的报告,首次提出

---

① 侯文蕙:《荒野无言》,《读书》2000 年第 11 期。
② [美]戴斯·贾丁斯:《环境伦理学》,林官明、杨爱民译,北京大学出版社 2002 年版,第172—179 页。

了"可持续发展"的战略思想。1997 年 12 月,联合国京都会议促生了《京都议定书》,对加入该协定的国家规定了量化减排指标,成为历史上给成员国分配强制性减排指标的第一份国际法律文件……①

　　与人类环境保护运动相伴而行的是人类环保意识的日益觉醒。1962 年,美国海洋生物学家,蕾切尔·卡逊出版了《寂静的春天》一书,揭示了化学农药给生命带来的威胁,并对"征服自然"的主流思想提出了质疑;1968 年,保罗·艾里奇(Paul Erich)的《人口爆炸》对人口增长给自然环境带来的压力提出了警示;1972 年罗马俱乐部《增长的极限》用大量数据表明,不惜一切代价去求取经济增长是得不偿失的,会导致自然界和人类都走向极限,对传统的增长方式敲响了警钟;联合国于 1972 年在瑞典斯德哥尔摩召开了人类第一次环境会议,通过了《人类环境宣言》,这一宣言是现代环境运动发展的里程碑,标志着全球范围环境意识的普遍觉醒。可以说,发端于 20 世纪 70 年代的人类环境保护运动方兴未艾。人类对环境问题的重视,既与伦理呼吁相关,也促使有识之士对这一问题展开进一步的伦理思考。

　　4. 生态伦理的理论形态。生态伦理(或环境伦理)②作为一门新兴的伦理学说,经历了 20 世纪初至 20 世纪中叶的孕育时期,20 世纪 70 年代的形成时期,20 世纪 80 年代的确立时期和 20 世纪 90 年代以来的发展时期。在孕育时期,出现了梭罗、爱默生、史怀哲、利奥波德等代表性人物,其中,史怀哲和利奥波德被视为生态哲学的创始人;在形成时期,彼特·辛格(Peter singer)和汤姆·雷根(Tom Reagan)的动物解放/动物权利理论产生了广泛影响,挪威哲学家奈斯的"深生态学"成为一种新的范型;在生态伦理学的确立时期,有贝尔德·克里考特(Baird Callicott)、保罗·泰勒(Paul Taylor)、霍尔姆斯·罗尔

---

　　①　王正平:《环境哲学——环境伦理的跨学科研究》,上海人民出版社 2004 年版,第 6—12 页。

　　②　生态伦理学与环境伦理学常常是在同一个意义上使用的。吉林大学刘福森教授认为,"生态"表现出的是"自然的尺度","环境"则体现了"人的尺度",考虑到"生态"一词被当代人赋予很多美好的意蕴,同时也为了与"生态文明"相呼应,这里选用"生态伦理"说法。

斯顿等代表性人物,他们或提出道德发展的同心圆模型,或强调生命自身的善,或提出自然的固有价值;1999 年"国际环境伦理学学会"在美国成立,标志着生态伦理学进入更为广阔的发展时期,21 世纪以来更是取得了长足的发展,甚至日渐显学端倪。

生态伦理的出现是对传统的人类中心主义价值观的挑战,它以倡导非人类中心主义为己任。雷根在《环境伦理学的性质及其可能性》一文指出,环境伦理应具有这样的特征:一是必须主张某些非人类存在物拥有道德地位;二是必须坚持拥有道德地位的存在物不仅限于拥有意识的存在物。① 从生态伦理学的理论形态及其演进历程看,主要包括辛格、雷根的动物解放(权利)论;史怀哲、泰勒的生物中心论和利奥波德、罗尔斯顿、奈斯的生态中心论。

辛格的《动物解放》被称为"动物保护运动的圣经"。他从边沁的功利主义出发,认为动物具有感受痛苦与快乐的能力,因此人类享有的权利在动物身上也应同样适用,动物与人是平等的,剥夺它们的权利是不道德的。他所说的平等是一种关心的平等,并非待遇上的完全相同。雷根与辛格一样,都主张动物的权利应该得到承认,但不同意以"感觉"能力作为评判某种对象是否拥有权利的依据,而是提出了"动物权利"的主张,认为动物只有获得了被尊重对待的权利,才能保障与人类拥有平等的地位。动物与人类一样,是具有天赋价值的生命主体,应有与人类同等的享受幸福不遭受痛苦的权利。

生物中心论者将动物以外的生物纳入道德关怀的范围,提出以生物为中心的价值考量。史怀哲在《敬畏生命》一书中指出,敬畏生命的伦理学关注的是一切存在于我们周围的生物,每一个生命都有其想要实现自身价值的"生命意志",这种价值值得任何人尊敬,关注和促进生命的发展,使其实现自身价值就是"善"的,反言之,阻碍生命的发展甚至毁灭生命就是"恶"的。② 泰

---

① 何怀宏:《生态伦理——精神资源与哲学基础》,河北大学出版社 2002 年版,第 295 页。
② [法]史怀泽:《敬畏生命》,陈泽环译,上海社会科学院出版社 1995 年版,第 118—119 页。

勒继史怀哲提出敬畏生命的伦理观后,系统论证了生物中心论的合理性。在《尊重自然》一书中,泰勒认为人与其他生物都是构成地球生命共同体的一个成员,一起在相同的自然环境中生存与繁衍,共享着地球的资源,人类的生存和发展与其他生物密不可分;人与其他生物是自然界大系统中的有机体,它们相互依存,个体及其种群的改变会导致整个系统的变化;有机体活动的目标的是维护自己的生存与发展,实现自身的价值,这便是"善",人类应该站在其他生物的角度评价其价值,重新调整对他物的态度;每一个物种都具有同等的价值,无所谓尊贵卑贱,都有生存和发展的权利,都应获得尊重和关怀,所有生命个体都有其自身的好,道德代理人有义务增进或保护它的好。①

　　生态中心论将道德关怀的范围从生物个体拓展到整个生态系统,认为整个自然界都具有内在价值。利奥波德提出大地共同体的概念,它包括了土壤、水、植物和动物或由它们组成的整体——大地,人是其中的一个普通成员。人需要用大地伦理来约束自己的行为,承认共同体中其他存在物所固有的道德权力,不仅要尊重共同体中的其他伙伴,也要尊重共同体本身。人的行为若有助于维持生命共同体的和谐、稳定和美丽就是正确的;反之,就是错误的。②自然价值论的代表人物罗尔斯顿则从元伦理的角度强调自然界本身就存在价值,它是客观存在的。自然界具有多种价值并且是产生价值的源泉,我们可以从自然事实中发现自然的善,人如果缺失了对自然荒野的尊重与欣赏,就是尚未理解全部的道德含义,道德意义就会因此大打折扣,与自然的融洽相处是人完善自我的必要途径。他指出,大自然是一种精致的资源,就像文学、美术、音乐一样能陶冶人的情操,提高人的品性,人类应该从自然中获得科学的、美学的、娱乐的、塑造性格的、宗教等高质量的体验③。奈斯分析了"浅生态学运

---

①　何怀宏:《生态伦理——精神资源与哲学基础》,河北大学出版社 2002 年版,第 411—425 页。

②　[美]奥尔多·利奥波德:《沙乡年鉴》,侯文蕙译,商务印书馆 2016 年版,第 252 页。

③　[美]霍尔姆斯·罗尔斯顿:《环境伦理学》,杨通进译,中国社会科学出版社 2000 年版,第 466—484 页。

动"和"深生态学运动"的不同,揭示了深生态学的理论特质,提出自然界的多样性具有自身的内在价值,仅将价值视为人类的价值是物种偏见作祟,生态危机的根源在于人类文化与行为的不合理性,保护生态环境的目的是要维护所有国家、群体、物种和整个生物圈的利益,追求个体与整体利益的"自我实现",化解生态危机的唯一方法是培养人类的生态良知。①

生态伦理构建的思想形态和提出的理论见解为人们全面、深入认识人与生态的关系打开了新的视野。

（三）生态伦理的价值取向

尽管生态伦理学的确立已有五六十年的历史,但对其地位合理性的争议从来就没有停息过,从理论立场和价值观念上看,表现为人类中心主义与非人类中心主义的伦理与辩解。从理论态势上看,一方面是生态伦理开枝散叶、走向繁盛;另一方面是传统伦理或其现代形态指指点点、说三道四,对生态伦理能否开花结果提出质疑。

在人类环境意识普遍提高的今天,无条件地以人的利益为目的的强势人类中心主义(strong anthropocentrism)已很少被赞同,代之而起的是一种弱势的、开明的、从自我利益观出发的人类中心主义(weak anthropocentrism)。帕斯莫尔(John Passmore)认为,不能把生态问题并咎于人类中心主义,人类对环境问题负责实际上是出于对子孙后代利益的关心,非人类存在物没有公共利益,无所谓义务和责任,只有人才有利益和责任;美国哲学家诺顿(Bryan C. Norton)主张用理性思考代替感性偏好来指导人类活动,要考察人意愿的合理性,建立起评价系统,对人的决策进行自省和调节;美国生物学家 W.H.默迪(William H.Murdy)提出了前达尔文式的人类中心主义、达尔文式的人类中心主义与现代人类中心主义的不同类型,将非人类的生命纳入了人类中心主义

---

① 何怀宏:《生态伦理——精神资源与哲学基础》,河北大学出版社 2002 年版,第 485—497 页。

的理论范畴,人的自我评价始终以自我为中心,当面临生态困境时会对自身与自然界的关系进行重新审视和反省,促使人类为了自己的利益保护自然,维护自然环境的利益。他认为生态问题源于膨胀的人类数量和缺乏对自然知识进行正确运用的知识,无关人类中心主义理论本身,而是人类进化中必须面对的现象,人作为进化的最高成果有能力主动反思和修正自己的行为,主动摆脱生态危机的困扰。① 对人类中心主义的坚持在国内亦大有人在。中国社会科学院甘绍平曾经以"我们需要何种生态伦理"为题,将非人类中心主义理论分为痛苦中心主义、生命中心主义、自然中心主义几种形态,逐一剖析和辩驳其错误和漏洞,认为它们是以抬高自然的价值为主旨的生态伦理学,忽视了应该关注的环境问题。他认为研究环境伦理的核心是代际公正问题,环境伦理就是要避免和消除人类行为给自己的后代在生态环境上带来直接或间接的伤害,以便给人类的自然生存基础赢得持续的保障;非人类中心主义是一种苍白的、理想化的伦理学说,其观点是站不住脚的,无法解决人类利益与其他存在物的矛盾冲突问题,破坏环境并不是对自然而是对未来人不负责任的行为,人类主体是认识的出发点,也是评判自然价值的唯一标准;他认为"我们不需要什么新的生态伦理,我们已有的道德理论——人类中心主义伦理学,就足以为人类保护自然环境的行为提供理据与作出论证"②。以人的利益(不管是当代人还是未来人)为价值尺度来认识和对待与其他存在物的关系,是人类中心主义的基本立场。

其实,尽管从外在形式与概念设定上非人类中心主义与人类中心主义似乎格格不入,但二者的动机与目的是相通的,都是为了人的存在、发展与完善。动物权利/解放论对人类的高贵提出了新要求,生物中心论着眼的是人的长远利益,生态中心论则对人性的进一步完善寄予了更多的希望。康德认为,道德

---

① 杜向民、樊小贤、曹爱琴:《当代中国马克思主义生态观》,中国社会科学出版社 2012 年版,第 100—102 页。
② 甘绍平:《我们需要何种生态伦理》,《哲学研究》2002 年第 8 期。

律使人克服自身的感性偏好,克服自爱与自大,以践履道德法则与自觉义务,形成人对人独有的敬重感。① 他说:"当我们一旦摆脱了自大并允许那种敬重产生实践上的影响,我们又可以对这条法则的美妙庄严百看不厌,并且当灵魂看到这条神圣的法则超越于自己和自己那脆弱的天性之上的崇高性时,便会相信自己本身在这种程度上被提高了。"②真正的道德是一种自为活动。因此,道德的落实有赖于有能力辨别各种关系、具有明确活动目标并能够对道德要求作出应答的存在者——人。人的意志既引发种种欲望,带来种种冲突,又可以在冲突中省悟出限制自我欲望而利他的道德"应该",从而使矛盾得以协调和化解。对于"应该"的理由,尽管有见仁见智的分别,但并不至于对善好行为的实行带来实质性的妨碍。③ 罗尔斯顿曾经把生态伦理分为原发型(如利奥波德的大地伦理)和派生型(把生态保护建立在人的利益之上)两种,尽管他力主生态伦理的创造性和超越性,但还是明确表示:"无论我们的伦理是在派生意义上还是根本意义上是一种生态伦理,其用于实际中的效果都是相同的。"④

生态伦理学认为,生态危机实质上是一种工业文明带来的价值危机。由于以人类中心主义为主导的主流价值观把人捧为自然的主宰,将人的主体性看作对自然的占有、控制和征服,使自然沦为任人使用的工具,缺失了伦理的庇护,导致了自然的"反人化",带来了人与自然的整体性冲突和关系的恶化。依循这样的思路,生态伦理学认为,缓解或彻底摆脱目前的生态危机,就需要冲破人类中心主义固有观念的束缚,超越狭隘的"人本"界域,扩延伦理关怀的范围,用新的伦理观念和规范调整人与自然的关系,以图实现二者的友好共处。

---

① [德]康德:《实践理性批判》,邓晓芒译,杨祖陶校,人民出版社2003年版,第102—105页。

② [德]康德:《实践理性批判》,邓晓芒译,杨祖陶校,人民出版社2003年版,第107页。

③ 樊小贤:《道德"应该"的生态伦理归向》,《西北大学学报》(社会科学版)2009年第3期。

④ [美]罗尔斯顿:《哲学走向荒野》,刘耳、叶平译,吉林人民出版社2000年版,第35页。

在《哲学史讲演录》中,黑格尔指出:"道德的主要环节是我的识见,我的意图;在这里,主观的方面,我对于善的意见,是压倒一切的。"①这种关于道德的"识见",倾向于从"应然"的层面理解道德主体对于善的追求。善作为道德的一种理想形态,包含着对某种道德意识与价值观念的确认与倡导。

从生态伦理的各种理论形态看,其价值渴望可以概括为以下几个方面:

1. 追求人性的更加完善。在彼特·辛格和汤姆·雷根提出动物解放/权利理论之前,早期的动物福利运动就提出了"仁慈理论",认为虐待动物的行为会败坏人的德性,可能导致行虐者性情残忍甚至会对其他人也施以暴行;辛格和雷根对动物的道德呵护也是以人是"生命的主体",对"生命"的认知和理解应该宽广和深厚为伦理基础的。梭罗、缪尔、爱默生对自然的赞美,多是从大自然给予人灵性的更新与提高、砥砺人的道德本性等意义上发声的;提出"敬畏生命"的生态伦理学奠基者、人道主义典范——史怀哲,对人性的高贵、乐助和善良有着虔诚的感受、认知和践行,他认为"敬畏生命"的伦理学,"给予我们创造一种精神的、伦理的、文化的意志和能力,这种文化将使我们以比过去更高的方式生存和活动于世。由于敬畏生命的伦理学,我们成了另一种人"。"敬畏生命"的伦理成就的是人内在的德性和品格的完美。② 保罗·泰勒的生物中心主义对人的道德品性作了系统的阐述,提出与这种伦理相联系的人的品德可以分为"普遍美德"和"特殊美德","普遍美德"包括守信尽责、宽容、勇气、自制、公平等,是"以正确方式谋划和行动所需要的好的品质的特征";"特殊美德"是"使道德代理人完成一种特殊责任的意向",它要求个体在自身中尽可能多地培养普遍美德包含的那些德性。他推崇亚里士多德的观点:美德是使人们过上善的生活的至善。③ 利奥波德《沙乡年鉴》中"关于土

---

① [德]黑格尔:《哲学史讲演录》第2卷,贺麟、王太庆译,商务印书馆1981年版,第42页。

② [法]阿尔贝特·施韦泽:《敬畏生命——五十年来的基本论述》,陈泽环译,上海社会科学院出版社2003年版,第7—8页。

③ 参见王正平:《环境哲学——环境伦理的跨学科研究》,上海人民出版社2004年版,第195—196页。

地和人的观点",可以使人们明白:"我们的自大和(所谓)完美的社会,现在就像一个抑郁病患者,它是那样为其自身的经济健康而困扰着,结果反而失去了保护其健康的能力。""我是有意把土地伦理观作为一种社会进化的产物而论述的,因为再没有什么比一种曾经被'大书'过的道德更重要的了。""土地伦理的进化是一个意识的,同时也是一个(人的道德)情感发展的过程。"①也就是说,在利奥波德看来,对土地及其附属物的关注与爱护,是人性提升的必要内容。卡逊对于人类滥用杀虫剂导致的"寂静的春天",愤然指出:"对于这种折磨其他生物的行为,我们竟然默默地接受了。所有人作为人类的品格标准都已退化。"②主张生态中心论的罗尔斯顿,在强调自然价值时一再把落脚点放在人性的完善和提升上,他说:"只有人以一种恰当的敏感态度对待自然事物时,他的品性的某些完美之处才能得到显现。""我们需要从大自然中获得科学的、娱乐的、美学的、塑造性格的和宗教的这类高质量的体验。"③可见,作为生态中心主义的代表人物,罗尔斯顿把最终的价值归宿还是给了人类。至于深生态学,更是把人的"自我实现"作为最高规范,它是人类精神成长达到的一种境界,这种境界是从人类不再用狭隘、孤立的自我来认识和对待我们自身时开始的,是从我们最终把自己与家人、朋友、人类视为一个整体的时候开始的。深生态学致力于人类精神的进一步成熟和成长。纳斯认为人类自我意识经历了本能自我——社会自我——生态自我的过程,生态自我(大自我)才是真正的自我,它是在人与自然的交互关系中实现的。④ 美国道德心理学家劳伦斯·科尔伯格(Lawrence Kohlberg)将人类道德发展过程分为三个阶段:前惯例水平阶段、惯例水平阶段和原则阶段。在前惯例水平阶段上,人

---

① [美]奥尔多·利奥波德:《沙乡年鉴》,侯文蕙译,商务印书馆2016年版,第258页。

② [美]蕾切尔·卡逊:《寂静的春天》,许亮译,北京工业大学出版社2015年版,第86页。

③ [美]霍尔姆斯·罗尔斯顿:《环境伦理学》,杨通进译,中国社会科学出版社2000年版,第160页。

④ 王正平:《环境哲学——环境伦理的跨学科研究》,上海人民出版社2004年版,第242—243页。

们履行义务是为了避免法律惩处、避免物质惩罚或获得奖赏,选择道德行为是出于个人利益的考虑;到了惯例水平阶段,个体道德行为的选择受他人期望的影响,以人际关系的和谐、维护法律和遵循社会秩序为准则,愿意做周围人期望做的事情;原则水平阶段,基于对社会契约和个人权利的确认,对普遍的伦理原则形成了自己的稳定见解,道德行为由自己认为是正确的原则指导。① 由此可见,人类的道德觉悟是不断提高的,各种生态伦理学对他物地位和价值进行道德呼吁的深层心理动机在于人自身的完善与美好。周国平说:"人之为人,就在于他身上既有动物性,又有神性。人身上的神性不是因为灭绝了动物性而产生的,而是由动物性升华而来的。这是人所能及的神圣和超越。"②正是因为对人的"神性"的认同与信心,生态伦理才对人提出了更多的要求。

2. 呵护地球"共同体"利益。人类的生活经历和实践经验反复地提醒人类,个体的生态境遇不是完全由个体决定的,它在很大程度上取决于与你有关系的人和物,取决于你周遭的环境。生态伦理以生物共同体、土地共同体、生态共同体以及"大我"为理据,提醒人类关注和重视与"共同体"的关系,要维护共同体的整体利益。利奥波德从探究人与人赖以生存的大地之间的关系出发,提出了"大地伦理",完全是以一种大地共同体的胸怀对人提出了道德要求。他认为土地是一个有机体,我们应该把土壤、高山、河流、大气圈等视作地球的各个器官或零部件,或动作协调的器官整体,人与其他成员共处于这个共同体中,彼此关系应该是平等的,这种平等关系要求人类扩大道德共同体的边界,承担其对共同体成员及共同体本身的道德义务。他希望人类能够"像山那样思考",山虽然没有思维器官,但山的存在昭示着山上的植物、动物、微生物、岩石、土地之间的整体性和相互关联。利奥波德指出:"土地是一个共同

① [美]L.科尔伯格:《道德发展心理学》,郭本禹等译,华东师范大学出版社2004年版,第648页。
② 周国平:《精神的故乡》,中国人民大学出版社2013年版,第29页。

体的观念,是生态学的基本概念,但是,土地应该被热爱和被尊敬,却是一种伦理观念的延伸。"①利奥波德的生态伦理观将大地视为有机联系的整体,由此确认对这一整体的尊重和关照是人的道德责任。卡逊是利奥波德大地共同体思想的践行者,她对人类滥用杀虫剂导致的生态破坏做了尖锐的批评,认为杀虫剂、除草剂被用来对付人类眼中的"害虫"和"野草",而自然本身并没有"害虫""野草"的概念,从生态科学的角度看,它们是生命之网的一部分,在植物与大地,植物与植物、植物与动物之间存在着重要的联系,人类为了自身的利益试图保持某种单一性是违背自然规律的,大自然是多样性的有机整体。② 人类生态学告诉我们:"生态系统的稳定程度取决于系统中各种生物的相互关系……不稳定性导致适应关系的进化转变。"③这从客观上提示人类要注意处理好与系统中其他存在物的关系。在《尊重自然:一种环境伦理学理论》④中,保罗·泰勒提出的首要信仰便是:人类与其他生物一样,是地球生命共同体的一个成员,彼此有着共同的特征,不仅起源于同一个进化过程,而且共有一个生态环境。保罗·泰勒用生态学事实阐释了人类和地球上的其他生物都属于地球众多物种中的一种,都有其"自身的善",有其固有的价值。"如果我们与其他形式的生命和我们的物质环境没有保持良好的生态关系,我们就无法生存下去,如果没有我们作为动物的生存,我们将无法以道德的、审美的、智慧的、政治的和宗教的存在而存在"⑤,人类和其他生物都是地球生命共同体中的普通一员,既然人以自己的身份能够得到道德上的"尊重",地球上具有同等地位的他物也应是"道德顾客",理

---

① ［美］奥尔多·利奥波德:《沙乡年鉴》,侯文蕙译,商务印书馆 2016 年版,第 6 页。

② Rachel Carson, *Silent Spring*, Beijing:Science Press, 2014.

③ ［美］唐纳德·L.哈迪斯蒂:《生态人类学》,郭凡、邹和译,文物出版社 2002 年版,第 38 页。

④ ［美］保罗·泰勒:《尊重自然:一种环境伦理学理论》,雷毅等译,首都师范大学出版社 2010 年版。

⑤ Paul W.Taylor,"The Ethics of Respect for Nature", *Enviromental Ethics*, Vol.3, May 1983, p.239.

应受到"尊重"。

3. 维护人类整体利益和长远利益。美国内华达大学人类学教授唐纳德·哈迪斯蒂说:"人类学历来是一门'整体性'学科。"①尽管他是从对人类行为的解释所涉及的知识、学科、领域等角度上说的,但也从某种意义上涵盖了人的存在及其关系的综合性、复杂性和社会性。工业文明和商品经济为人类满足自身的物欲提供了技术支持和供应平台,也由此形成了本位利益至上、急功近利的思维模式和行为趋向。在经济发展中,人们以为通过对自然资源的占有和利用,通过科学技术的发展,可以带来财富的无限增长。但当深入考察人类未来的经济前景时,得出的结论却是:"增长的极限"。作为国际性的未来学研究组织——罗马俱乐部的研究者们认为,世界环境在量的方面是有限度的,超越限度会带来悲剧性的后果,人类需要从根本上修正自己的行为,需要变革当代社会的整个组织;人类必须考虑地球资源的有限性以及人类在其上存在和活动的上限,必须认识到无限制的物质增长的代价,寻求持续增长的办法②,否则,"人之废"将很可能成为现实,因为"来得越晚的一代——它生活的时期距离种群灭绝越近——它拥有发展的权利越少,因为它的臣服者将会很少。"③梭罗传记的作者,约瑟夫·伍德·克鲁奇(Joseph Wood Krutch)在接受了生态学理论的熏染之后,对人类整体及与其他存在物的内在联系有了深刻的认识,他强调说:"我们不仅一定要作为人类共同体的一员,而且也一定要作为整个共同体中的一员;我们必须意识到,我们不仅与我们的邻居、我们的国人和我们的文明社会具有某种形式的同一性,而且我们也应对自然和人为的共同体一道给予某种尊重。我们拥有的不仅仅是通常字面意义上所讲的'一个世界',它也是'一个地球'。没

---

① [美]唐纳德·L.哈迪斯蒂:《生态人类学》,郭凡、邹和译,文物出版社 2002 年版,第 1 页。
② 杨通进:《生态十二讲》,天津人民出版社 2008 年版,第 114 页。
③ [美]赫尔曼·E.戴利、肯尼思·N.汤森:《珍惜地球:经济学 生态学 伦理学》,马杰等译,商务印书馆 2001 年版,第 261 页。

有对这种事实的了解,拒绝承认文明世界各个部分之间政治上与经济上的相互依存关系,人们就无法更成功地生活。"①

处理好代际、种际之间的关系是生态伦理的重要议题,这一议题的设定是以人类整体的、长远的"好"为宗旨的。对这种"好"的觉悟与认知需要一个过程。人按其表现形态可以分为类、群体、个体三种不同的存在方式,三种方式在不同的历史时期展现出来的道德权重在不断变化着。人类早期的道德"为血缘族类"的特征突出,以血缘关系构成的氏族或部落利益是道德维护的主要目标;进入阶级社会特别是封建社会以后,道德维护的关系"为特殊群体"的特征明显,君君臣臣、父父子子的伦理规范体现着对社会不同阶层关系的调整;而近现代资本主义社会的道德指向则彰显着维护"个人利益"价值选择。这种价值取向的变迁主要受制于生产力发展和生产关系变革的影响。以往的道德观受封闭和狭隘地域的制约,自然被按照国家、地域、民族、行政区划、集团、个人等分割为归不同主体占有的资源与财富,不可能形成人类的共同利益。现代生态伦理提倡将全人类的利益视为超越个人、民族甚至国家的最高利益,把生态自然当作整体来对待,以全球视野和人类视角来处理环境事务的协调与合作。在社会学家看来,"共同体"是人类社会的固有形态,是基于亲缘关系和邻里关系的人的自然群体,包括血缘共同体、地缘共同体和精神共同体,其中精神共同体被视为人类社会最高形式的共同体。"共同体"揭示了社会成员之间的有机联系和人类行为方式的特点。当"共同体"成员在生产和生活中面临共同的境遇时,便可能形成共同体价值观。② 人作为对生存意义有追求的社会性动物,其价值诉求不可能没有对未来的期待、对自己后代的期愿。可持续发展观在提出全人类共同

---

① [美]唐纳德·沃斯特:《自然的经济体系——生态思想史》,侯文蕙译,商务印书馆2007年版,第390页。

② 王雨辰:《论生态文明的后物质主义幸福观和共同体价值观》,《湖北大学学报》(哲学社会科学版)2020年第4期。

发展的同时，也特别强调当代人的发展不能对后代人的发展构成危害，无论是当代人之间，还是当代人与后代人之间，都应该使彼此均获得公平、合理发展的机会。这就需要人类命运共同体意识的觉醒，促使成员之间"互联互通""和平共享"共同体的恩惠和美好。① 整体性是生态学的最大原则，维护人类的整体利益和长远利益是生态伦理由兴而盛的现实基础，也应该是生态伦理本真的价值指向。

我们把生态伦理的价值取向概括为：（1）追求人性的进一步完善；（2）维护地球"共同体"的利益；（3）着眼人类的整体利益和长远利益。其中第一条可以说是生态伦理的最高价值，第二条是生态伦理价值的现实体现，第三条是生态伦理价值的出发点和落脚点。

二、生态道德的践行

无论生态伦理在形而上或元伦理的层面做怎样的论争，它的初衷与理论标的依然离不开对生态环境问题的关注，因而是一种面向现实并试图为解决问题"鼓"而"呼"，为之探寻伦理规范并依之实行的伦理学说。生态伦理学既是一种道德哲学（从世界观、道德的深层根基、人的存在性等理路开展理论创新，实现传统伦理的突破扩展），也是一种应用伦理学（它关注生态问题解决的伦理效应，探寻生态保护与生态修复的道德基础，帮助环境主义者提出更好的伦理依据以支持生态保护政策的落实）。对于生态伦理学者们来说，理论论证与创新可能是其主要使命，但从社会需要来说，由理论创新到观念更新再到生态人格的养成和生态道德规范的实行，才是生态伦理的意义所在。

---

① 李建森、袁一达、李金笑：《走出资本丛林：新时代呼唤人的类总体生命道德意识》，《西北大学学报》（哲学社会科学版）2019 年第 1 期。

（一）德性与生态德性

在伦理学发展史上,存在着以亚里士多德为代表的德性伦理学与以康德为代表的规范伦理学的长期争议,前者关注作为社会共同体之人的心理品质及其身份适应,以行为者的社会品质为主要关切点,强调道德认知、道德情感和道德心理的重要性,致力于探究行为者成为"德性之人"的品质和美德;后者则是对人类共同体瓦解的一种伦理思考,它以人的个体身份为理论前提,关注行为者对契约社会规范的适应问题,着眼于伦理普遍原则的构建,试图对"什么是正当行为"确立决定程序和一般准则。虽然二者各有主张,但并非水火不容,从现代伦理学发展趋向上看,德性伦理与规范伦理越来越呈现出互补与融合之势。① 生态伦理观念的树立和生态道德行为的落实,需要培养人的生态德性。

1. 德性

对德性含义的理解需追溯至德性伦理的创始人亚里士多德。亚里士多德在使用"德性"一词时,有宽泛意义上事物特性或规定之意,也有伦理学意义上人的道德品格指向。亚里士多德将德性视为灵魂的构成部分,他依据灵魂分为感性和理性两个部分,相应地将人的德性分为理智德性和道德德性。理智德性是灵魂符合逻各斯(这里的逻各斯不仅是指事物的普遍规律,更侧重于理性的能力与原则之意)的一种德性,它使人成为明智之人、智慧之人,通过教导来培养和形成;道德德性是一种使人成为优异者的品格特征,它使人成为自制之人、节制之人、公正之人,道德德性的养成有赖于风俗习惯的熏陶。道德德性体现着个人的品质,而对一个人德性的评判则是通过他对待外界事物的欲求、情感、态度和方式来判定的。道德德性是一种纯正的动机,同时通

---

① 方熹、江畅:《国外德性伦理学与规范伦理学争论研究述评》,《华中科技大学学报》2018年第5期。

过正确的行为选择来实现。品德伦理(an ethics of virtue)强调的不是原则和规范,而是道德品质,描述和论证的是道德高尚的人所应具备的品德,是对美德(virtue)的追求,以区别于罪恶(vice)。德的字形偏旁涉及两个人(人与人)之间的关系,从"心"、从"直",蕴含内心正直之意。《说文解字》将"德"解释为"外德于人,内德于己",即通过人的行为体现人之为人的道德本性,通过修身自省获得内心的善性。端正内心修养并努力践行即为德。德最初为氏族部落所有人共有,与"性"相近,是一种天生的特质,是划分不同共同体的标准,同姓同德,异性异德;后来,德成为部落首领、酋长独有的沟通上天的专有行为、要求及规范,以王对德、"以德配天",是贵族阶层推崇的品质,如"节制"被视为有权利但不滥用权利的美德,"德"所规范的是王者治者的行为;再之后,德逐渐成为一般人普遍应遵从的行为规范。人是社会动物,其美好生活有赖于社会和他人,因而普遍具有道德需要,有如康德所说的"对道德法则的敬重心",有中国传统文化倡导的"成圣成贤之心",有"完善自我品德之心"①。在中国伦理史上,"德"是一种道德的规定,"德性"主要指涉道德品格或道德气质。"德性"对应的英文用词为"virtue",指美德、优点、节操。德性往往与正义、仁爱、诚实、宽容、节制等特殊的、多样的规定相联,彰显德性的不同特质。

德性是有道德的体现。伦理学是研究关于道德问题的学说,在中外伦理学史上,伦理与道德意义大致相同。但如果细究,二者还是有一定区别的。道德更偏向于道德主体的道德心性修养,主要指个体的品德、品性,是个人的主观操守与修养,是主观法;伦理则偏重人与人之间关系的规定,指客观伦理关系,是客观法。黑格尔认为道德以伦理为内容,将伦理关系转化为内在操守即为道德。他认为道德存在着"应然"与"实然"的对立,而伦理却没有"应然"与"实然"鸿沟。邓晓芒先生指出:"伦理和道德不同,道德必须是建立在自我意识和自由意志之上。伦理呢,就是建立在习惯、传统、风俗上面的既定的一

———————

① 王海明:《伦理学原理》,北京大学出版社 2006 年版,第 121 页。

套礼仪规范,未经自我选择的。道德必须是要自觉的,就是自己选择,不仅仅是自己意识到的,而且是通过自己选择而定下来的,这就叫道德。"①尽管如此,词源学意义上的道德与伦理,都指向按照风俗习惯做事以及由此形成的品性。② 而伦理学的实质,在于通过反思我们的生活,自省到作为人该做什么,该如何做,应该成为什么样的人,落脚点在于成为一个善好的人,拥有一个和谐的生活环境。有学者指出,人的在世是一种态度性在世,一种关系性在世,一种行动性在世,道德的最高层级是个体获得"从心所欲不逾矩"的习性。③德性也是一种理想:通过自我修炼成为一个人格优秀的人的理想,是一种通过长期的训练和性格培养而获得的生活品质。④

总之,德性是道德主体善好的道德品格与行为选择,是建立人与人、人与社会、人与他物和谐关系的认知与修为,体现着个人品质的高低,是道德选择的主体性因素。

2. 生态德性

"我该成为什么样的人"是伦理学要回答的根本性问题,这一问题涉及人的品性和素质。按照亚里士多德的理解,美德是促使人们拥有有意义的、充实生活的品性特征。对于人及其他存在物行为的改变,不但要更新不合时宜的规范和原则,改变原有的态度,更为重要的是:要对我们自己应该成为什么样的人有新的认识。生态伦理要求我们改变对待自然的根本态度,实际上是要求我们改变自己,成为更有德性的人。⑤

---

① 邓晓芒:《哲学史方法论十四讲》,重庆大学出版社 2015 年版,第 132 页。
② 高兆明:《伦理学理论与方法》,人民出版社 2013 年版,第 19 页。
③ 张荣:《中世纪哲学的合法性及其道德向度》,《哲学研究》2011 年第 5 期。
④ [瑞士]克里斯托弗·司徒博:《环境与发展——一种社会伦理学的考量》,邓安庆译,人民出版社 2008 年版,第 67 页。
⑤ [美]戴斯·贾丁斯:《环境伦理学》,林官明、杨爱民译,北京大学出版社 2002 年版,第 155—156 页。

　　应用行为生物学研究会的创始人之一——克劳斯·德纳博士认为,人类的道德具有生物根源,作为社会行为的道德根基也存储于人类的基因之中,但是天生具有的道德素质尚需在人类的共同生活中进一步的教育和培养。现代人继承了人类在史前史中形成的道德倾向结构,但在接受现代生活挑战时已明显有其局限性,以小群体为特征的社会道德受限于这个群体本身,对外部群体实行歧视政策,"仇外"和"侵略"曾是人类的普遍行为。在人类道德的进化过程中,有利于本位共同体的"群体逻辑"会演进至"对外部群体的逻辑"①。"当今,我们人类面临着许多需要迫切解决的全球性难题,如减少资源的消耗、克服环境污染等。为了解决这些难题,我们有必要把以前只适用于本群体的道德准则以人权的形式扩大到全人类,有必要使这些道德规范作为义务使大家遵守","把我们天生具有的潜质培养成具有社会性的素质。"②康德的形而上学之问:"什么是人?""我们应该做什么?""在目前的生活条件下我们必须补充这一必要的先决条件,即'如果我们人类要想生存下去的话'"③,我们人类应该怎样友善地处理与其他存在物的关系? 这实际上是对现代人生态道德素质提出了新要求。我们所谓的生态德性,不可能是完全超越于人已有德性的"另外一种德性",而是对已有德性的补充和完善。

　　人的德性所涉及的具体内容会随着社会历史条件的变化和人类实践的现实需要而变化与调整,呈现出与时代要求相契合的价值趋向。荷马时代勇猛是美德的表征④,苏格拉底时代开始关注人类生活中的正义与善,古希腊的德

---

　　① ［德］克劳斯·德纳:《享用道德——对价值的自然渴望》,朱小安译,北京出版社2002年版,第1—23页。

　　② ［德］克劳斯·德纳:《享用道德——对价值的自然渴望》,朱小安译,北京出版社2002年版,第42、3页。

　　③ ［德］克劳斯·德纳:《享用道德——对价值的自然渴望》,朱小安译,北京出版社2002年版,第7页。

　　④ 在荷马时代,"体力"也被视为一种美德。拥有体力就意味拥有一种特殊的优秀品质。参见[美]阿拉斯戴尔·麦金泰尔:《追寻美德——道德理论研究》,宋继杰译,译林出版社2011年版,第182页。

性被总结为适度和聪明、公正和勇敢①,中世纪的德性则强调对上帝的虔敬,近代西方将自由、平等、博爱作为普世性道德……而现代社会为应对人与自然矛盾的激化,生态伦理将"同情""敬畏""共享""尊重""责任""智慧"等作为人类生态道德应体现的重要美德。

(1)同情。同情被情感主义伦理学视为最深刻的道德心理动机,而在生态伦理中,对有感知能力的动物的关爱之所以被视为道德应该,也是因为同情的道德品质或情感所致。生态伦理中仁慈主义、动物权利和动物解放论者,把感受痛苦和快乐的能力视为一个存在物获得德道关怀的本质特征,认为拒绝关心它们的苦乐是没有德性的表现。就像人与人之间不会因肤色、种族不同而丧失对同类苦乐的类似感受一样,对于有感知能力的生命体,人也不该歧视它们,而应该"将心比心",体味他物的痛苦与不幸,情及万物,感同身受,使同情他物的不幸遭遇也成为人常态化的情感反应。对他物的同情既是人类道德素养高低的体现,也是施恩于他物并可能得到回馈的道德行为的扩延,有利于构建与他物的融洽关系。具有生态德性的人,必定富有深厚的同情之心。

(2)敬畏。这里的敬畏不是基于对暴力、惩罚或权力的畏惧,而是源自内心深处的一种认知与信仰。生态问题恶化的一个重要认识论根源,在于人对自己和自然认识的不足,确切地说是人的狂妄自大、无所忌惮。生态系统的巨大性、复杂性、反应的迟滞性、累积性等特点告诉人们,你眼下看到的并不是最终的结果,当你对他物的存续有可能带来损害时,一定有要敬畏之心。这种敬畏之心,有时是对"无知之幕"不可把控的预估,有时是对万物有灵的信仰,有时是对生命本身深深的珍惜。在处理与他物关系时,有了敬畏,便有了对自我行为的自省与约束。史怀泽生态伦理思想的核心是"敬畏生命"的价值信仰,包括伦理地肯定世界和伦理地肯定生命,"真正伦理的人认为,一切生命都是

---

① 〔瑞士〕克里斯托弗·司徒博:《环境与发展——一种社会伦理学的考量》,邓安庆译,人民出版社 2008 年版,第 139 页。

神圣的,包括那些从人的立场来看显得很低级的生命也是如此。……在他体验到救援生命和使他们避免痛苦、毁灭和欢乐时,敬畏生命的人就是一个自由的人。"①史怀泽的伦理思想与他曾有的基督新教虔诚信仰的熏陶有重要关系,他以自己的行动将宗教与人性的提升结合起来,将内心的宗教情怀与"敬畏"的德性结为一体,认为"敬畏一切生命是自然的,完全符合人的本质。"②长怀敬畏之心,方有谨慎之行。

(3)共享。"共享"是一种道德价值观念,是一个伦理原则,是一种伦理价值目标③,也是维护生态共同体利益的德性体现。利奥波德、阿伦·纳斯、罗尔斯顿等生态伦理学家主张将自然物作为道德关怀的对象,提出人对其他存在物的义务,实际上是将人与其他存在物看作是一个生态共同体,该共同体与人这个"类"具有某种"同质性"④。神学伦理学从"我是谁"的角度回答了人与他物的关系:我是这个世界上同样为上帝所爱的共同体中的人,作为这样的人,我和居住在地球客栈的其他存在者一样,只是一位普通的旅客。⑤ 如果有德性的人将某物纳入伦理共同体的范围,认可其与自身的共同性,那就可以从情感或理性的角度希望与共同体中的其他成员一起共享该共同体带给成员的福利,并且将这种希望与他物共享的心理或行为选择视为具有自觉意识的共同体成员应有的品格。小孩具有与其他孩子共享自己喜爱之物的天性,我们通常将这种性格或行为称作"大方"或"慷慨",其实就是一种"独乐乐"不如"众乐乐"的"共享"品性。万物不同而相通,生态伦理学的兴起使得当代人越

---

① 陈泽环:《敬畏生命——阿尔贝特·施韦泽的哲学和伦理思想研究》,上海人民出版社2013年版,第18页。

② [法]阿尔贝特·施韦泽:《敬畏生命——五十年来的基本论述》,陈泽环译,上海社会科学出版社2003年版,第111页。

③ 向玉乔:《共享发展理念的伦理基础》,《伦理学研究》2016年第3期。

④ 陈越骅:《伦理共同体何以可能——试论其理论维度上的演变及现代困境》,《道德与文明》2012年第1期。

⑤ [瑞士]克里斯托弗·司徒博:《环境与发展:一种社会伦理学的考量》,邓安庆译,人民出版社2008年版,第46页。

来越觉识到人的幸福生活与生态环境的密切关系,醒悟到人应该有对自身和自然生态的双重道德关照,生态德性是幸福生活的基础与复归。① 让万物与自己共享自然界的美好是高尚人格和情操的体现。

(4)尊重。生物中心论的代表人物保罗·泰勒认为生态伦理学应该包括三个方面的主要内容,即构建生物中心论的世界观、形成尊重自然的态度和约束道德代理人的规范和准则,其中"尊重自然"是这一理论体系的中心。尊重自然是建立在超越个人情感和私人关系之上的理性态度,而且是终极性的伦理态度。对于道德关怀的对象,道德代理人有义务把它当作一个自在的目的,增进或保护它的好。② 这种伦理态度建立在对自然规律正确认识的基础之上。张世英说:"自然界的规律性和必然性是按照主客关系的思维方式来认识的。……对于在主客关系中所认识到的规律性和必然性可以采取两种不同的态度:一是在万物一体思想的指导下主动积极地肯定规律性和必然性,或者用尼采的语言来说,用'爱'的热情对待规律性和必然性……另一种态度是被动地屈从必然性,甚至对必然性采取敌视和仇恨的态度……""是主动顺应自然规律和必然性,还是反其道而行之,乃是人与自然能否相通相融、能否和谐相处的关键。"③在传统伦理学中,相互尊重是人与人、人与社会相处的基本德性要求。人类社会的公共道德出于"人是目的"的深层动机,要求社会成员的行为不能损害或妨碍他人自由或合理意愿的达成,即要求人与人之间要彼此尊重。在生态伦理的视域里,每个存在物都有其在生态系统中的独有地位和作用,有其自身的好,自然界有它的规律性和必然性,如果人类不妄自为大,只是把自身视为生态共同体中的一员(尽管在某些方面有自己的优势),那么也就应该以"尊重"(爱)的态度与其他存在物相处。唯其如此,那些粗暴、蛮横

---

① 阮晓莺、杨勇:《生态德性与幸福生活:从理论逻辑到价值期待》,《福州大学学报》(哲学社会科学版)2017年第2期。

② Paul W. Taylor, *Respect for Nature: A Theory of Enviromental Ethics*, Princeton University Press, 1986, p.75.

③ 张世英:《哲学导论》,北京大学出版社2002年版,第278页。

地对待其他存在物的行为才会因为人的这种"修养"而止步,人也会因此而彰显自身的高贵与尊严。

(5)责任。责任涉及道德的主体性问题。我们不能否认具有能动性的人类是道德主体、道德代理人,也因其在道德系统中的这一地位,便有了承担相应责任的义务和德性要求。强势的人类中心主义坚持的伦理学是一种掠夺性的伦理学,将征服和占有自然视为人类的骄傲,结果带来了对人类生存条件的污染、破坏和摧毁,最终导致对人类利益的威胁与背叛。生态伦理希望人类作为道德代理人,承担起对当代人、未来人以及其他存在物的伦理责任。蕾切尔·卡逊通过提供关于 DDT 和其他杀虫剂毒死鸟类的科学资料,提出人对生态安全应负责人,污染不是意味着工业财富,而是一种反自然、反社会的不负责、没有道德的行为。① 德裔美籍哲学家汉斯·约纳斯(Hans Jonas)在探究现代技术给人类和地球带来深刻影响的基础上,提出了对生态共同体、对未来人的道德责任问题,他认为由忧虑、敬畏和谦卑支撑的责任伦理,在对人类行为后果的知识有限的情况下,谨慎(因有责任)成为更高的德性。人需要对自身和大自然的未来负责。② 近年来,由工程技术带来的环境隐患也引发了对工程技术人员道德责任的思考。美国工程伦理学者查尔斯·E.哈里斯(Charies E.Harris)等人区分了技术工程领域的法律责任与道德责任,认为前者会因伤害而受到人身或经济上的惩罚,其原因可归为恶意、鲁莽、疏忽,此三种情况的法律责任是递减的,在法律威慑减弱的情形中,道德关照、道德责任是必要的,否则,"可能只会导致某种更加精于计算的、合理关照的'符合法律'的虑",这是一种"初步的""有条件的责任"③。作为有生态伦理情操的道德主体,对他

---

① [美]J.R.麦克尼尔:《阳光下的新事物:20 世纪世界环境史》,韩莉、韩晓雯译,商务印书馆 2013 年版,第 339—340 页。

② 参见[瑞士]克里斯托弗·司徒博:《环境与发展:一种社会伦理学的考量》,邓安庆译,人民出版社 2008 年版,第 242—243 页。

③ [美]查尔斯·E.哈里斯(Charies E.Harris.jr.)等:《工程伦理——概念与案例》,丛杭青等译,浙江大学出版社 2018 年版,第 62 页。

人、对社会、对未来人、对生态共同体承担爱惜和保护的责任,会逐渐内化为有情感、有意向、有认知、有身份认同的个人道德素养和人格特征。

（6）智慧。德性是道德主体的道德能力、性情和力量的综合体现。亚里士多德将人的德性与幸福统一起来,认为智慧、美德、休闲是构成幸福生活的基本条件,其实智慧也是一种美德。这种美德既需要领悟大自然展现给人类的共生、循环、平衡、演进、整体等灵性,也需要从已有的伦理传统中汲取道法自然、天人合一、民胞物与、参赞化与等精神营养,还需要一种形而上的哲学整体主义世界观。存在主义者以"此在"说明人与他物的关系,"此在"在世界之中,与自身、他人、社会乃至整个生态系统构成一种互动性关系。"此在"能感知到自身的存在,也能感知到他者的存在。"此在"是一种智慧存在,能够认识世界中价值的客观性,而且作为自然界目的性的最高体现,形成的不是一种近距离,而是远距离的伦理理念。① 智慧意味着能够透过现象抓本质,能够关注当下、预估未来,能够见微知著,能够胸怀大局。如今,在社会发展、城市建设中,"生态智慧"已成为一种价值引导和实践指向②,那么,对于生态文明时代的道德主体来说,具备人格层面的生态智慧亦是一种道德素养。

上述生态德性,既有对人之传统德性的继承与扩延,也有因对生态环境的关爱所引致的人格要求,总之是一种建立人与自然友好关系的人格与品性,同时也是一种更为崇高的人生境界。当然,作为道德主体的生态德性,除了上文所及的同情、敬畏、共享、尊重、责任、智慧外,应该还有其他的德性体现,如有的生态伦理学者将谨慎、节制、公正等也视为生态道德主体的应有品格。生态美德所包括的具体内容有待进一步关注和探讨。

---

① 方秋明:《比维特根斯坦更伟大,比海德格尔更有用——汉斯·约纳斯〈责任原理〉评介》,《社会科学评论》2016 年第 1 期。

② 在应用层面,生态智慧一般是从技术指标、运行系统等角度理解的,但其指标体系一般会涉及自然、社会、经济等多个方面,说明生态智慧是一种整体性、综合性的智慧,非"器物"层次上的知识或谋略。关于生态城市的构建及评价请参阅于小兵等:《基于 TOPSIS 的江苏省生态智慧城市建设研究》,《生态经济》2018 年第 5 期。

（二）生态道德规范的建构

人类道德在发轫之际便是一种公共社会实践，它提醒人们做他该做的事情，尽到作为良好公民的职责，成为值得信任和赞赏的社会成员。① 道德行为的选择与实行，既以道德主体德性修持为基础，同时又需要道德规范的引导与警训。道德作为建立社会秩序、调整社会关系、实现自我价值的自觉和自律，其效力的发挥有赖于道德主体的德性之维，而道德主体的道德塑型则是道德规范内化的结果。道德规范体现着道德的目的，规定着道德主体精神的发展方向，制约着道德主体的行为选择，是具有普遍性的行为准则。这种行为准则具有定向和范导意义，它是一种当然之则，是"应当"的原则表达，是对崇高和神圣的追求。与道德主体的内在德性相比，道德规范是外在的、他律的、带有"你应当"命令式的特点。这种命令式的要求，虽然与行政或法律的强制不同，但也是对道德客体的一种约束与制约。如果说德性要解决的问题是成就什么样的人，那么道德规范可以说是将道德认知凝练、提升为应当做什么的价值追求，以引导、规劝、肯定和赞赏的方式使得某方面的道德目的能够实现。道德规范为道德激励、道德制裁、道德向心力的形成提供标尺。道德个体只有认同了普遍的规范才能真正成为道德共同体中的成员。道德规范是理论层面的一种教化，也是对经验层面理想人格的一种模仿和提升。作为社会凝聚、秩序维系的准则，道德规范是社会成员道德行为的范导、标准和依循。在不同的历史时期，人类道德规范的内容会因时代的要求而有所调整和变革。中国封建社会以儒家的"仁"为核心，构建出了忠孝、爱民、慎独等道德规范；西方资产阶级启蒙运动，在"自由"的旗帜下，建构出平等互利、重视人权、遵守契约、保护隐私等道德规范；新中国成立及改革开放以来，我国开展了"五爱""五讲四美三热爱"、社会主义荣辱观教育等多种道德教育活动，颁布了《公民道德

---

① ［美］约翰·罗尔斯：《道德哲学史讲义》，张国清译，上海三联书店 2003 年版，第 6 页。

建设实施纲要》,提出了"爱国守法、明礼诚信、团结友善、勤俭自强、敬业奉献"的 20 字基本道德规范;中国共产党第十八次全国代表大会进一步从国家、社会、公民三个维度将新时期的价值目标确立为:富强、民主、文明、和谐,自由、平等、公正、法治,爱国、敬业、诚信、友善,这"24 字"既是社会主义核心价值观的体现,也是引领整个社会道德行为的基本准则。《新时代公民道德建设实施纲要》从社会公德、职业道德、家庭美德、个人品德等方面对新时代我国公民的道德建设提出了总体要求,将保护环境作为社会公德的重要内容,要求"积极践行绿色生产生活方式","坚持人与自然和谐共生,引导人们树立尊重自然、顺应自然、保护自然的理念,树立绿水青山就是金山银山的理念,增强节约意识、环保意识和生态意识。""引导人们向往和追求讲道德、尊道德、守道德的生活。"①鼓励公民做保护生态环境、建设生态环境的好公民。与此同时,针对不同的社会问题,还需要从不同的角度出发,确立应对和解决相应问题的原则和规范。如今,生态伦理作为旨在化解生态环境危机的新型伦理,其社会功效的彰显要在"立人""立言"的互动交融中方可兑现,亦即需要将生态德性的培育与生态道德规范的建立与倡导结合起来,才可能使道德主体自觉选择珍惜和爱护自然生态的道德行为。

1. 生态道德规范建构的基本原则

生态伦理规范的建构,应该在继承和吸收古今中外积极的生态伦理思想养料的基础上,基于时代和现实的需要,体现人性完善、保护地球、维护人类整体利益的价值取向,形成基本的指导思想和方法论原则。

生态道德规范体系的探索与建立是社会主义道德建设的时代需要和重要内容,也是生态文明的精神内核,是生态文明建设的基础和支撑。道德规范的建构是一项涉及面广、任务艰巨同时又很重要的基础工作,我国著名伦理学家

---

① 《新时代公民道德建设实施纲要》,《人民日报》2019 年 10 月 28 日。

罗国杰指出:"社会主义法律体系的建立和完善,在我国,是有专门的立法、检察等机构进行的。但在我国,却没有一个专门从事社会主义道德建设的专门机构",要"充分认识建立社会主义道德体系的紧迫性、重要性、艰巨性和长期性","要把建立社会主义道德体系的工作,看作一件重要工作,摆在突出的地位,使社会主义道德体系的建设落到实处。"①道德规范是连接道德理念与道德行为的扭结。道德规范既包括普遍的、抽象的规范,也包括特殊的、具体的规范;既有不同层次的道德规范,也有不同领域的道德规范。我国社会主义道德规范体系的建构一般涉及社会公德、职业道德、家庭美德和个人品德四个层面的内容,社会公德是人们社会公共生活中应遵守的道德规范,包括文明礼貌、助人为乐、爱护公物、保护环境、遵纪守法等;职业道德是人们在职业活动中须依循的行为准则,包括爱岗敬业、办事公道、诚实守信、服务群众、奉献社会等主要内容;家庭美德是人们在家庭生活中应遵循的道德准则,包括尊老爱幼、男女平等、夫妻和睦、勤俭持家、邻里团结等内容;个人品德是个体的人在日常生活中应坚持的道德规范,主要包括公道正直、忠诚守信、仁爱礼让、勇敢进取、勤劳节俭、谦虚谨慎等内容。② 王海明在他的《新伦理学原理》中提出了善(道德总原则)、公正、平等、人道、自由(国家层面的善待他人)和幸福(善待自我道德原则)几条道德原则,也概括出了人类社会的八条普遍道德规则(范),即诚实、贵生、自尊、谦虚、智慧、节制、勇敢、中庸,从而搭建了道德规范体系的基本框架——道德原则与道德规则的相互支撑,"确证了人类社会所当普遍奉行的优良道德规范"③。这些研究成果为生态道德规范的构建提供了很好的伦理思想资源,其中有些内容直接涉及对于生态环境的伦理态度,可归入生态道德规范体系之中,如公共道德中的"保护环境",职业道德中的"奉

---

① 罗国杰:《社会主义道德体系研究》,中国人民大学出版社 2018 年版,第 30 页。
② 王泽应:《马克思主义伦理思想中国化最新成果研究》,中国人民大学出版社 2018 年版,第 227—228 页。
③ 王海明:《新伦理学原理》,商务印书馆 2017 年版,第 602—603、652 页。

献社会",家庭美德中的"勤俭持家",个人品德中的"勤劳节俭"等。

但是,与人类社会一般的、普遍性的道德规范相比,生态道德规范有它的特殊性,它所关注的是处于不同社会角色的行为者的活动内容对生态环境的影响问题,从而试图以道德调节的方式改变他们对待生态环境的态度与行为。生态伦理规范应从生态环境保护的现实需要出发,体现正义、责任、惜物、整体性的基本原则。

(1)正义原则。从某种意义上说,生态伦理是对那些应该得到道德关怀的动物、植物、无机物以及不可能在当下表达自身诉求的后代人利益的一种忧虑和维护。在现实性上,"此在"的人类是资源占有和利益分配的主宰者,在处理代内关系、代际关系、种际关系时,如果缺失了道德上的正义感和公正心,人之外的其他存在者就很难得到道德关照,其存续迟早都会受到威胁。在构建生态伦理规范时,对正义原则的坚持意味着承认生态系统中的每个因子都有其在自然界中的应有地位,尊重自然、顺应自然、保护自然是人类的应有态度;生态环境是公共产品,人类(包括未来的人类)有权享有生态环境带给人类的福利,对于给生态环境带来损害的行为,应该予以相应的惩处并促使其进行生态补偿。生态正义(环境正义)也是一种环境责任与义务的对等要求,对于有能力占有更多环境善物(清新的空气、清洁的水、未受污染的土地等)的优势群体而言,应该承担减少或消除环境恶物(受污染的水、受污染的空气、有毒废弃物、环境风险等)的更多责任与义务。正义原则在生态伦理规范构建中可说是一种最高的伦理要求与实践目标。

(2)责任原则。在义务伦理学看来,责任是道德的基础。① 只有在涉及行为主体责任的地方,我们才可以讨论道德问题。生态伦理作用的发挥,有赖于

---

① 至于责任的归因是理性还是意志,学界依然在探讨之中。从道德形成的机理上说,道德意识的觉醒与教育、知识和理性的提升相关,而对道德行为的评价则需要引入意志"自愿"或"不自愿"的判据,需要以自由意志作基础。参见聂敏里:《意志的缺席——对古典希腊道德心理学的批判》,《哲学研究》2018 年第 12 期。

社会成员对生态道德本分有一定的认知并勇于担当相应的责任。在生态道德规范构建的过程中,应突出道德主体以伦理生活的方式对待人以及人之外的其他存在物的道德责任。人作为具有理性和意志自由的行为者,应认识到人之为人的特殊使命和应有担当,醒悟到给予地球上的存在物以关照、爱护、珍惜是我们的道德义务,也是道德崇高的体现。只有在具体的道德规范中折射出当责誉之、失责毁之的公俗良序,形成保护地球、人人有责的社会风尚,人类对待生态环境的不当行为才可能得到遏制和改善。在确立生态道德规范时,必须明确道德代理人在处理与生态环境相关的关系中应承担的道德责任与义务,无论道德代理人是个人、集团、政府还是一般意义上的人类整体。当然,责任主体越明确,责任范围约清晰,责任的落实就越容易。但是,道德责任有其自身的特点,它主要是一种自律行为,依靠道德主体的自觉自愿。生态环境的外部性和公共物品性,容易使道德的回馈模糊而梳离,这就需要一种外部的道德施压与牵引,需要政府和社会生态道德环境的营造。

(3)生活原则。社会生活是伦理关系发展的生长点,也是道德发力的基本平台。道德规范的建构不应是空泛的宏大叙事和道德幻想,也不能仅限于严肃的理论辨析,而应将切近现实,引导生活作为根本目标。生态伦理实际上是一种新型文明的塑造,它要为人们如何获得美好提供道德指向。因此,生态道德规范需要关心"现实的人"(马克思语)的生存境遇,从衣食住行等生活环节着眼,使人们的日常生活有德可依、有规可循。这样一来,无论是个体的人还是由社会组织凝聚起来的人群共同体,皆可以从我做起,从身边的事情做起,使道德规范的作用真正发挥出来。从一定意义上说,生态伦理学是一种应用伦理学,它的产生是基于生态环境的恶化,它的目的是为化解人与自然的冲突提供伦理方案和指引。人们的日常生活具有经常性、相对稳定性、习惯性等特点,生态道德规范的确立必须以人们的实际生活为着眼点,在提出原则性的理念和准则的同时,还可以考虑生活中的细节和情境,从操作性的层面上做相应的规约和引导,如制定节约用水、节约用电、垃圾分类与投放、绿色出行、废物利用等符合生态伦理要求的一些行为准则。

（4）系统原则。生态问题是复杂因素的综合体，涉及体量庞大的自然界，也关涉盘根错节的社会生活的方方面面，对这一复杂问题的伦理调节必须是系统的、综合的。生态伦理学对于环境的认识不是单纯的自然客体，而是生态环境、社会环境、人文环境的互动与交融构成的整体。人类生存环境恶化原因是多方面的，其中社会原因包括政治制度、经济体制、文化信仰、个体人格特性等，驱动力量涉及人口、技术、流动性等因素，环境恶化对自然界带来了多样性减少、沙漠化、温室效应、水污染、大气污染、土壤污染等问题，也导致了人类社会生存空间受限、生态体系功能下降、自然资源匮乏、废物泛滥等困境。而在人与环境冲突不断发生的过程中，人类也慢慢学会了通过社会运动、政府行为、市场、宗教文化、道德信仰的革新方式应对和化解二者之间的矛盾。所以，人类与环境是难以分割的共同体。人类所有的生活领域，生产、交换、消费、日常活动都可能对生态环境产生影响，也就需要从一定角度，包括伦理道德的角度对其行为进行规范和调节；其间的行动主体包括了个人、集团（企业）、社会组织、政府乃至人类整体，也涉及人类文明成果的各个领域和方面。《气候变化的治理——科学、经济学、政治学与伦理学》一书在前言中提出这样一个问题：为什么气候变化问题如此棘手？主编指出，除了有关气候变化的物理效应、解决此问题的经济成本和收益的争议外，它还涉及权力、社会正义和分配等问题，"气候变化的伦理含义同样深奥"，这一全球性问题处在一个资源需要不断高涨、而资源储备又越来越稀缺的时代，如何利用和分配这些资源十分关键。从伦理上说，既然人类意识到了气候变化暗含的威胁，就有义务阻止它的发生。① 如同气候变化形成的原因一样，生态环境问题是具有复杂性和综合性的全球性问题，如果要从伦理的角度促使该问题的解决，就必须要有综合性、系统性、全局性视野。

正义原则、系统原则、责任原则、生活原则作为生态伦理规范构建的思维

---

① ［英］戴维·赫尔德等：《气候变化的治理——科学、经济学、政治学与伦理学》，谢来辉等译，社会科学文献出版社2012年版，第7—9页。

框架和行动指向,意在体现其在目标、范围、核心与表达方式上的不同要求,从而为具体生态伦理规范的建立提供指导。

2. 生态道德规范的探索

随着生态文明建设的推进和人们环境保护意识的增强,生态道德越来越受到人们的重视,但是,在社会活动和日常生活中如何按照生态道德的价值取向去做,并没有比较系统、成型的规范体系。因此,对比较具体的生态道德规范的探索是应该予以重视的一项工作,这里从生产、消费、日常生活、公共生活、科技发明与利用等领域着眼,对生态道德规范进行探索和设定,或许可以为人们自觉践行生态道德提供一些观念指引和行为选择。

(1)生产领域的生态伦理规范①

工业文明带来的以资本逻辑、经济利益为标向的生产方式是导致生态危机的最现实的社会原因,防止和缓解人类活动与自然生态的冲突,除了制度层面、技术层面的约束外,生态道德领域的引导和制约也是必要的。从宏观角度上说,社会化的大生产包括了直接的生产过程,也包括生产、交换、消费等基本环节,此处仅就具体的、直接生产过程中的生态伦理规范进行探讨,主要从产品生产、产品包装两个方面做以说明。

生产之生态道德规范——安全节能不伤害。这里的"生产"包括"观念的生产"和"产品的生产","观念的生产"即前期的设计,"产品的生产"是指直接的生产过程。在设计阶段,应尽最大可能预估生产活动可能对生态环境带来的负面影响并提出解决办法,不可只求经济效益不顾生态后果。由于每个工程、每种产品都是在特定的环境和条件下施工和生产的,不可能用统一的标

---

① 按照李泽厚先生的理解,伦理主要指一种公共规范,是群体对个体行为的要求、命令、约束、控制和管辖等,道德主要表现为个体自觉行为和心理,包含着理性和情感的某种心理结构,是善念和善行的统一,以理性主宰欲望、情感、本能为特征。故此,本书在涉及企业时用生态伦理规范,谈及个人时用生态道德规范。参见李泽厚:《伦理学纲要续篇》,三联书店 2017 年版,第334 页。

准作出规定,因此,除了环境评价的技术要求外,还需要在设计阶段纳入生态道德规范,对相关责任人予以伦理约束①,以避免方案实施后给生态环境带来破坏和污染。直接生产中的生态道德,意味着产品的产出和使用一方面要保证对人体健康、生态环境无论从长期还是短期、直接还是间接上都无可预见的伤害,是安全的,如果觉察到不利影响,应尽快采取办法停止或尽最大可能减少不安全情形的发生;另一方面,将清洁生产、循环生产、绿色生产作为基本理念贯穿于生产之中并视为对保护资源环境的一种责任和义务,不仅仅是对政策法律的贯彻和遵守。同时,在将技术用于生产中时,对于其环境影响要有长远和整体性的评估,意识到"我能做的并非一定是应该做的",充分重视和理解由此带来的环境影响。卡逊关于 DDT 对生物、人体和生态环境危害的揭示既有生态知识的补充与完善,也有生态道德的呼吁与倡导,表明产品的生产和使用需要生态意识和道德观念的双重规制,从而形成对生态安全负责任的道德立场。

包装之生态道德规范——求实简约不过度。产品包装作为生产的终点,其本真功能是保护产品、易于携带、方便运输和储藏,但在消费主义盛行的当下社会,包装却越来越远离其本意而附着过多的虚妄意义和推销任务,在给人们购物带来蒙蔽的同时,也使过度包装带来了不应有的资源耗费和环境污染。根据包装目的不同,通常将其分为销售包装、运输包装和快递包装,不同类型的包装有着不同的生态道德隐患。就销售包装而言,存在的问题主要是过度包装。相信许多人都曾看到这样的情形,一盒月饼,包装可能有六七层之多:

---

①　世界工程组织联盟提出的工程师环境伦理规范包括:1. 尽最大努力取得卓越技术成就并有助于增进人类健康和提供室内外的舒适环境;2. 使用尽可能少的资源并产生最少的废物和污染;3. 特别关注方案和行为的后果对人类健康、社会公平和生态系统产生的影响;4. 充分论证方案对包括自然、社会、经济、审美等在内的所有生态系统的影响并确定有利于环境和可持续发展的最佳方案;5. 增进对维护环境行动的深入理解,将可能遭到干扰的环境改善意见写进方案;6. 拒斥不公平地破坏居住环境和自然的委托并通过社会、政治协商的办法寻求最佳解决办法;7. 认识到生态共同体是人类持续生存的基础并有不可持续的边界。参见李正风等:《工程伦理》,清华大学出版社 2016 年版,第 100—101 页。

最里层为一个一个的白纸包裹,纸外是单个的纸盒包装,纸盒外有塑料覆盖,单个纸盒外有大纸盒,大纸盒外又裹一层塑料,精致一些的,又把装好的月饼放入木质的盒子,最后再放到手提袋里……一个 8 块装的礼盒,月饼本身可能就几十或百元左右,而层层包装后标价往往在几百元,真可谓劳民伤财!产品包装华而不实的情形是生态道德意识低下的表征。运输和快递包装中存在的生态环境问题主要表现为包装材料的选用对环境的负面影响,它在对行业和商家提出环保技术指标外,也需要以生态道德的方式体现对环境保护和资源节约的责任担当。2017 年 6 月 5 日,正值世界环境日,京东物流联合宝洁、雀巢等品牌商家发起了旨在提供绿色供应链的"青流计划",助推绿色快递①,宣传环保理念,履行了企业的环境责任,产生了良好的社会反响。正是由于生态环保理念和生态道德观念的树立,包装过程中对无胶带纸箱、全生物降解快递袋的使用才越来越受到更多商家的推崇。

(2)日常生活中的生态道德规范

鲍德里亚在《消费社会》开篇即指出:"今天,在我们的周围,存在着一种由不断增长的物、服务和物质财富的惊人的消费和丰盛现象。它构成了人们自然环境中的一种根本变化。……我们生活在物的时代……它是人类活动的产物","反过来包围人、围困人。"②日常生活带来的生态环境问题由人而起,也需要由人来解决。个体生态道德的建立是重要的途径之一。生态道德功用的发挥重点在于个体生态道德观念的树立和道德规范准则的实行。日常生活中的生态道德规范体现在具体的、现实的生活之中,与人们经常的、习惯性的行为方式紧密相连。我们也曾做过相关调查,就是在知识水平和道德意识总体较高的大学生群体中,也普遍存在认识和行为不符合生态道德要求的现象,需要道德规约和引导。这里试从日常生活中的衣、食、住、行几个方面进行

---

① 赵毅平:《包装与物流:从形式、功能到生态伦理》,《装饰》2018 年第 2 期。
② [法]让·鲍德里亚:《消费社会》,刘成富、权志钢译,南京大学出版社 2017 年版,第 1—2 页。

说明。

衣之生态道德——实用美丽不奢侈。对衣着的需要和讲究是人之生活的重要特点。衣服原初的功能主要是遮风御寒、保护肌肤。在人类社会发展史上,不同时期的不同群体对衣服及其装饰有着不同的价值追求和评价原则,服饰的分类和社会功能也纷繁复杂,有冕服、官服、女服、民服、丧服等,服饰成为一种"以服明理"的道器之用,传统服饰既有"娱神"功能,更离不开"娱人"作用。[①] 在自给自足的自然经济条件下,人类的服饰消费总体上说是务实的、有限的、简朴的。当代社会,服饰的生产和消费以不断膨胀的需求为导向,以工业化生产为基础,以市场运营为纽带,出现了服饰消费由欲望和利益控制的奢华和过度现象,消费主义文化成为时尚理念,人们服饰需求的数量和品种在不断提高和变化,带来的资源和环境代价是巨大的:畜牧业数量的增加,加大了草原的生态压力;各类矿产的开发,成为生态破坏的重要因素;饰物需求的多样化使得"虎死于皮、鹿死于角"的惨剧时有发生……为此,从生态伦理的角度出发,一方面,要对服饰消费的奢靡之风加以遏制,对奢华品牌,特别是以稀有资源为原料的奢侈衣物进行道德"不赞成"亮牌,也可动以制度约束,通过征收高额税金予以限制;另一方面,就一般消费者而言,应该秉持实用、美丽、够用的原则,尽量使每一件衣物能尽其用,反对不停购买、很少穿用的不理性、不节约行为。就通常意义而言,服饰消费是一种私人行为,似乎与社会和道德无涉,但理性消费衣物意味着对自然资源的合理使用和保护,是对"公共义务"的一种落实,因而具有生态伦理意义。

食之生态道德——健康环保不浪费。在中国传统文化里,"食"是"民"的"天","天"意味着天经地义、理所应当。但是食什么、怎样食却存在着一个如何对待生态资源和人体健康的道德问题。首先是食用的对象应该符合生态道德的要求,为享口福和摆阔气暴殄天物,猎取和食用受保护动植物的行为应该

[①]　蒋建辉:《中国服饰文化的伦理审视》,博士学位论文,湖南师范大学,2015 年。

坚决拒绝,食用物品应符合自然规律和人体生态规律的要求,对自然环境和人体自身的稳态续存能够产生长期的积极效用;其次是食的方式符合节约资源、保护环境的目的。为食鲜味而残忍熟制活体动物的做法应该摈弃,食品外卖尽量减少不合理的包装,食物运送过程的包装物很多是可以继续使用的,但消费者往往是"用过即扔",不能做到物尽其用;食之过程中浪费现象必须改变。在中国,随着经济的发展和全面小康社会的到来,吃的问题不再是一般家庭担忧的问题,但是在朋友聚餐、婚丧嫁娶宴席、商务宴请及平日吃饭的过程中,摆阔显贵、铺张浪费、剩菜剩饭现象非常普遍,很多人意识不到浪费是一种不道德现象,甚至有人认为吃不了打包带走是一种为人小气的表现。如果有了食之生态道德,每个社会成员都成为道德利益的相关者、实践者和监督者,那么如果有消费者在某餐厅用饭时有浪费现象,餐厅经营者就有义务要求他打包未吃完的饭菜,因为他浪费的是整个社会的资源。

住之生态道德——宜居舒适不攀比。"住"是与"生态"一词含义最为接近的一个概念,是"家""家园"的动态体现。住之生态伦理涉及建筑物选址、工程设计、建筑用料、外观装饰、环境美化等方方面面,不断扩延的住宅建筑,快速膨胀的城镇规模,都需要支付昂贵的环境成本。这里主要是从家庭或个体消费者的角度来考量其中的生态道德问题。住宅的宜居舒适,一方面与住房所处位置的自然地理条件相关,另一方面也关涉居住者对房内环境的装饰布置,就前者而言,居住者在不对生态环境形成较大负面影响的前提下,选择能够给人带来健康愉悦的居住环境是生态伦理的应然之意,就后者来说,居住者在装修装饰过程中,应该本着实用、环保、简约的原则,尽量避免因繁琐、显阔产生的资源使用过多又无太多实用或观赏价值的做法。对居住大小的选择,也存在着一个生态伦理问题。无论是"乡居"还是"城居",住房建筑的本质在于"栖居",应与生存需要保持一致①。常言道:广厦万间,夜眠七尺,在人

---

① 陈福滨:《居宅环境伦理的本质内涵及其价值追求》,《东南学术》2018 年第 2 期。

口不断增多,资源储备有限的当代社会,房屋的大小应该主要以居住者实际需要为着眼点,不应有财大气粗、盲目攀比之举,须知无论是土地还是建筑材料都是地球上的有限资源,你的过度占有会给他人或后代的生存与发展带来隐患,至于为逝者建造大型豪华墓宅的做法就更是应该坚决杜绝!

行之生态道德——绿色低碳少污染。在现代化背景下,人类社会的交通运输工具和动力发生了质的飞跃,以化石燃料为动力的轮船、汽车、火车、飞机等成为主要交通工具。这些交通工具的广泛和大规模使用成为能源消耗最多的领域,大型交通工程建设所到之处,耕地被大量占用、草原消失、野生动物失去家园等,带来的生态环境问题是最集中的。如今,汽车社会在中国已成必然之势,城市大气污染的主要来源是汽车尾气,而轮船则是远海污染的唯一肇事者。人类社会的经济发展与生态环境之间始终存在着矛盾关系,我们无法做到为了维护生态环境而不去改变人的生存条件,问题是不能为了人类自身的便捷与舒适而使整个生态环境受到破坏和威胁,因为人就生活在其中。为此,行之生态道德,既要求设计者、施工者在为"行"铺垫的交通工程中体现节约资源、维护生态平衡的原则,更提倡社会所有成员在日常出行、游玩的过程中,根据实际情况,尽可能选择步行、骑自行车、乘坐公共交通等低碳方式。低碳出行既是强身健体的健康生活方式,也是节能环保、爱护环境的道德行为。在全球一体化背景下,"行"的原因与目的也越来越多元化,其中领略不同地域的人文景观和自然风光风越来越成为人们追求"美好生活"的具体方式,由此引发的生态问题也不应小觑,除了采取行政手段外,通过生态道德的宣传与教育,告诉人们维护风景地完好、护存名胜处原貌不仅是个人修养的表现,也是生态大德的要求。

2018 年环境日到来之时,中华人民共和国生态环境部、中央文明办、教育部、共青团中央、全国妇联等五部门联合发布了《公民生态环境行为规范(试行)》①,内容包括关注生态环境、节约能源资源、践行绿色消费、选择低碳出

---

① 生活环境部网站,2018 年 6 月 5 日,见 http://www.mee.gov.cn/xxgk2018/xxgk/xxgk01/201806/20180606_629588.html.

行、分类投放垃圾、减少污染产生、呵护自然生态、参加环保实践、参与监督举报、共建美丽中国等十个方面,倡导人们从身边的小事做起并持之以恒,将"节约是一种美德""简朴是一种境界""低碳是一种道德能力"视为一种时尚理念和生活追求,秉持简约适度、绿色低碳的生活与工作方式,使生态环境道德内化于心,外化于行。将生态环境行为上升到国家层面加以规范,充分体现了生态道德对于生态文明建设的重要意义。

(3)公共生活中的生态伦理规范

如前所述,伦理最原初的功能就是调节和规范人们的公共社会行为,提醒共同体成员做他该做的事情,做守规尽责的良好公民。狭义的公共生活一般是指以国家、政府为载体的社会政治生活,广义的公共生活则既包括社会政治生活,也包括其他的非私人性的,具有公共性的生活。公共性是针对私人性而言的,如果我们将人类生活中面对的事物分为"我的""他的""大家的",则"我的""他的"就是私人性的,"大家的"就是公共性的,反映的是人们之间利益关系的不可分割性。公共性是公共生活的本质特征,它体现在有众多私人参与并交互作用的过程和整体中。公共生活是"大家的"生活,是一起共在、共有、共享的生活领域。①

生态环境是"公地"、是公共产品、是"大家的"共同生活基础与条件。处理与生态环境的伦理关系,涉及生态环境规划、生态环境政策、生态环境法规、生态环境决策等许多环节,也与人们对待森林公园、湿地公园、地质公园、遗址公园、荒野等公共领域的态度与行为密切相关,前者我们可以统称为生态管理,后者称之为生态公地。在生态管理和处理生态公地事务的过程中,有如下几点生态伦理规范需要遵循:

尊重自然。尊重自然是生态伦理学最重要的价值理念,它将自然万物的存续视为理所当然、天经地义,认为每个存在物都有它在生态系统中的地位和

① 张国兴:《公共生活的伦理视野》,《河北学刊》2006 年第 6 期。

价值,值得我们重视和认真对待。曾子曰:"树木以时伐焉,禽兽以时杀焉。夫子曰:'断一树,杀一兽,不以其时,非孝也。'"(《礼记·祭义》)在处理与自然界关系的历史上,人类对待自然的基本态度经历了敬畏——顺从——征服——尊重的转变过程,尊重观念与态度的形成是在遭遇"自然报复"后理性审思的明智选择。中国共产党第十九次全国人民代表大会报告指出:"人类必须尊重自然、顺应自然、保护自然。人类只有遵循自然规律才能有效防止在开发利用自然上走弯路,人类对大自然的伤害最终会伤及人类自身,这是无法抗拒的规律。"①这表明对自然的尊重不仅是一个生态伦理问题,而且已上升为国家意志,成为社会发展中必须遵循的指导思想。

热爱自然。热爱自然是指喜欢、欣赏、呵护大自然的壮美、秀丽与奇特,对山川河流、花鸟虫鱼、森林大漠能够引起情感上的亲近,进而产生不忍污染、不随意改变、不破坏的珍爱情怀。对个人的德性培育来说,热爱自然能够陶冶情操、砥砺德行,对于公共生活中生态管理者、生态实践者而言,热爱自然意味着将保护自然作为一种道德情感和德道本分,在内心深处给自然环境及其附属物一种"民胞物与"的地位。因为热爱自然,也会选择善待自然。

共享自然。生态伦理追求人际、代际、种际之间的环境资源共享和稳定有序。共享自然一方面是指将自然界供奉给人类的种种恩惠最大限度地用于最大多数人,另一方面是指将其他存在物视为生命共同体与人类一起享用美好的生态环境。20世纪40年代后期,美国政府拟对加利福尼亚内华达山脉的美洲杉国家公园内的矿金峡谷进行开发利用,遭到以探究、享受并保护地球荒野为使命的塞拉俱乐部的指控,虽然官司最后以失败告终,但法院、法官的意见在环境保护史上产生了重要而积极的影响。当时法院的意见是:矿金峡谷在美学和环境方面的福利,就像优裕的经济生活一样,是人们生活质量的重要组成部分,许多人而不是少数人享受特定环境利益,认为开发峡谷"将毁灭、

---

① 习近平:《决胜全面建成小康社会　夺取新时代中国特色社会主义伟大胜利——中国共产党第十九次全国人民代表大会报告》,《人民日报》2017年10月28日。

或者对公园的风景、自然和历史遗迹以及野生动物造成不利影响,还可能损害未来世代对公园的利用",布莱克门大法官更是用"不要问丧钟为谁而鸣,它为你而敲响"警示对自然环境的破坏会殃及人类自身。① 虽然是一起司法案例,但其中的伦理意蕴亦不言而喻:生态环境是大家应该共享的资源,包括当代人、未来人和其他存在物。

向自然负责。在当代中国,生态环境安全被视为国家安全不可分割的重要组成部分,各级党政组织及主要领导要担负生态文明建设的政治责任。从生态伦理的角度上说,生态管理者是生态环境利益的代言人和保护者,在生态环境规划与布局、环境政策谋划与推行、环境工程设计与实施等实践中,要明确自身的角色与位置,树立向自然负责的道德理念,将守土有责、守土尽责作为一种神圣的道德使命加以落实。当生态环境与经济发展或地方利益出现冲突时,要以大无畏的责任担当勇于捍卫生态环境的整体利益,"要像保护眼睛一样保护生态环境,像对待生命一样对待生态环境"②。

(4)科学技术研究及应用中的生态道德规范

人是理性动物,道德理性与科学理性是人之理性的两翼,前者思考理性应该的目的,后者提供理性实现的手段。目的的实现需要手段的运用,手段应该由目的决定并服务于目的,这是二者的辩证关系。作为理性两翼的道德与科学对人类文明的促动并非不相交的平行线,而是需要相互照应和相互规约的。20世纪上半叶之前,人们以为科学是一个具有绝对真理的知识体系,应用它改造自然就能获得正确的结果,而不会产生对人、对环境有害的问题,结果招致了自然对人类的报复。耶鲁大学哲学系教授哈里斯指出:"世界比任何时候都更服从技术方法的无个性的专制,技术有使我们变成日益孤独、无根的难民的危险。"③这

① 严厚福:《塞拉俱乐部诉内政部长莫顿案的判决》,《世界环境》2006 年第 6 期。
② 习近平:《推动我国生态文明建设迈上新台阶》,《求是》2019 年第 3 期。
③ [美]卡斯滕·哈里斯:《建筑的伦理功能》,申嘉、陈朝辉译,华夏出版社 2001 年版,第11 页。

种局面的形成缘于科学理性与道德理性的认知错位:误将"能为"当"应为"。事实证明,科学理性需要与道德理性的结合才能使二者的"初心"皆得始终。1998 年,本着"没有人类在智力和道德上的团结就没有和平"的信念,联合国教科文组织组建了世界科学知识与技术伦理委员会,呼吁科学家需要对社会担当起道义责任。① 就科学技术对于生态环境的影响而言,不仅需要科学家而且需要"科学共同体"都具有道德意识和道德行为,因为生态危机的文化特质是:人以集体的有组织的方式对自然进行利用和改造。② 工业化时代的"技术律令"是:凡是我能够想到的就应该把它制造出来,"知识就是力量",能力就是应该。这样的理念带来了人利用科技对自然的大肆掠夺和破坏,加大、加快了人与自然矛盾的升级。如今,人们已逐渐认识到科学技术的发明与利用是充满风险的活动,必须有审慎的态度和强烈的责任感,"如果人类采取了一种非道德的态度运用科学,世界最终将以一种毁灭的方式报复科学"③。基于这样的认识,一种新的道德"律令"忠告科学家及其科学共同体:人有能力做的,并非一定是应该做的。根据这一总的行为原则,在生态环境保护领域,下面三条可作为科学共同体及其成员生态道德的基本规范:

维护整体环境利益。面对生态环境的约束和新科技带来的挑战,科学共同体既不能坚持过激的价值观念,阻止新科技的研究和应用,也不能只考虑是否有益于人类,而应该调整价值观念,如果新科技是有益于生态系统平衡与稳定的,即使暂时与社会伦理有冲突,也应该鼓励和支持;如果新科技在短期内能够造福于人,但从长远预期上有损于生态环境,则应该加以限制或禁止。为此,可以通过生态评估、社会监督、伦理自省等方式实现伦理规约"他律"与"自律"的功效。

---

① 程倩春:《论生态文明视域下的科技伦理观》,《自然辩证法研究》2015 年第 3 期。

② 薛桂波、倪前亮:《科学共同体的伦理之维》,《山西师范大学》(社会科学版)2006 年第 5 期。

③ [美]大卫·格里芬:《后现代科学的科学魅力的再现》,马季方译,中央编译出版社 1995 年版,第 86 页。

积极防范环境恶物。在认真研究特定领域的科技发明可能产生的环境影响下，对项目研究及后续应用提出合理化建议，避免相关生态及社会问题发生。世界上不少科学团体都在通过自身独特的科学实力和社会影响力发挥预防环境恶化的作用。英国的"基因观察"组织，通过开展咨询、出版论文、发布网络信息等方式，"确保基因技术能够为公共利益而开发和利用，并以促进人类健康、保护环境和尊重人权和动物利益的方式进行"①，防止基因技术对人类和生态带了不可逆的负面作用。对环境恶物的防范，科学家和科学共同体具有专业优势，最具有发言权，也应该将其作为一种环境义务体现在具体活动中。

勇于承担环境责任。2014 年 5 月，中国科学院学部主席团发布《追求卓越科学》宣言，呼吁科学家"遵守人类社会和生态的基本伦理准则，遵守科研过程中的科技伦理规范，珍惜与尊重自然和生命，尊重人的价值和尊严，必须避免对科学知识的不恰当运用，承担起对科学技术后果进行评估的责任，及时预测并向社会告知科学研究可能存在的风险和弊端，努力为公众全面、正确地理解科学作出贡献"②。科学研究及其应用需要科学责任和伦理精神，除了保证研究结果的真实可靠外，还要对人类自身及当下社会发展负责，对未来人的生存环境负责，对自然物负责，对人造物与自然的关系负责，对自然环境和整个地球生态系统承担不损害、不污染的责任。当有损于生态环境的科学活动出现时，科学家应该尽力阻止。

（5）国际环境合作中的生态伦理规范

环境问题是整个人类面临的全球性问题，需要各个国家、各个政府、各个区域、各个民族互协合力才可能真正解决。目前，环境与资源问题成为重要的国际不安全因素，发达国家和发展中国家在国际环境保护问题上存在较大矛

---

① ［美］希拉·贾萨诺夫：《自然的设计——欧美的科学与民主》，尚智丛、李斌等译，上海交通大学出版社 2011 年版，第 298 页。

② 参见程倩春：《论生态文明视域下的科技伦理观》，《自然辩证法研究》2015 年第 3 期。

盾和分歧,国际合作中的不同认识与态度,会对世界经济社会的持续发展产生不良影响,直接给人类环境保护事业的发展造成阻碍,因此,国际环境合作日益成为全球互动与国际合作的主要问题之一。在国际环境合作中,各方既要有经济、政治力量的考量,也需要体现人类共同的伦理精神。如果各方眼中只有己方的利益,长远的国际环境合作就很难达成,人类面临的生态环境危机就无法摆脱。国际环境合作中的生态伦理规范在中国政府推进生态文明建设的理论与实践中已有所体现,可以归纳为以下几点:

推动构建人类命运共同体。[①] 自从联合国斯德哥尔摩人类环境会议确立"世界环境日"以来,每年都会有不同的主题推出,而初次提出的"只有一个地球"是世界环境日永恒的主题。地球就是漂浮在宇宙中的诺亚方舟,所有人类都是方舟中的乘客,尽管舟上有不同的船舱,但每个乘客的安危与这艘大船是共命运的。在新时代到来之际,中国政府以全球视野加大生态文明建设力度,广泛开展国际合作,以负责任大国的担当提出推动构建人类命运共同体,这既是国家环境战略的明智定位,也是国际间环境合作应当具有的生态伦理追求。面对广阔巨大的生态环境及构成因素相互依赖、相互影响、相互需要的密切关系,人类在处理与之相关的问题时,需要一种更为宏阔的"类思维"[②],重新理解人与人、国与国、人与自然之间的关系,将"构建人类命运共同体"作为一种价值规范和交往秩序,排除堵塞通往这一目标的种种因素与力量,使"人类命运共同体"成为人们自觉追求的价值目标和行为导向。

促进全球生态安全。这是一种资源环境生态的红线思维[③],涉及大气安全、土地安全、水安全、生态系统安全等诸多方面,虽然主要由法律制度来捍

---

① 体现了中国人民对人类的深厚感情和负责的大国姿态,已纳入中国共产党第十九次全国人民代表大会报告。参见习近平:《决胜全面建成小康社会 夺取新时代中国特色社会主义的伟大胜利——在中国共产党第十九次全国代表大会上的报告》,《人民日报》2017年10月28日。

② 贺来:《马克思哲学的"类"概念与"人类命运共同体"》,《哲学研究》2016年第8期。

③ 《中共中央国务院关于加快推进生态文明建设的意见》,《人民日报》2015年5月6日。

卫,但在没有"全球政府"的背景下,生态环境的伦理引导与规约也是一种可以利用的国际力量。国际环境合作中对全球生态安全的维护,要求国际关系主体积极参加环境保护的国际活动,以务实、诚恳的态度为解决人类面临的生态安全问题作出承诺。促进全球生态安全既是一种保证人类生存所需条件的现实需要,也是以生态伦理精神向人类负责、向自然负责的道德选择,应该"树立共同、综合、合作、可持续的新安全观"①,为人类追求美好生活保驾护航。全球生态安全是人类共同的利益诉求,对它的维护理应成为国际组织、各国政府共同的价值取向。

维护全球环境正义。全球环境正义问题的提出,是源于发达国家与不发达国家、北半球与南半球、白种人与有色人种等全球范围内环境资源占有、分配、享有的不公平、不正义现象的存在。环境正义不仅需要法律表达②,也需要伦理表达。维护全球环境正义作为一种伦理诉求,需要国际环境合作的各方能够从人的天赋平等权、发展权出发,对环境责任的担当和人类整体生活质量的提升作出合情合理的决策。正义如果只是分配比例或份额上的平等,就会造成事实上的不平等和非正义,因为对环境正义的追求,不能忽视全球事实上存在的巨大不平等,如应对气候变化做出的关于碳排放的限制,对于欠发达国家而言,如果因此使那些国家的人民失去了解决贫困问题的必要的排放条件就是一种处理环境问题的非正义。如果一个人获得的资源环境权益仅仅是由他的国民身份这种道德任意性因素决定的,事实上的不平等无法得到道德的辩护,那就一种不正义。同时,气候变化、生态环境的恶化,发达国家的责任远远大于欠发达国家,因而改善生态环境的义务就需要发达国家有更多当担。③ 勇于承担环境责任,关照人类的整体利益是一个

---

① 习近平:《决胜全面建成小康社会 夺取新时代中国特色社会主义的伟大胜利——在中国共产党第十九次全国代表大会上的报告》,《人民日报》2017 年 10 月 28 日。

② 参见梁剑琴:《环境正义的法律表达》,科学出版社 2011 年版。

③ 陈俊:《全球气候正义与平等发展权》,《哲学研究》2017 年第 1 期。

民族优良品性的表现,是一个国家有胸怀、有气度的表征,必将得到全世界人民的尊重。

生态伦理规范是一种生态道德应该和理想追求,它的落实有待人们道德认识和道德觉悟的提升,其作用的发挥虽然缺乏一种强势的、有力的、即时的社会机制的支撑,但我们应该对人类向善、从善的本性和能力有充分的信心!人们总有一天会明白:大家好才是真的好!

三、生态道德规范践履的可能困境与出路

由生态道德认知,到生态道德规范的建立,再到生态道德行为的实行是以道德方式助力人与自然矛盾的化解,追求生态文明的理论预设,而生态问题的综合性与人类当下生活的复杂性会使这一过程阻力重重,必须调动各方社会力量,形成浓厚的生态道德氛围,使生态道德内化于公众之心,变为社会共识,才可能使生态道德行为成为人们的普遍选择。

(一)生态道德规范践行面临的阻力

生态道德规范是基于一定的道德理想提出的行动理念和行为规则,是对好的、崇高的行为的一种引导,其作用机理在于道德情感——道德认知——道德规范——道德行为的贯通,从根本上说是一种自愿、自觉、自律的价值选择和价值取向。在这一过程中,生态道德价值的确认和生态道德行为的实行会受到客观的、主观的多种因素的影响和制约,可能遭遇的道德困境不容忽视。

1. 对生态"无德"的误解。生态环境是一个要素繁多、范围巨广的庞大系统,边界划分往往不清晰、不具体,相对于人的活动而言,具有与自己当下利益无关的外部性,也是一种具有非竞争、非排斥、非拒绝性的公共物品,对它的伤害引起的敏感度不高,有时甚至无法觉察到对它的不良影响。当人们从一般

意义上谈论生态环境时,给人留下是巨大的、模糊的、外部的、不确定的笼统印象,按照以往的观念和认识,这样的对象不太可能与道德问题有什么关联,似乎对生态"无德"可言。在这种情形下,对生态道德规范会存在观念上的排异和情感上的淡漠,行为上接受的可能性便不容乐观。

2. 藉由本位利益的道德规避。本位利益的维护容易成为生态不道德的由头。在社会经济发展与生态环境保护的关系问题上,常常存在为了地方利益、局部利益、本部门利益而损害生态环境的行为。当损害行为发生时,一些决策者或行为实施者会认为他并不是为了自己的私利,而是在为"大家"谋利益,因此,虽然明知所做选择不合生态道德规范,也觉得无甚大碍,我行我素。结果带来的就可能是纸上有规范,嘴上说伦理,行为不道德。

3. 消费主义文化对生态道德规范的抵触。消费主义文化的诱导致使生态道德规范在日常生活中经常遭拒。随着全球化进程的深入,工业文明带来的消费主义文化在全球范围内呈不断蔓延之势,消费有理、消费有乐、消费有福、消费体现尊贵成为许多人、特别是年轻一代人的价值认同和行为选择,而崇俭、节约、惜物反倒被视为是保守、落后、吝啬的表现,是对时代潮流的反动。如此一来,日常生活中的生态道德规范就成了对牛弹琴、有声无应的虚高口号,难于化为人们日常行为的准则与习惯。因此,积极健康消费观念的树立尤为急迫。

4. 道德作用方式的柔性化。应该说生态道德规范也具有一定的他律性质,可以像其他道德规范一样通过道德奖赏或道德谴责对行为人产生影响。但是就道德的本质而言,它是自律性的行为规范。尽管道德规范可以分为禁止性、预防性、激励性等不同类型,但其效力的产生、对行为选择的管制即使是禁止性的,也不像法律一样可以强制行为人做什么或不做什么。社会没有道德审判所,即使有,道德审判的结果当事人也可以选择置之不理。道德的自律特点使生态道德规范的推行缺乏强有力支撑。因此,有人认为在生态治理、环境保护问题上唯有法律制度是行之有效的。当然,唯法是从有失偏颇,而生态道德规范的实行缺乏稳定、强制性机制支撑确为实情。道德作用方式的柔性化往往使公众对生态道德规范的社会作用缺乏信心。

此外,现实中的人面临各种诱惑,有多重选择的可能性,在生态意识、环境道德认知尚未达到应有水平的情况下,要使社会成员自觉承担起伦理上的环境责任仅靠个人的努力是不够的。

（二）生态道德规范推行的路径铺垫

作为一项系统性的全社会工程,生态道德规范的普及需要一种大文化、大宣传、大推行态势,政府部门、管理机构、大众媒介、各类学校、民间组织等要在树立正确生态道德观的基础上,发挥各自优势和特长,铺就好生态道德规范付诸实行的思想平台和现实路径。

1. 政府主导,强力推动。生态文明建设是关系人民美好生活能否实现,子孙后代未来生活是否有保障的人类重大问题,生态道德规范的倡导和实行是从广泛和长远意义上促使全社会以友好态度处理与自然关系的重要途径。在此过程中,各级政府对生态道德规范建立和倡导的重视是生态伦理推行的关键环节。2018 年世界环境日期间,生态环境部、中央文明办、教育部、共青团中央、全国妇联等五个部门,为规范人们的生态环境行为,构建简约适度、绿色环保的生活方式联合发布了《公民生态环境行为规范（试行）》,体现了我国政府对生态道德规范推行的高度重视。但是,仅有国家层面的重视是远远不够的,各级政府包括基层政府如何使这些规范尽人皆知、为人所循,才是使公民生态环境行为规范不落虚的基础保证。

2. 部门执责,红线规约。一方面,各级环境管理部门在生态规划、生态管理、生态产业、生态科学、环境监理等诸多活动中都应体现生态道德理念并敦促该领域工作者带头践行生态道德规范,以身作则,行为范导;另一方面,尽管道德发挥其社会作用的方式与法律不同,但是作为道德底线的法律法规的建立健全,本身就向社会成员昭示了什么样的事情是可以做的,什么样的事情是不可以做的,以此为最基本准则而有了更积极、更主动、更自觉的对"可以做""应该做"行为的推崇和选择。从原初意义上说,道德规范对社会生活的意义具有层次差别,有的不仅是应该做的,而且是必须做的,要求予以特别的重视与维护;以专门机构、专门人员、专门程序的方式落实生态道德规范,是最基本、最重要道德规范的内在要求;有的道德规范则以一定的自由选择权为特征,通过不稳定、不严格的社群压力或个体自身的情感意志发挥作用。前者最终成为法律规范,后者成为道德规范①。法律规范为道德合理性提供制度保障和证明,道德规范为法律规范效力的发挥提供思想基础和民间支持。生态环境法律法规的设定,为生态道德规范的倡导提供了制度支持,也使生态道德规范的推行更加"名正言顺""顺理成章"。同时,生态环境的司法实践本身就是在捍卫生态道德原则,弘扬生态道德规范。因此生态法律法规的健全和执行力度的增强将有力提升人们的生态环境意识,对生态道德规范的推广将产生有力的、积极的影响。

3. 媒体鼓动,大造氛围。在生态道德规范推广之初,为了引起公众的关注和重视,需要充分发挥大众传媒覆盖面广、辐射性强的特点,通过书籍、报纸、杂志、录音制品、电台广播、微信、微博等多种载体,创设专门舆论平台,使生态道德规范的内容广为人知,对模范遵循生态道德规范的人和事及时进行宣传,也可以通过知识竞赛、专题讲座等方式使生态道德规范逐渐深入人心。同时,对于违背生态道德规范的行为和事件,动用多种媒体形式快速向公众发布信息,聚集社会舆论能量,使违背生态道德、不利生态友好者产生"众矢之的"的心理压力和环境责任缺失的负罪感,从而改变认识和行为。媒体可以通过生态环境专门网站,开通媒体法人生态道德微博、生态道德微信公众号、生态道德手机报等业务,利用环保行政部门、社会宣传部门、社会团体、民间组织等信息资源,大造生态道德社会氛围,将"节约是一种美德""简朴是一种境界""低碳是一种能力"作为公益广告进行宣传,努力使公众意识到美好生活的实现

---

① 高兆明:《伦理学理论与方法》,人民出版社 2013 年版,第 109—112 页。

与每个人生态人格的养成和生态道德规范的践行息息相关。

4.学校教育,塑造人格。各级各类学校是环境道德规范教育与实行的重要阵地。早在1975年,联合国国际环境教育规划署就确立了全球环境教育规划,其中环境意识和环境道德教育是核心内容。[1] 1996年12月,中国国家环保总局、中宣部、国家教委联合下发了《全国环境宣传教育行动纲要》,倡导开展创建"绿色学校"活动;在新的历史时期,党和政府将生态文明建设推到了前所未有的高度,出台了《中共中央国务院关于加快推进生态文明建设的意见》,召开了全国生态环境保护大会,要求全社会包括以育人为根本宗旨的学校加强绿色理念教育,培育生态道德和行为准则,塑造青少年生态环保人格。开展绿色教育,涉及家庭、幼儿园、中小学、大学、职业教育等各个层面,一方面,需要教育管理部门进行宏观规划与上层设计;另一方面,各级各类学校应该根据教育对象的特点,开展形式多样、持之以恒的生态意识与生态道德培育活动。绿色教育的内容和形式对不同年龄阶段的受教育者来说需要区别对待,但是,环境道德的基本理念应该始终渗透其中。就大学教育而言,使学生成为对生态环境负责任的高素质公民已经成为高等教育的重要目标之一。《塔乐礼宣言》以环境保护和可持续发展为宗旨,对大学在生态文明建设中的关键性角色做出了学界定位,而环境道德的觉醒和环境责任的担当是重要内容。[2] 绿色教育绝不能停留在知识的传授和技术的改进上,生态人格的养成是根本。大学生生态文明素养的培育要纳入大学人才培养的总体布局之中,以整体性眼光构建由上到下、由课内到课外、由学校到社会、由观念确立到行为养成、由党团正式组织到学生社团群众性组织、由点到面的一体化培养机制,营造生态文明建设的浓郁氛围,为培养具有生态文明素养的大学生创造良好条件。可以制定大学生生态文明行为规则、成立校园生态文明促进会、评选生态文明建设标兵,发挥示范带头作用

---

① 徐辉、祝怀新:《国际环境教育的理论与实践》,人民教育出版社2003年版,第56页。
② 徐进等:《开展绿色教育,培育创新人才》,《环境教育》2018年第8期。

等切实可行的办法。同时,应该从学生成长中的衣、食、住、行、游以及学校集体生活中用水、用电、垃圾分类等具体环节抓起,使节约资源、保护环境逐渐成为日常习惯。①

5. 社团组织,广为发力。环保社团组织是近年来发展最快、最为活跃、最有影响的非政府组织。作为以提供环境公益性服务为宗旨的自愿性社会组织,它在公民生态意识提升、公众环保活动参与、环境生态维权、环境法律援助、环保建言献策、环境社会监督、国际环境交流与合作等方面发挥着不可忽视的社会作用,是生态文明建设的重要力量。② 以往的环保组织,无论是依托政府部门发起成立的,还是民间自发设团而成,或者是校园的社团组织,往往以某一方面的生态环境保护为活动领域,比如"菜鸟绿色联盟"以倡导物流业的绿色运输为宗旨,"桃花源生态保护基金会"重在对野外自然区的保护和推广相关生态产品,"流浪动物关爱协会"关注的则是无家可归的流浪狗、流浪猫的……这些组织从特有角度对环境保护发挥的积极作用值得赞赏,这里想强调的是,环保社团组织应该认识到,环境问题的出现与环境道德的缺失有内在联系,而生态道德规范的推行是从广泛和长远意义上解决问题的重要途径。环保社团组织在助力环保公益事业时,如果能对环境道德的一般原则和具体规范做以宣传、推广和践行,必将起到很好的带动和辐射作用。从政策建议上说,相关部门可以研究、确定更为合理的生态道德规范体系,对环保社团组织提出推广和实行要求③,从而使环保社团组织的活动既在"点"上突破,也在

---

① 就具体做法而言,大学可以确立与大学生学习生活密切相关的一些生态行为要求,如吃饭不浪费,拒绝一次性产品使用,学校内部小卖部、食堂不得出售一次性产品;循环利用水资源,用过的洗脸洗脚水可以用来冲厕所;用电节约化,不用的台灯马上关掉,电脑不用了电源插头要拔掉,教室没人时主动关掉电源;等等。也许这样的做法一开始不是很受欢迎,但只要学校不断提倡并以规范制约,相信假以时日,学生的生态道德意识一定会有所提升。

② 中华环保联合会:《中国环保民间组织发展状况报告》,《环境保护》2006 年第 10 期。

③ 2017 年 3 月,中华人民共和国环境保护部、民政部联合发布了《关于坚强对环保社会组织引导发展和规范管理的指导性意见》,主要是从组织管理的角度提出了指导意见,笔者以为也可以在充分论证的基础上对环保社会组织提出宣传、推广和践行生态道德规范的要求。

"面"上扩散。更好地发挥服务环保公益事业的积极作用。此外,其他社团组织如宗教组织、慈善组织、妇联组织等也可以发挥各自特长,为生态道德规范的认知和践行提供思想支持和实践平台。

由生态道德之"知"到生态道德之"行",作为"复杂问题综合体"①的应对方式,其信心来自对人之理性和善性的肯定:"经验使得我们确信,共同利益感是我们社会全体所共有的,并使得我们对其行为在未来的发生规则具备一定的信心:正是对未来的这种期待,我们才约束行为、厉行节制"②,并坚信"对后代的某种特别的爱"及"与自然保持一致的生活是最高的善"③。期待"从善如流"时代的来临。

---

① 罗马俱乐部认为生态问题是复杂问题的综合体,需要社会合力应对。

② [英]大卫·休谟:《人性论》(下),贺江译,台海出版社 2016 年版,第 537 页。

③ 古罗马人西塞罗语,参见[英]C.S.路易斯:《人之废》,邓军海译,叶达校,华东师范大学出版社 2015 年版,第 119 页。

结　语　讲生态伦理有什么用？

伦理是共同体成员之间相互对待的道理与规范。随着人理性的觉醒和文明的推进，伦理共同体构成的"同心圆"之边界被不断打破。荷马时代，主人可以剥夺自家奴隶的性命而不受道德谴责，于是我们看到了《荷马史诗》中俄底修斯一根绳子上绞死 12 个奴隶的情形；后来，拥有土地的白人男子、无土地者、妇女、土著人、黑人慢慢也被视为可以拥有道德地位的、平等相待的"人"，道德"同心圆"里的成员包括了家人、邻居、社区、国家、当下的所有人类以及未来人；再后来，生态伦理提出要将家养动物、野生动物、濒危物种、土壤、水、生态系统和整个地球框进圆圈之中友好相待。生态伦理以"应该"的方式对大圆之中成员交往的道理和相处的原则进行探究并提出道德建议，这种努力有用吗？ 不会是一种"书斋安乐椅活动"①吧？

首先想说明的是，关于有用无用的判断得有一个合适的标准，如果以"手到病除"（如环境工程对污染的治理）、"立竿见影"（如通过环境立法遏制生态破坏）或"眼见为实"（如通过政策落实取得的生态美好典型）等为衡量依据，那么生态伦理就难显其功。可是，人和人类社会何其复杂！ 人的心理活动和行为动机何其复杂！ 影响个体及群体行为选择的因素何其复杂！ 我们不能

---

① ［美］德尼·古莱：《残酷的选择——发展理念与伦理价值》，高铦、高戈译，社会科学文献出版社 2008 年版，"导论"第 7 页。

只以所谓的"事实"为依据而对带来这种事实的观念以及由内心改变带来的
行为方式的变化不置可否。人在世间生存,不能事事都先看有没有用。有些
思考和作为,起初看起来无甚实际的用处,但经过历史的沉淀和各种因素的相
互作用之后,最后给人带来的福祉可能是不可限量的。事实上,人是有精神追
求的动物,人对自己的生存状态和生存意义一直在思考和探寻,人类文明的终
极问题就是:"什么样的生活才是好的生活?""人应该如何生活?"人的本性便
有对"好的""善的"事物向往之趣,当自身的生存环境遭遇"生态危机"时,以
伦理的方式进行自我反省是促使人类行为改变不可忽视的重要因素。生态伦
理以其特有的方式影响人对生态的看法、态度和行为,这种方式作用的发挥是
隐形的、柔性的、缓慢的(同时也是广泛的、持久的、深远的),急促和刚性的效
果评价不适合它。

　　在生态伦理的语境下,人到底应该怎样认识和处理与生态环境的关系存
在人类中心主义和非人类中心主义两种不同的立场和主张,二者虽各执其词,
似乎针锋相对,但深埋在理论形态下的内在心理动机都是为了人类能够拥有
真正美好的生活,使人像真正的而不是被异化过的人那样生活。同时,生态伦
理对人性的大度与能力充满期待,对人的生态德性提出许多伦理建议:"敬畏
生命"(史怀哲语),"当某事物倾向于保护整体性、稳定性及生物群体之美时,
它就是善,是正确的,否则就是错误的"(利奥波德语),"保持生命的神奇"
(罗尔斯顿语),"认识到自己与地球的同一性"(奈斯语),等等,这些劝诫或
呼吁对于尚不知自己的行为有悖生态伦理道义的人们不可能没有丝毫触动或
警醒,认识上的提升会带来情感、态度上的变化进而促动行为的调整。

　　生态伦理探求生态的实然状况与应有处境的契合,试图通过讲理的方式
劝请人们尊重自然、爱护自然,与自然共生共荣。通过讲理改变人的认识和看
法是理性人的独有能力与选择。生态伦理是关于生态的伦理,是替不会说话
的生态讲理。为什么只要是人就必须在道德上把他当人看待,不得虐待和无
理,否则就"不够人"? 为什么不能像对待人一样对待地球上的其他存在者?

人道与"物"理不可相通吗？如果可以将人之外的其他存在者放置道德的平台上以礼相待，所依据的是什么道理？是因为它们有感知苦乐的能力吗？是因为生命值得"敬畏"吗？是因为万物都有自己的"内在价值"吗？……尽管问题与答案是多元的，公理婆理还在争辩，但一种意识却在其间渐渐形成：我们对生态也应该讲理！说理是一种伦理态度，希望理解他者和它者，从而使彼此之间的关系能够融洽并具有持久性。伦理之理虽不如法理那样直接而强势，但其警训作用在人类秩序维护和文明演进中不容小觑，布莱克门法官在矿金峡谷案中的慷慨陈词发人深省："在环境领域，我个人宁愿选择约翰·多恩先生更古老也更中肯的观察和警告：'谁都不是一座孤岛，自成一体；每个人都是广袤大陆的一部分，都是无边大海的一部分，如果海浪冲刷掉一个土块，欧洲就少了一点；如果一个海角，如果你朋友或你自己的庄园被冲掉，也是如此。任何人的死亡都使我受到损失，因为我包孕在人类中。所以不要问丧钟为谁而鸣，它为你而敲响。'①面对无法言语的生态环境，这位大法官讲的不是法律，而是生态伦理的道德警示！

"伦理生活总是从默会或明述的规范开始"②，讲理的目的是为了形成合乎道理的关系，合乎道理的关系往往通过一系列道德规范呈现出来，以便为"我们应当有的生活"提供引导和规约。生态道德规范相比于一般的或具体的道德规范而言，既有面上的宏阔，也有点上的具化，涉及生产、生活、交往等各个领域和方方面面：安全节能不伤害，求实简约不过度；实用美丽不奢侈，健康环保不浪费，宜居舒适不攀比，绿色低碳少污染；尊重自然，热爱自然，共享自然，向自然负责；维护整体环境利益，积极防范环境恶物，勇于承担环境责任；推动构建人类命运共同体，促进全球生态安全，维护全球环境正义；等等。诸如此类的规范约定如果能被广而告之，想必会在人们面临行为选择时起到干预和向导的作用。

---

① 严厚福：《塞拉俱乐部诉内政部长莫顿案的判决》，《世界环境》2006 年第 6 期。
② 转引自陈嘉映：《伦理学有什么用》，《世界哲学》2014 年第 5 期。

从理论形态上看,生态伦理兼具道德哲学和应用伦理双重品格,既要有"究天人之际"(司马迁语)的伦理根基解释,又要有对"现实的人"(马克思语)生活实际的道德关照;既需要培养人同情、敬畏、共享、尊重、责任、智慧等生态德性,也要寻求由观念确立到态度转变再到行动落实的道德转化扭结:由现实之"是"到道德"应该",由"人"理到"物"理,由"征服""超越"到"同情""应答",由"工具"利用到"价值"归位,由"经济增长"到"人性的提升",由任性"消费"到尊享"幸福",由本位"治理"到环境"正义",最终由生态道德之"知"落到生态道德之"行"。人的行为方式由境遇——情感——信念——态度——行动的反复重叠构成,"信念"处在这一链条的中心,信念是态度的基础,是行动的向导,而信念确立的主干道是:以思想影响思想。

以纯粹生态学的视域考察,人只不过是直立行走的、没有羽毛的、处在食物链顶端的、生态系统中的一个生态因子,但若从人类学、哲学、伦理学的角度看,人这种存在物确有它的不同凡响之处:极为复杂严密的生命机体孕育了有意识有目的生存方式,对生存理想与生命意义的追寻成为重要的"类"特征,以自律的方式维护与共同体成员的良好关系是其社会生活及精神享受的自觉追求。当今之时,人际之间、代际之间、种际之间的友好相待,离不开人这种"讲理的动物"对其中关系的伦理性理解,因为"无理"意味着无序,无序则可能带来伤害甚至毁灭。当人们无节制地膨胀自我的物欲、企图拥有奢靡的生活时,带来的可能是"毁天灭地",同时也是人类历史的终结。相信万物之灵的人类会以自己"人性的大度与能力",构筑人类命运共同体,使"人和自然之间、人和人之间的矛盾(的)真正解决"①,共享属于人类的美好生活。

---

① 马克思:《1844 年经济学哲学手稿》,人民出版社 2000 年版,第 81 页。

参考文献

著 作 类

1.《马克思恩格斯全集》第 2、3 卷,人民出版社 2002 年版。

2.《马克思恩格斯文集》第 1 卷,人民出版社 2009 年版。

3.《马克思恩格斯选集》第 1—4 卷,人民出版社 2012 年版。

4. 马克思:《1844 年经济学哲学手稿》,人民出版社 2000 年版。

5. 恩格斯:《自然辩证法》,人民出版社 1984 年版。

6.《习近平谈治国理政》第二卷,外文出版社 2017 年版。

7. 习近平:《论坚持推动构建人类命运共同体》,中央文献出版社 2018 年版。

8. [古希腊]亚里士多德:《尼各马可伦理学》,廖申白译,商务印书馆 2003 年版。

9. [英]大卫·休谟:《人性论》,贺江译,台海出版社 2016 年版。

10. [法]卢梭:《社会契约论》,李平沤译,商务印书馆 2014 年版。

11. [英]亚当·斯密:《国民财富的性质和起因的研究》(上),郭大力、王亚楠译,商务印书馆 2012 年版。

12. [英]亚当·斯密:《道德情操论》,陈出新、陈艳飞译,人民文学出版社 2011 年版。

13. [德]康德:《实践理性批判》,邓晓芒译,杨祖陶校,人民出版社 2004 年版。

14. [德]伊曼努尔·康德:《道德形而上学原理》,苗力田译,李秋零主编,中国人民大学出版社 2013 年版。

15. [德]黑格尔:《哲学史讲演录》第 1—2 卷,贺麟、王太庆译,商务印书馆 1981

年版。

16. [德]黑格尔:《美学》第1卷,朱光潜,商务印书馆1996年版。

17. [德]黑格尔:《法哲学原理》,邓安庆译,人民出版社2016年版。

18. [美]罗尔斯顿:《哲学走向荒野》,刘耳、叶平译,吉林人民出版社2000年版。

19. [美]约翰·罗尔斯:《道德哲学史讲义》,顾肃、刘雪梅译,中国社会科学出版社2012年版。

20. [美]R.F.纳什:《大自然的权利》,杨通进译,青岛出版社1999年版。

21. [美]巴里·康芒纳:《封闭的循环》,侯文蕙译,吉林人民出版社1997年版。

22. [美]奥尔多·利奥波德:《沙乡年鉴》,侯文蕙译,商务印书馆2016年版。

23. [美]戴斯·贾丁斯:《环境伦理学》,林官明、杨爱民译,北京大学出版社2002年版。

24. [美]霍尔姆斯·罗尔斯顿:《环境伦理学》,杨通进译,中国社会科学出版社2000年版。

25. [德]阿尔贝特·施韦泽:《对生命的敬畏——阿尔贝特·施韦泽自述》,陈泽环译,上海人民出版社2006年版。

26. [美]保罗·沃伦·泰勒:《尊重自然:一种环境伦理学理论》,雷毅等译,首都师范大学出版社2010年版。

27. [美]彼得·S.温茨:《环境正义论》,朱丹琼、宋玉波译,上海人民出版社2007年版。

28. [法]让·鲍德里亚:《消费社会》,刘成富、权志钢译,南京大学出版社2017年版。

29. [美]约翰·罗尔斯:《正义论》,何怀宏、何包钢、廖申白译,中国社会科学出版社1988年版。

30. [美]约翰·罗尔斯:《道德哲学史讲义》,张国清译,上海三联书店2003年版。

31. [英]摩尔:《伦理学原理》,长河译,上海人民出版社2003年版。

32. [德]霍克海默·阿多诺:《启蒙辩证法:哲学断片》,梁敬东等译,上海人民出版社2006年版。

33. [美]赫尔曼·E.戴利、肯尼思·N.汤森:《珍惜地球:经济学　生态学　伦理学》,马杰等译,商务印书馆2001年版。

34. [美]唐纳德·沃斯特:《自然的经济体系:生态思想史》,侯文蕙译,商务印书馆2007年版。

35. [美]詹姆斯·奥康纳:《自然的理由——生态学马克思主义研究》,唐正东、臧佩洪译,南京大学出版社 2003 年版。

36.[英]阿·汤因比、[日]池田大左:《展望二十一世纪——汤因比与池田大左的对话录》,荀春生、朱继征、陈国樑译,国际文化出版公司 1985 年版。

37.[美]尤金·哈格洛夫:《环境伦理学基础》,杨通进、江娅、郭辉译,重庆出版社 2007 年版。

38.[美]德尼·古莱:《残酷的选择:发展理念与伦理价值》,高铦、高戈译,社会科学文献出版社 2008 年版。

39.[日]岩佐茂:《环境的思想——环境保护与马克思主义的结合处》,韩立新、张桂权、刘荣华等译,中央编译出版社 2006 年版。

40.[德]米夏埃尔·兰德曼:《哲学人类学》,张乐天译,上海译文出版社 1988 年版。

41.[以色列]尤瓦尔·赫拉利:《人类简史:从动物到上帝》,《未来简史:从智人到智神》林俊宏译,中信出版集团 2017 年版。

42.[美]大卫格里芬:《后现代科学——科学魅力的再现》,马季方译,中央编译出版社 1995 年版。

43.[美]伯格:《尼各马可伦理学义梳——亚里士多德与苏格拉底的对话》,柯小刚译,华夏出版社 2011 年版。

44.[瑞士]克里斯托弗·司徒博:《环境与发展——一种社会伦理学的考量》,邓安庆译,人民出版社 2008 年版。

45.[美]布尔克:《西方伦理学史》,黄懿愿译,华东师范大学出版社 2016 年版。

46.[英]C.S.路易斯:《人之废》,邓军海译,叶达校,华东师范大学出版社 2015 年版。

47.[英]G.E.摩尔:《伦理学原理》,陈德中译,商务印书馆 2017 年版。

48.[美]德内拉·梅多斯:《系统之美》,邱昭良译,浙江人民出版社 2012 年版。

49.[法]阿尔贝特·施韦泽:《文化哲学》,陈泽怀译,上海人民出版社 2008 年版。

50.[美]唐纳德·L.哈迪斯蒂:《人类生态学》,郭凡、邹和译,文物出版社 2002 年版。

51.[德]汉斯·萨克塞:《生态哲学》,文韬、佩云译,东方出版社 1991 年版。

52.[英]布雷恩·威廉·克拉普:《工业革命以来的英国环境史》,王黎译,中国环境科学出版 2011 年版。

53.[美]J·唐纳德·休斯:《世界环境史:人类在地球生命中的角色转变》,赵长凤、王宁译,电子工业出版社 2014 年版。

54. [英]罗素:《西方哲学史》,马元德译,商务印书馆 2015 年版。

55. [德]马丁·耶内克、克劳斯·雅各布主编:《全球视野下的环境管治:生态与政治现代化的新方法》,李慧明、李昕蕾译,山东大学出版社 2012 年版。

56. [法]弗朗索瓦·佩鲁:《新发展观》,张宁、丰子义译,华夏出版社 1987 年版。

57. [美]阿拉斯戴尔·麦金太尔:《追寻美德:道德理论研究》,宋继杰译,译林出版社 2016 年版。

58. [德]乌尔里希·贝克:《世界风险社会》,吴英姿、孙淑敏译,南京大学出版社 2004 年版。

59. [美]艾伦·杜宁:《多少算够——消费社会与地球的未来》,毕聿译,吉林人民出版社 1997 年版。

60. [英]哈夫洛克:《希腊人的正义观——从荷马史诗的影子到柏拉图的要旨》,邹丽、何为等译,华夏出版社 2016 年版。

61. [加]凯·尼尔森:《马克思主义与道德观念》,李义天译,人民出版社 2014 年版。

62. [英]马克·史密斯、[英]皮亚·庞萨帕:《环境与公民权:整合正义、责任与公民参与》,侯艳芳、杨晓燕译,山东大学出版社 2012 年版。

63. [美]J.R.麦克尼尔:《阳光下的新事物:20 世纪世界环境史》,韩莉、韩晓雯译,商务印书馆 2013 年版。

64. [美]查尔斯·E.哈里斯(Charies E.Harris Jr)、迈克尔·S.普理查德(Michael S. Pritchard)、迈克尔·J.雷宾斯(Michael J.Rabins)、雷·詹姆斯(Ray James)、伊莱恩·英格尔哈特(EIaine Englehardt):《工程伦理——概念与案例》,丛杭青、沈琪、魏丽娜等译,浙江大学出版社 2018 年版。

65. [英]戴维·赫尔德、安格斯·赫维、玛丽卡·西罗斯:《气候变化的治理——科学、经济学、政治学与伦理学》,谢来辉等译,社会科学文献出版社 2012 年版。

66. [美]梭罗:《瓦尔登湖》,江苏凤凰文艺出版社 2018 年版。

67. [美]希拉·贾萨诺夫:《自然的设计——欧美科学与民主》,尚智丛、李斌等译,上海交通大学出版社 2011 年版。

68. 罗国杰:《社会主义道德体系研究》,中国人民大学出版社 2018。

69. 李德顺:《价值论:一种主体性的研究》,中国人民大学出版社 2013。

70. 高清海:《马克思主义哲学基础(上)》,人民出版社 1987 年版。

71. 高清海:《马克思主义哲学基础(下)》,北京师范大学出版社 2012 年版。

72. 高清海:《哲学与主体自我意识:论马克思实践观点的思维方式》,北京师范大学出版社 2017 年版。

    73. 王泽应:《马克思主义伦理思想中国化最新成果研究》,中国人民大学出版社 2018 年版。

    74. 李泽厚:《批判哲学的批判——康德述评》,人民出版社 1984 年版。

    75. 李泽厚:《伦理学新说述要》,世界图书出版有限公司北京分公司 2019 年版。

    76. 何兆武:《历史理性的重建》,北京大学出版社 2005 年版。

    77. 邓晓芒:《哲学史方法论十四讲》,重庆大学出版社 2015 年版。

    78. 孙正聿:《马克思主义基础理论研究》(上),北京师范大学出版社 2011 年版。

    79. 龚群:《自由主义与社群主义的比较研究》,人民出版社 2014 年版。

    80. 陈金华:《复旦博学·哲学系列·应用伦理学引论》,复旦大学出版社 2015 年版。

    81. 何小刚:《生态文明新论》,上海社会科学院出版社 2016 年版。

    82. 王海明:《新伦理学原理》,商务印书馆 2017 年版。

    83. 王海明:《伦理学原理》,北京大学出版社 2006 年版。

    84. 甘邵平:《伦理学的当代建构》,中国发展出版社 2015 年版。

    85. 马俊峰:《马克思主义价值理论研究》,北京师范大学出版社 2012 年版。

    86. 邓安庆:《正义伦理与价值秩序》,复旦大学出版社 2013 年版。

    87. 杨国荣:《伦理与存在——道德哲学研究》,上海人民出版社 2002 年版。

    88. 冯友兰:《中国哲学简史》,涂又光译,北京大学出版社 2015 年版。

    89. 张一兵:《不可能的存在之真——拉康哲学映像》,商务印书馆 2007 年版。

    90. 全增嘏:《西方哲学史(上册)》,上海人民出版社 1983 年版。

    91. 周国平:《精神的故乡》,中国人民大学出版社 2013 年版。

    92. 高兆明:《伦理学理论与方法》,人民出版社 2013 年版。

    93. 张志伟:《西方哲学史》,中国人民大学出版社 2014 年版。

    94. 姜奇平:《新文明概略》,商务印书馆 2012 年版。

    95. 杜向民、樊小贤、曹爱琴:《当代中国马克思主义生态观》,中国社会科学出版社 2012 年版。

    96. 王春益:《生态文明与美丽中国梦》,社会科学文献出版社 2014 年版。

    97. 何怀宏:《生态伦理——精神资源与哲学基础》,河北大学出版社 2002 年版。

    98. 孙伟平:《事实与价值:休谟问题及其解决尝试(修订本)》,社会科学文献出版 2016 年版。

    99. 王庆节:《解释学.海德格尔与儒道今释》,中国人民大学出版社 2004 年版。

100. 陈泽环:《敬畏生命——阿尔贝特·施韦泽的哲学和伦理思想研究》,上海人民出版社 2013 年版。

101. 张云飞:《唯物史观视野中的生态文明》,中国人民大学大学出版社 2014 年版。

102. 杨玉辉:《现代自然辩证法原理》,人民出版社 2003 年版。

103. 杨通进:《生态二十讲》,天津人民出版社 2008 年版。

104. 尚玉昌:《生态学概论》,北京大学出版社 2003 年版。

105. 陈静生等:《人类—环境系统及其可持续性》,商务印书馆 2001 年版。

106. 刘福森:《西方文明的危机与发展伦理学》,江西教育出版社 2005 年版。

107. 周林东:《人化自然辩证法》,人民出版社 2008 年版。

108. 吴灿新:《辩证道德论——道德流变的立体图式》,中国社会科学出版社 2004 年版。

109. 包茂红:《环境史学的起源和发展》,北京大学出版社 2012 年版。

110. 王正平:《环境哲学——环境伦理的跨学科研究》,上海人民出版社 2004 年版。

111. 麻海山:《人类发展观念的哲学拷问》,人民出版社 2013 年版。

112. 李正风、丛杭青、王前:《工程伦理》,清华大学出版社 2016 年版。

113. 徐辉、祝怀新:《国际环境教育的理论与实践》,人民教育出版社 2003 年版。

114. 李天义:《美德、心灵与行动》,中央编译出版社 2016 年版。

115. 常杰、葛滢:《生态文明中的生态原理》,浙江大学出版社 2017 年版。

116. 郭湛:《公共性哲学:人的共同体的发展》,中国社会科学出版社 2019 年版。

117. 王福生:《自由的谱系:何种自由,谁之追寻?》,中国社会科学出版社 2019 年版。

118. 雷毅:《深生态学:阐释与整合》,上海交通大学出版社 2012 年版。

119. 田丰、李旭明:《环境史:从人与自然的关系叙述历史》,商务印书馆 2011 年版。

120. 肖显静:《后现代生态科技观》,科学出版社 2003 年版。

121. 中国科学院可持续发展战略研究组:《2015 中国可持续发展报告——重塑生态环境治理体系》,科学出版社 2015 年版。

122. 孙利天:《在哲学根基处自由思想》,中国社会科学出版社 2018 年版。

123. 王雨辰:《生态学马克思主义与生态文明研究》,人民出版社 2015 版。

124. 李宏伟:《马克思主义生态观与当代中国实践》,人民出版社 2015 年版。

125. 刘维屏、刘广深:《环境科学与人类文明》,浙江大学出版社 2003 年版。

126. 徐民华、刘希刚:《马克思主义生态思想研究》,中国社会科学出版社 2012 年版。

127. Carson Rachel, *Silent Spring*, Science Press, 2014.

128. Cox R, *Environmental communication and the public sphere*, Sage Publications, 2006.

129. Paul W.Taylor, *Respect for Nature: A Theory of Enviromental Ethics*, Princeton University Press, 1986.

130. John Rawls, *A Theory of Justice*, Harvard University Press, 1999.

131. Martha C.Nussbaum, *Frontiers of Justice*, The Belknap Press of Harvard University Press, 2006.

论 文 类

1. 习近平:《推动我国生态文明迈上新台阶》,《求是》2019 年第 3 期。

2. 甘绍平:《代际义务的论证问题》,《中国社会科学》2019 年第 1 期。

3. 王新生:《马克思正义理论的四重辩护》,《中国社会科学》2014 年第 4 期。

4. 李义天:《理由、原因、动机或意图——对道德心理学基本分析框架的梳理与建构》,《哲学研究》2015 年第 12 期。

5. 贺来:《马克思哲学的"类"概念与"人类命运共同体"》,《哲学研究》2016 年第 8 期。

6. 陈俊:《全球气候正义与平等发展权》,《哲学研究》2017 年第 1 期。

7. 陈嘉映:《伦理学有什么用》,《世界哲学》2014 年第 5 期。

8. 俞吾金:《幸福三论》,《上海师范大学学报(哲学社会科学)》2013 年第 2 期。

9. 陆树程:《中国的发展与全球伦理共同体的重建》,《上海党史与党建》2004 年第 9 期。

10. 甘绍平:《论消费伦理——从自我生活的时代谈起》,《天津社会科学》2000 年第 2 期。

11. 张庆熊:《论生态价值的首先性及其生存论根基:对价值理论奠基问题的哲学反思》,《天津社会科学》2019 年第 5 期。

12. 陈越骅:《伦理共同体何以可能——试论其理论维度上的演变及现代困境》,《道德与文明》2012 年第 1 期。

13. 向玉乔:《共享发展理念的伦理基础》,《伦理学研究》2016 年第 3 期。

14. 林慧岳、陈万球:《论技术使用的生态临界:临界模式、时空维度及态势转化》,《自然辩证法研究》2019 年第 5 期。

15. 李佃来:《历史唯物主义与马克思正义观的三个转向》,《南京大学学报》(哲学人文科学社会科学)2015 年第 5 期。

16. 张文喜:《所有制与所有权正义:马克思与"亚当·斯密问题"》,《哲学研究》2014 年第 4 期。

17. 朱志方:《价值还原为事实:无谬误的自然主义》,《哲学研究》2013 年第 8 期。

18. 赵林:《"罪恶与自由意志"——奥古斯丁"原罪"理论辨析》,《世界哲学》2006 年第 3 期。

19. 王刚:《休谟问题研究述评》,《自然辩证法研究》2008 年第 3 期。

20. 袁祖社:《社会公共正义信念与发展合理化的价值逻辑》,《北京大学学报》(哲学社会科学版)2018 年第 4 期。

21. 刘富森:《寻找时代的精神家园——兼论生态文明的哲学基础》,《自然辩证法研究》2009 年第 11 期。

22. 刘福森:《奠基于新哲学的发展伦理学》,《自然辩证法研究》2006 年第 1 期。

23. 刘福森:《西方的"生态伦理学"与"形而上学困境"》,《哲学研究》2017 年第 1 期。

24. 刘福森、曲红梅:《"环境哲学"的五个问题》,《自然辩证法研究》2003 年第 11 期。

25. 刘福森:《新生态哲学论纲》,《江海学刊》2009 年第 6 期。

26. 韩玉胜:《移情能够作为普遍的道德基础吗——对斯洛特道德情感主义的分析与评论》,《哲学动态》2017 年第 3 期。

27. 袁祖社:《人类"共同价值"的理念及其伦理正当性之思——"共同体"逻辑的意义及其内在限度》,《南开学报》(哲学社会科学版)2017 年第 4 期。

28. 刘进田:《新发展理念与价值的哲学自觉》,《人文杂志》2018 年第 9 期。

29. 何畏:《生态问题的研究范式及其类型划分》,《马克思主义研究》2017 年第 1 期。

30. 王正平:《深生态学:一种新的环境价值理念》,《上海师范大学学报》(社会科学版)2000 年第 4 期。

31. 方世南、杨洋:《习近平生态文明思想的永续发展实现路径研究》,《苏州大学学报》(哲学社会科学版)2019 年第 3 期。

32. 杨通进：《探寻重新理解自然的哲学框架——当代西方环境哲学研究概况》，《世界哲学》2010 年第 6 期。

33. 杨通进：《环境伦理学对物种歧视主义和人类沙文主义的反思与批判》，《伦理学研究》2014 年第 10 期。

34. 杨通进：《争论中的环境伦理学：问题与焦点》，《哲学动态》2005 年第 1 期。

35. 杨通进：《超越人类中心主义：走向一种开放的环境伦理学》，《道德与文明》1998 年第 2 期。

36. 李培超、周强强：《道德、伦理和共同体——解读马克思伦理思想的一种思路》，《伦理学研究》2018 年第 2 期。

37. 樊浩：《伦理道德.如何造就现代文明的"中国精神哲学形态"》，《江海学刊》2018 年第 9 期。

38. 张彭松：《生态伦理思想的幸福之维》，《江西社会科学》2019 年第 1 期。

39. 张英姿：《社会主义生态文明语境下生态农业的伦理意蕴》，《伦理学》2019 年第 1 期。

40. 王雨辰：《论生态文明的后物质议幸福观和共同体价值观》，《湖北大学学报》2020 年第 4 期。

41. 陈杰：《交通基础设施建设、环境污染与地区经济增长》，《华东经济管理》2020 年第 9 期。

42. 徐春：《生态文明在人类文明中的地位》，《中国人民大学学报》2010 年第 2 期。

43. 王韵杰、张少君、郝吉明：《中国大气污染治理：进展·挑战·路径》，《环境科学研究》2019 年第 10 期。

44. 黄裕生：《"自由意志"的出场与伦理学基础的更替》，《江苏行政学院学报》2018 年第 1 期。

45. 李贵成、夏承海：《着力构建人与自然和谐共生的生命共同体》，《理论导刊》2018 第 11 期。

46. 李建森、袁一达、李金笑：《走出资本丛林：新时代呼唤人的类总体生命道德意识》，《西北大学学报》（哲学社会科学版）2019 年第 1 期。

47. 刘家俊、余莉：《另一种反思：走出建设中国特色社会主义生态文明的两难境地》，《河南社会科学》2013 年第 3 期。

48. [美]托马斯·柏励：《生态纪元》，李世雁译，《自然辩证法研究》2003 年第 11 期。

49. [澳大利亚]彼特·辛格：《所有动物都是平等的》，江娅译，《哲学译丛》1994 年第 5 期。

50. 潘家华:《新中国 70 年生态环境建设发展的艰难历程与辉煌成就》,人大复印资料《生态环境与保护》2020 年第 1 期。

51. 潘家华:《循生态规律,提升生态治理能力与水平》,人大复印资料《生态环境与保护》2020 年第 6 期。

52. 高国荣:《美国环境正义运动的缘起、发展及其影响》,《史学月刊》2011 年第 1 期。

53. 刘为先:《美国环境正义理论的发展历程、目标演进及其困境》,《国外社会科学》2017 年第 3 期。

54. 薄燕:《国际环境正义与国际环境机制:问题、理论和个案》,《欧洲研究》2004 年第 3 期。

55. 杨通进:《全球环境正义及其可能性》,《天津社会科学》2008 年第 12 期。

56. 韩立新:《环境问题上的代内正义原则》,《江汉大学学报》(人文科学版)2004 年第 5 期。

57. 王滔洋:《从分配到承认:环境正义研究》,《清华大学学报》(哲学社会科学版)2006 年第 3 期。

58. 陈学明:《习近平生态文明思想对马克思主义基本原理的继承和发展》,《探索》2019 年第 4 期。

59. 张云飞:《习近平生态文明思想话语体系初探》,《探索》2019 年第 4 期。

60. 杨云霞:《分配 承认 参与和能力:环境正义的四重维度》,《自然辩证法研究》2017 年第 4 期。

61. 饶异:《互惠利他理论的社会蕴意研究》,《广东社会科学》2010 年第 2 期。

62. 刘福森:《生态哲学研究必须超越的几个基本哲学观念》,《南京林业大学学报》(人文社会科学版)2012 年第 12 期。

63. 刘福森:《发展合理性的追寻——发展伦理学的理论实质与价值》,《北京师范大学学报》(社会科学版)2007 年第 1 期。

64. 张曙光:《"类哲学"与"人类命运共同体"》,《吉林大学社会科学学报》2015 年第 1 期。

65. 贺来:《"关系理性"与"真实的共同体"》,《中国社会科学》2015 年第 6 期。

66. 吴金海:《"效率性消费"视角下的"两栖"消费现象》,《江海学刊》2013 年第 6 期。

67. 沈满洪:《河长制的制度经济学分析》,《中国人口·资源与环境》2018 年第

28 期。

68. ［澳大利亚］P·辛格：《所有动物都是平等的》，江娅译，《哲学译丛》1994 年第 5 期。

69. 俞丽霞：《全球正义、道德平等与全球分配平等》，《哲学动态》2014 年第 6 期。

70. 俞丽霞：《全球正义、道德平等与全球分配平等》，《哲学动态》2014 年第 6 期。

71. 樊小贤：《马克思实践维度下的自然观及其对生态文明建设的导引》，《思想理论教育导刊》2014 年第 11 期。

72. 李生龙：《儒家仁学、礼学及人生哲学所隐含的类意识》，《湖南师范大学社会科学学报》2009 年第 3 期。

73. 陈博：《吉福特·平肖特》，《世界环境》2016 年第 3 期。

74. 侯文蕙：《荒野无言》，《读书》2000 年第 11 期。

75. 甘绍平：《我们需要何种生态伦理》，《哲学研究》2002 年第 8 期。

76. 方熹、江畅：《国外德性伦理学与规范伦理学争论研究述评》，《华中科技大学学报》2018 年第 5 期。

77. 樊小贤：《自由意志与道德"应该"的界限》，《人文杂志》2008 年第 4 期。

78. 张荣：《中世纪哲学的合法性及其道德向度》，《哲学研究》2011 年第 5 期。

79. 阮晓莺、杨勇：《生态德性与幸福生活：从理论逻辑到价值期待》，《福州大学学报》（哲学社会科学版）2017 年第 2 期。

80. 方秋明：《比维特根斯坦更伟大，比海德格尔更有用——汉斯.约纳斯〈责任原理〉评介》，《社会科学评论》2016 年第 1 期。

81. 聂敏里：《意志的缺席——对古典希腊道德心理学的批判》，《哲学研究》2018 年第 12 期。

82. 陈福滨：《居宅环境伦理的本质内涵及其价值追求》，《东南学术》2018 年第 2 期。

83. 张国兴：《公共生活的伦理视野》，《河北学刊》2006 年第 6 期。

84. 严厚福：《塞拉俱乐部诉内政部长莫顿案的判决》，《世界环境》2006 年第 6 期。

85. 程倩春：《论生态文明视域下的科技伦理观》，《自然辩证法研究》2015 年第 3 期。

86. 樊小贤：《道德"应该"的生态伦理归向》，《西北大学学报》2009 年第 5 期。

87. 薛桂波、倪前亮：《科学共同体的伦理之维》，《山西师范大学》（社会科学版）2006 年第 5 期。

88. Darren Mccauley, Raphael Heffron, "Just transition: Integrating climate, energy and

environmental justice", *Energy Policy*, Vol.119, August 2018.

89. Paul W. Taylor, "The ethics of respect for nature", *Enviromental Ethics*, Vol. 3, May1983.

90. Brett Clark, John Bellamy Foster, "The Environmental Conditions of The Working Class", *Organization environment*, Vol.19, 2006.

91. Eckersley, Divining Evolution, "The Ecological Ethics of Murray Bookchin", *Enviromental Ethics*, 1990(12).

92. Lantz Fleming Miller, "How Ecology Can Edify Ethics: The Scope of Morality", *Journal of Agricultural and Environmental Ethics*, Vol.31, April 2018.

93. Michael Paul Nelson, "At the Intersection of Ecology, Philosophy, and Ethics", *The Bulletin of the Ecological Society of America*, Vol.100, February2019.

后 记

　　书稿完成,回顾曾经之时,"因缘际会"闪现脑屏。想起 30 多年前在吉林大学哲学系做本科毕业论文时,选题就落在伦理学领域,那时对学科方向之类的事情是完全不明就里的,只因专业学习有该类课程,自己又刚好对此有些兴趣。上世纪 80 年代踏上教学岗位之初,跟一位经验丰富的教师听课学艺,他当时开设了《伦理学》选修课,我是助教,于是为师的第一堂课也便是《伦理学》了(当时的情景还历历在目,课中与学生一起讨论"主观为自己,客观为别人"的话题,气氛热烈。由于第一次上讲台,紧张情绪一直未减,以致来听课的同事递上"可以继续讨论"的纸条时全然未觉,下课后同事提起方有恍惚印象)。后来从事学术研究时,不知不觉中所思所议大都集聚于伦理学界域。对于生态伦理问题的关注,是从上世纪 90 年代中期开始的,那时我先生调到了陕西省环境研究所工作(他本科毕业论文的题目是《论经济发展与环境保护的辩证关系》),有位朋友寄给他一本自己编写的《生态伦理学》,它使我有"缘"与生态伦理相"会"。随着人们生态意识的不断觉醒,对生态环境问题的多角度分析与探讨逐渐成为一种显性的学术动态,生态伦理学也在这一氛围中日渐确立起自身的地位,引起学界的广泛关注。生态文明作为我国制度体系重要组成部分地位的确立,使得生态文明建设中的伦理建构具有了鲜明的时代性和迫切的现实感,我所在学校哲学专业的研究生开设了"生态伦理学"

课程,于是生态伦理便日渐成为本人重视的学术领域。

　　"生态文明建设的基本伦理问题研究"是一项国家社会科学基金项目(项目编号 13XKS014),旨在从生态伦理维度探究缓解生态危机、保护自然环境的伦理依据与道德规范,以便从缘起的角度和长远的意义上化解人与生态环境之间的矛盾与冲突。课题研究的展开,受到了刘强教授、张蓬编审等师友的指导,课题组成员刘志仁、朱煜、周怡波、刘亚平、王云、曹家宁等完成了部分阶段性研究任务,董金荣、刘英杰、杨超等朋友和同事就内容完善和技术处理提供了尽心尽力的帮助,长安大学社会科学处、马克思主义学院、哲学研究所相关课题组(CHD3100102160609)、教育部高校"双带头人"教师党支部书记工作室、陕西省中华传统文化普及基地、陕西省生态文明建设促进会等在项目管理、经费支持、条件保障、实际考察等方面给予了大力支持,课题研究借鉴了国内外学者相关研究成果,我的研究生郭帅军、刘亚平、王云、邢瑞敏、王琳、吴雪倪等在资料收集、问题讨论、技术处理等方面也付出了辛劳,在此一并致以诚挚的谢意!

　　汪逸编辑积极热情、精益求精、不辞辛劳的沟通、审阅和编校使得本书得以顺利与读者见面,她亲善平和的语言风格、高度负责的敬业精神给我留下了十分美好的印象,衷心感谢汪编辑和人民出版社对本书出版发行的有力支持!

　　有缘与诸君际会是我的荣幸,谢谢各位!

　　书中不当或疏漏之处敬请读者批评指正。

樊小贤

2020 年 12 月 16 日

责任编辑:汪　逸

封面设计:石笑梦

版式设计:胡欣欣

图书在版编目(CIP)数据

生态文明建设的基本伦理问题研究/樊小贤 著. —北京:人民出版社,2021.3

ISBN 978－7－01－022880－8

Ⅰ.①生…　Ⅱ.①樊…　Ⅲ.①生态环境建设-关系-生态伦理学-研究-中国

Ⅳ.①X321.2②B82-058

中国版本图书馆 CIP 数据核字(2020)第 252130 号

生态文明建设的基本伦理问题研究

SHENGTAI WENMING JIANSHE DE JIBEN LUNLI WENTI YANJIU

樊小贤　著

人民出版社 出版发行

(100706　北京市东城区隆福寺街 99 号)

北京汇林印务有限公司印刷　新华书店经销

2021 年 3 月第 1 版　2021 年 3 月北京第 1 次印刷

开本:710 毫米×1000 毫米 1/16　印张:19.25

字数:278 千字

ISBN 978－7－01－022880－8　定价:78.00 元

邮购地址 100706　北京市东城区隆福寺街 99 号

人民东方图书销售中心　电话 (010)65250042　65289539